大 学 计 算 机 规 划 教 材

数据与计算
——计算机科学基础（第3版）

Data and Computation
Fundamentals of Computer Science，Third Edition

◆ 陆汉权 编著

電子工業出版社·
Publishing House of Electronics Industry
北京·BEIJING

内 容 简 介

本书依据浙江大学计算机科学基础课程的教学改革和实践基础编写而成。本书围绕相关数据和处理方法，通过计算系统、计算基础、数据表示、算法基础、语言和程序、数据库、大数据及先进计算等内容，以"计算系统"的全新视角介绍计算机科学基础知识。本书较为全面地介绍了各种类型的数据及其处理方法。

本书的目标仍然是让读者系统地、全面地理解计算机及其科学基础，理解计算机的计算对象，以及计算机能够做什么、不能做什么、如何做到等，让读者站在一个新的高度去认识作为科学的计算机学科和作为工具的计算机的特点，领略计算机科学的无穷魅力。

本书有配套的实验指导，以帮助读者通过自主学习提升使用计算机的技能。本书为教师和学生提供相关教案、习题参考答案以及书中用到的数据文件，可以在华信教育资源网的相关网页中进行下载。

本书既可以作为大学本科的计算机科学基础课程的教材，也可以作为计算机专业的导论课教材，也希望能够为更全面了解计算机及计算系统的读者所参考。

未经许可，不得以任何方式复制或抄袭本书之部分或全部内容。

版权所有，侵权必究。

图书在版编目(CIP)数据

数据与计算：计算机科学基础 / 陆汉权编著. —3 版. —北京：电子工业出版社，2017.8
ISBN 978-7-121-31669-2

Ⅰ. ① 数… Ⅱ. ① 陆… Ⅲ. ① 计算机科学—高等学校—教材 Ⅳ. ① TP3

中国版本图书馆 CIP 数据核字（2017）第 120596 号

策划编辑：章海涛
责任编辑：章海涛　　　　　特约编辑：何　雄
印　　刷：三河市华成印务有限公司
装　　订：三河市华成印务有限公司
出版发行：电子工业出版社
　　　　　北京市海淀区万寿路 173 信箱　邮编　100036
开　　本：787×1092　1/16　　　印张：12.75　　　字数：326 千字
版　　次：2011 年 8 月第 1 版
　　　　　2017 年 8 月第 3 版
印　　次：2019 年 7 月第 7 次印刷
定　　价：38.00 元

凡所购买电子工业出版社图书有缺损问题，请向购买书店调换。若书店售缺，请与本社发行部联系，联系及邮购电话：(010) 88254888，88258888。

质量投诉请发邮件至 zlts@phei.com.cn，盗版侵权举报请发邮件至 dbqq@phei.com.cn。

本书咨询联系方式：192910558（QQ 群）。

前　言

几年前，我在一次全国性的计算机教学研讨会上提出了个人的观点，应该客观地分析相关计算机基础课程的学生群体，他们是互联网的"原住民"：他们对计算机、信息和技术的认知程度远远高出他们的父辈，因为他们一出生就生活在"信息社会"。今天看来，这个观点仍然是保守了，他们是信息社会的真正的推动者。今天这一代人，生活、学习、工作自然而然地与计算机、智能手机密切联系在一起，就像我们这一代和电视机联系在一起一样。

回到本书书名的构想。

本书的读者对"机器（硬件）"具有本能的认知，对 APP（Application，应用程序）更有天然的亲和力，这几年发展极为迅速的"大数据（Big Data）"更是脍炙人口，他们已经耳熟能详。因此，我们需要站在一个新的角度看待本书的读者，需要给他们一个适合当下信息社会发展特点的视角，与他们分享相关的知识和技术。毫无疑问，"数据"与"计算"是主题。尽管过去计算机科学基础也一直讨论数据与计算，只是没有像今天的形势所要求的那样必须给出一个清晰的路线图和系统性的介绍。几年前，我在浙江大学竺可桢（浙江大学历史上最具影响的校长，1936—1949）学院的"计算机科学基础"课程教学中就进行了相关尝试，因此本书也是教学过程的体会和总结，希望对使用本书的教师和学生们有所帮助。

科学的精神就在于知道是什么、为什么以及如何做到，不需赘述的是，作为一门学科，计算机学科与数学、物理差不多，尽管学习它们并不意味着就以此为职业，但你们已经无从选择：计算机或者与计算机相关的产品将伴随你们成长，将成为你们新一代不可或缺的工具，甚至成为你们的一个不可或缺的"器官"。因此，你们需要掌握"计算科学"的相关知识，使得计算机这个工具能够发挥更有效的作用。

尽管本书目标是明确的，但要达到这个目标绝非易事：现在人人都是计算机方面的"专家"，很多人对计算机的认识是不同的。为了适合教学，本书在教学内容的编排上做了较大幅度的调整，以"计算机是数据的载体，计算机是计算的核心"为主线，强调数据是计算的对象，而数据的抽象表达、组织与存储、传输与交换和作为资源使用是计算的目标，也是计算机实现这些功能的方法。

本书应该具有基础性课程所具有的知识体系的基本稳定性。尽管计算机技术发展很快，人们每天都在使用它，每天都在谈论它，好像每天都有令人耳目一新的新的技术，实际上它的科学基础并没有变，至少在可预见的未来也不会有多大变化。计算机科学的基础就是数制、逻辑、体系、数据组织和表达、算法、语言、软件原理等。新技术，如 Web、即时通信等，都不是新的，"新"的只是与市场相关，无关乎技术。

希望读者能够领会本书希望传达的意思：计算机是科学，也是数据处理的工具，而且是一个不可或缺的科学工具，计算机改变着我们、改变着社会。好好地了解它吧，它能更好地帮助你！

本书围绕相关数据和处理方法，通过计算系统、计算基础、数据表示、算法基础、语言和程序、数据库、大数据及先进计算等内容，以"计算系统"的全新视角介绍计算机科学基础知识。计算系统是指承担计算功能的计算机和计算对象的数据。数据是现实世界的抽象的表达，是信息之源。本书较为全面地介绍了各种类型的数据及其处理方法。

同许多计算机书籍一样被诟病的是，与前面出版并勘误过的多个版本一样，本书也有各种失误和错误，也有很多不完善的地方。如果给自己找理由，则是计算机发展太快，许多概念随着时间而改变，我们还不能完全跟上这种改变。前面几版收到了许多读者的指正，也真诚希望读者再次帮助我们纠正书中的各种错误。再次深谢你们的宽容和帮助。

本书能够出版并多次修订（从 2002 年开始至今已经有数个版本），得益于浙江大学中一起教授本课程的各位同事的大力帮助。他们对书稿中有很多建设性的建议和批评，由于时间限制还不能一一加以修正，将在再版时全面修订。抱歉的是，由于人数太多，限于篇幅不能一一列出他们的名字，但是有几位老师是本书的最大贡献者，特别感谢浙江大学计算机教学研究中心的现任首席责任教授许端清老师、责任教授徐镜春老师和沈睿老师，是他们的大力支持，本书才得以进行修改并出版。计算机学院的章文老师和冯晓霞老师仔细阅读了原稿，纠正了很多错误，也提出了很多很好的建议。

本书为任课教师提供配套的教学资源（包含电子教案、习题参考答案、书中用到的数据文件），需要者可登录华信教育资源网站(http://www.hxedu.com.cn)，注册之后进行免费下载。

作　者

目　　录

第1章 计算系统概述

计算机已是日用消费品，事实上，在 30 年前计算机就已经是最大的消费类电子产品了。计算机也被叫做电脑，是一个设备，也是一个系统，是产生数据（Data）、存储数据、处理数据的载体，因此计算系统是基于计算机和数据的一个系统，计算机所计算的对象就是数据。本章通过计算机模型、计算机组成、操作系统、数据与信息、网络等基础概念和重要术语，以期读者对计算系统有一个初步的、整体的认识。

1.1 计算机

计算机（Computer）是计算的机器，最早它的名字的意思是"从事计算的人"。计算机的重要贡献者冯·诺依曼最早是将其称为"自动计算系统"，后来以"电子通用数字计算机"命名。现在已经没人使用它的正式名称，而是称之为"计算机"或"计算机系统"。这里的计算和数学中的计算有所不同，计算机承担的是数据计算。数据包含数，更多的是非数，如文本、图形图像、语音等。理解计算系统，首先要了解计算机。本书中的"计算机"或"计算机系统"多与机器相关，计算系统则意指机器和数据。

计算机作为一台机器，大到占地超过足球场的超级计算机，小到可以握在手上的智能手机（也叫做智能终端），无论是哪一种，它都是一台机器，更是一个系统，即计算机系统（Computer System）。我们知道，凡是被称为"系统"的，肯定是由多个部分组成的，单一部件是不能被叫做系统的。因此计算机系统是一个大概念，也是一个很复杂的系统。

无论何时生产的计算机，无论是体积庞大价格昂贵的超级计算机，还是掌上机，就其基本原理而言，它们是相同的。在计算机科学体系中，计算机系统分为两部分：硬件和软件。进一步，计算机的硬件和软件也是"系统"，如表 1-1 所示。

组成计算机的物理设备叫做硬件（Hardware），也被称为硬件系统（Hardware System）。计算机的主要元器件是电子的，由完成运算、数据存储、输入/输出操作的、彼此互联的各种电子设备组成。"计算机设备"（Computer Device）既可以指一个价值数亿的巨型计算机系统，也可以指一个只有数十元的鼠标器。本章 1.4 节将简单介绍计算机硬件的组成。许多文献中使用"计算机"作为其正式名称，但广泛地被大家使用的词是"电脑"。本书对这两个词不加区别地使用。

表 1-1　**计算机系统的组成**

计算机系统	硬件系统	处理器系统（主机）	
		存储器系统	
		外部设备	输入设备
			输出设备
	软件系统	系统软件	操作系统
			编程语言
			工具软件
		应用软件	办公软件
			其他应用软件

1.1.1　计算机设备

这里介绍作为设备的计算机，主要是根据其规模和应用领域进行划分。

根据 TOP500（www.top500.org）2016 年 11 月公布的（最新）排行榜，世界上最快的计算机是我国无锡的国家超级计算中心的神威太湖之光（Sunway TaihuLight），有 40 个主机柜（体积如同较大的双门冰箱）和 8 个网络机柜组成，如图 1-1 所示。排名世界第二的也是中国位于广州超级计算机中心的"天河二号"。神威太湖之光、天河系列都是顶级计算机，被称为超级计算机（Supercomputer），而个人使用的计算机，包括桌面机器和手持式，都被称为微型计算机。

图 1-1　神威太湖之光超级计算机

任何设备都需要被分类，以适应不同的应用需求。计算机分类并没有一个严格的标准，最简单的方法就是按计算机的规模及售价划分：有数以千万美元以上的超级计算机（或称为巨型机），这类机器通常用于极为复杂的、海量的数据处理领域，如地震模拟、核武器试验、气象分析、生物信息处理等；有数百万美元的大型计算机（Mainframe Computer），这类计算机通常用于跨国企业的信息系统，如银行、航空公司等；也有数万至数十万美元的小型计算机，这类机器通常可以作为企业、政府、学校等机构的网络服务，或者用于研究机构、较大型工程设计的领域。

巨型、大型、小型机的价格较为昂贵，而价格低廉的微型计算机（Microcomputer），即 PC（Personal Computer）和笔记本电脑是计算机市场份额中最大的一类机器，用户最多。PC 早前是桌面机的专用名词，源于世界上最大的计算机制造商 IBM（International Business Machines Corporation）生产的微型计算机的商标，现在是个人计算机的代名词。

今天的大多数实验室仪器、工业生产设备都带有数据处理能力，这种处理能力依赖于嵌入其中的处理器芯片，这类系统被称为嵌入式系统。事实上，一些高档的家用电器如电视机、电冰箱等也内嵌处理器，以实现更高级的功能。目前，移动通信中成为主流的"智能手机"就是一个掌上机附加了传统的语言通信功能，具有个人计算机的大部分功能。当然，这里的"智能"本质上只是指"计算机功能"，还没有真正意义上的智能。一直在研究之中的可穿戴式计算机，虽然没有形成真正意义上的产品，但某些带有处理、通信的类似玩具的智能手环、智能眼镜等也开始问世，并被热捧。

1.1.2　程序和软件

计算机系统的另一个组成部分是软件（Software）。计算机"看得见"的那些物理器件与装置叫做硬件，而使计算机硬件运行以完成任务的那些程序、数据叫做软件。软件部分"看不见"，却是不可或缺的。除硬件外的所有与计算机相关的文档、程序、语言、数据等都被归类为软件，因此软件也是一个系统，也是非常复杂的一个系统。

软件系统是计算机所有软件的总称，由系统软件和应用软件两部分组成。我们把服务于计算机本身的那些软件称为"系统软件"（System Software），包括操作系统（Operating System），如 PC 所用的 Windows 系统和 iOS 系统、平板电脑和智能手机使用的 Android 系统；

系统软件的另一部分是计算机语言系统和对计算机硬件进行检测、管理的一些工具软件。系统软件的主要任务是确保计算机能够有效地完成用户的任务。

另一类软件就是应用软件。应用软件或者叫做程序，是解决特定问题的一类软件，如最常见的办公系统（如字处理软件）、访问 Internet 的浏览器、电子邮件系统和社交系统（如 QQ、微信、Facebook 等）。很多计算机应用都需要专门的软件，如学校的教务管理系统（软件）就是为了进行学生选课、课程安排、成绩记载、学籍管理等工作。

尽管专业术语上对程序（Program）和软件的定义是不同的，但今天流行的 APP（读"[æp]"）是英文单词 Application 的简称。很多人将 APP 视为程序、软件的代名词，实际上 APP 是指应用程序。

从数据的角度看，程序就是完成数据处理的。通常认为处理过程就是"计算"，这里的计算是并不只是传统意义上的数的运算，而是泛指处理过程，包括文本处理、事务处理，被冠以计算的很多术语，如智能计算、云计算，很大程度上是因为它们是基于计算机的，是需要计算机"处理"的，当然也需要相应的程序。

1.2 计算机简史

早在 17 世纪，Computer（计算机）是指从事计算工作的人。在 20 世纪 40 年代的第二次世界大战期间，为了破译通信密码和解决新型火炮弹道的复杂计算，美国开始研制自动计算机装置，从此计算机被赋予了机器的含义。因此，作为自动计算机器的计算机学科的历史相比于数学、物理、化学等学科，其历史并不长，但对人类社会的影响是无与伦比的：计算机改变了人类的生活、工作、学习方式，甚至改变了商业模式和生产制造过程。计算已经无处不在，今后将会更加深刻地影响到生活的每个方面。

人类使用计算工具的历史可以追溯到数百年前，如我国的算盘就是一个古老的计算工具。一般说来，20 世纪 40 年代前的各种计算机器（如算盘、手摇计算机、机械式计算机等）都不被认为是计算机，因为这些计算装置不能实现"自动计算"。人们把 1946 年的 ENIAC（Electronic Numerical Integrator And Computer，电子数字积分计算机）视为第一台现代计算机。下面从硬件和软件两方面简单地介绍计算机的发展历史。

1.2.1 硬件史

计算机问世的初期，计算机就是指计算机的硬件。由于硬件是计算机的物理体现，因此在计算机发展史中，主要是依据其硬件的技术特征作为标志来划分。

ENIAC 作为第一台现代计算机，也是第一代计算机的典型代表，采用电子管作为主要元件。这个阶段后期，开始使用磁记录设备（在本世纪初还很普及的软磁盘、磁带和今天仍然在使用的磁盘/硬盘）作为计算机的存储器。这个时期计算机主要承担的是数值计算功能。

到了 20 世纪 50 年代后期，计算机开始使用晶体管，被称为第二代计算机（1959—1963年）。晶体管不但体积小、功耗低，而且速度快、可靠性高，成本低廉，适宜大批量生产。这个时期，计算机发展开始提速，并用于数值计算之外的事务处理，同时开始使用电话线进行计算机的数据传输，这就是计算机网络的萌芽阶段。

1960 年，集成电路（Integrated Circuits，IC）问世，很快就被用于制造计算机，第三代计算机（1963—1975 年）采用的是集成电路。集成电路是将大量的电子元件如电阻、电容、晶体管等制作在一个很小面积（以 cm^2 单位计）的半导体芯片上，以完成特定的电子线路功能。相对晶体管，集成电路在体积、重量、能耗等方面具有绝对的技术优势。这个时期的另一个与计算机相关的重大事件是发射了同步通信卫星，由此实现了地面和空间的数据通信。

1970 年，集成电路的集成度得到很大的提升，此后就有了把计算机核心的处理器集成在单个硅片上的集成电路，即计算机的 CPU（Central Processing Unit，中央处理器）。由此计算机进入了大规模集成电路的第四代（1975 年至今）。

20 世纪 80 年代开始发展得到迅猛发展的微型计算机，即 PC，使计算机从实验室走到了办公室，由此开创了计算机发展的全新时代。这个时期高速计算机网络也得到迅猛发展，今天的互联网（Internet）不但连接了全世界数十亿计的计算机和网络设备，也被称为继报纸、杂志、广播及电视之后的"第四种媒体"，而且是影响最大的新型传媒。

1.2.2　软件进化

软件也是随着计算机科学的发展和技术的进步而进化的。计算机早前是由专业人员操纵，而今天的普及应用很大程度上应归功于软件。软件发展得益于程序设计技术的飞速进步，特别是智能技术的推进使得使用计算机更加容易。

第一代计算机使用二进制代码语言编写程序，是内置在机器内部、被计算机处理器直接执行的指令代码。这个时期并没有"软件"概念，只有"编程"（Programming）。当时的计算机主要用于科学计算，处理数值数据。程序员需要非常熟悉机器指令代码，这个时代的程序员多为数学家和计算机专业工程师。

机器码编程的设计和编码工作繁杂、费时且极易出错，因此开始使用符号化的汇编语言，使用英文缩写表示机器代码。汇编语言仍然与机器相关，而且最初需要经过人工翻译成机器代码，这个翻译工作也被发展为使用程序来实现，编写这类语言翻译程序的程序员就是最早的"系统程序员"。

20 世纪 50 年代的第二代计算机时期，计算机的硬件功能开始得到提升，对程序的要求自然随之提高。类似英文表达的程序设计语言被开发出来，称为计算机高级编程语言。当时典型的高级语言有两个：FORTRAN 和 COBOL，前者主要用于计算，后者用于商业应用（Business Application）。该时期，系统程序员仍然致力于计算机语言工具，应用程序的开发者被称为"应用程序员"。这个时期的另一个重要变化是计算机业界巨头 IBM 公司放弃了软件随硬件捆绑的政策，使得应用软件的开发步入快速发展轨道，有更多的软件公司进入计算机市场，形成了软件产业。而在这之前，软件的开发一直被硬件供应商独占。

20 世纪 60 年代中期到 70 年代初，也就是第三代计算机时期，出现了操作系统。最初是因为单任务操作：输入时只有输入设备工作，其他设备等待；处理数据时，输入、输出设备也都处于等待中，硬件资源利用率很低，而那时的硬件极为昂贵。为此需要对计算机程序的运行过程进行调度，提升系统硬件的利用率，如计算机调度运行多个程序以减少等待时间等。完成这个调度的程序就是"操作系统"。除了操作系统，第三代软件也出现了大量的程序设计高级语言和专门求解某一类问题的软件包，如著名的统计软件 SPSS（Statistical Package for the Social Sciences，社会科学统计程序包）就是这个时期被开发出来的。同时，使用计算机的人也不再必须是计算机专业人员，因此"计算机用户"这个重要的角色出现了。

第四代计算机时期，软件的产业特征开始显露。特别是 20 世纪 70 年代末以后，结构化的编程方法被提出，推进了程序设计技术的发展。结构化的程序设计语言如 BASIC、C 语言等的出现，加快了各种系统软件、应用软件的开发速度，各种操作系统如 Windows 都朝着标准化的方向发展。在各种操作系统支持下的应用软件（如文档处理、电子表格、数据库系统）大量出现，极大地推动着计算机应用的发展。尤其是 PC 的快速普及，带来的最明显变化是非专业人员成为计算机的主要用户群。

20 世纪 90 年代以来，以图形界面为特征的 Windows 成为 PC 的主流操作系统，用户再也不需要记忆复杂的操作命令，通过鼠标对屏幕上的图形标记（图标）点击操作就可以容易地使用计算机。这不仅仅是一个操作方式的变化，以图形用户接口（Graphics User Interface，GUI）技术为特征的新的面向对象的编程技术使得程序设计不再从代码开始。另一方面，计算机硬件性能的不断提升，价格越来越便宜，软件的功能越来越强，计算机的应用面也深入到生产、社会、管理、制造甚至娱乐等新领域。这个时期，软件产业已经超过了硬件，因此出现了一个新的行业名词：服务。这个商业模式也是 IBM 公司首创的。

1.3　计算机模型

模型（Model）是一种最常用的科学描述方法。模型是一种抽象表达，隐藏了复杂的细节，只展示其功能性部分。理解计算机系统的最好方法也是通过模型。从理解计算机的角度，最典型的是黑盒模型和具有程序处理能力的处理机模型，实际上，它们也是广义上的"计算模型"。现代计算机模型定义了计算机的 5 个组成部分以及程序存储原理。本节通过这些模型的介绍来帮助读者进一步了解计算机。

1．黑盒模型

黑盒（Black Box）模型被用于许多学科，计算（机）系统也使用黑盒模型解释其基本原理。从功能的角度，如果不考虑计算机的内部结构，计算机就是一个黑盒子，如图 1-2 所示。黑盒模型也被称为

图 1-2　黑盒模型

数据处理机模型，是计算机的经典模型之一，也是对计算机定义的经典诠释。

计算机黑盒模型指出：数据输入到计算机后，经过计算机的处理，输出结果；计算机在数据处理过程中，如果输入的数据相同，那么输出结果将能够重现；如果给出不同的输入数据，输出结果也能够随之改变。黑盒模型定义了计算机的功能，给出了计算机的基本属性（Property）是数据处理，计算机则是处理数据的机器。对大多数使用计算机而非计算机专业的用户而言，他们并不需要考虑计算机处理数据的过程和复杂的细节，只需理解运用计算机进行数据处理、得到期望的处理结果即可。

黑盒模型的缺点很明显，只给出了数据处理的一个不透明的过程，没有告诉我们它如果实现这个过程的，即它是如何计算的。事实上，计算机强大的功能体现在它的复杂性、灵活性上。黑盒模型也无法描述机器所处理数据的类型，当然也给不出基于这个模型的数据表示和操作类型及数量。因此，数据处理能力需要用新的模型进行定义和说明。

2．具有程序能力的数据处理机

具有程序能力的数据处理机如图 1-3 所示，是在黑盒模型的黑盒子上增加了一部分，即程序（Program）。程序是计算机中非常重要的概念，尽管其种类繁多，有的程序的复杂度堪比目前已知的人类工程或机器，但它可以简单地被理解为"按照预定的步骤进行工作"。

在数据处理机模型中，数据处理的结果取决于程序。因此在同一个程序的控制下，相同的数据能够得到的输出结果也是相同的，这就是所谓的"一致性"。反之，如果程序不同，相同的输入数据得到的输出数据也可能不同。例如，通过程序对一组输入数据进行累加，得到的结果是和数，但使用排序程序对同一组数据的操作，那么输出就与求和计算完全不同了。进一步，不同的数据采用了不同的程序也可能产生相同的输出结果。

显然，具有程序能力的数据处理机模型很好展示了计算系统，解释了计算机的数据处理能力。与黑盒模型相比，数据处理机模型更好地诠释了计算系统的基本原理。正是有了各种各样的程序，计算机能够服务于一个跨国企业的管理，也可以帮助个人发送邮件。计算机既能够在科学研究中起到分析处理作用，也在我们的学习过程中帮助搜索需要的信息。

计算机的灵活性正是通过程序实现的，因为计算机能够按照"程序"进行工作。程序功能充分地体现计算机的数据处理能力：只要让计算机执行不同的程序，就可以得到各种期望的数据处理结果，这就是极为重要的"程序原理"。

3．现代计算机模型

数据处理机模型对我们理解计算机的基本原理是有意义的。事实上，数据处理机模型需要回答的问题还有很多，如接受的数据是什么形式，在其内部以什么形式存储、如何存储，如何使得数据得以长久保存，输出的数据如何能够让用户理解等。因此，计算机模型不仅要有功能性定义，还需要定义其内部结构。

能够进一步表述现代计算（机）系统模型如图 1-4 所示。

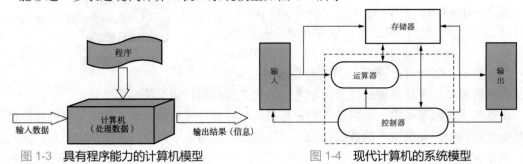

图 1-3　**具有程序能力的计算机模型**　　图 1-4　**现代计算机的系统模型**

与前述数据处理机模型相比，现代计算（机）系统模型更精准地诠释了计算（机）系统的基本原理。很长时间以来，这个模型被叫做冯·诺依曼模型[1]，一些文献和教材中还是沿用了"冯·诺依曼计算机"说法。有意思的是，大多数教科书中将其称为"计算机模型"（本书也是如此），但在冯·诺依曼的论文中给出的是"计算系统"，因为这个模型图示的是机器

---

[1] 在业界曾认为现代计算机模型的提出者是冯·诺依曼，但现在已经认定计算机的发明权属于阿塔纳索夫（John Atanasoff）和贝里（K·Berry），即 ABC 计算机（Atanasoff Berry Computer）的发明人。也曾认为"程序存储"的发明者是冯·诺依曼。但现在已经知道，最早提出这个概念的是宾西法尼亚大学 Moore 电子工程学院的 J·P·Eckert（第一台电子计算机 ENIAC 的发明者之一），而冯·诺依曼是首先公开发表了这个概念。

的组成，而更多的有关数据的表述是文字的。计算机的诞生和发展得益于无数科学家们的才智，回头看看它的历程，既有耀眼夺目的明星科学家们的卓越贡献，也有难以理清的争议。现代计算机究竟谁是第一贡献者就是其中之一。

现代计算机模型或冯·诺依曼模型给出了计算机的功能，还定义了计算机内部的结构，解决了数据处理机模型中许多未能定义的问题。

在图 1-4 所示的现代计算机模型中，计算机由输入、运算、存储、控制和输出 5 部分组成。

虚线标记的运算器（Arithmetic Logic Unit，ALU）和控制器（Controller）在今天的计算机中被集成在一个芯片上，就是中央处理器 CPU，负责计算和控制。控制器对计算机的所有部件实施控制，协调整个系统有条不紊地工作，图中由控制器连接到其他部分的连线的方向标记了它的核心地位。

计算机中的输入、输出（Input and Output，I/O）也被看成一个整体。输入设备（Input）输入数据和程序，输入的数据和程序被存放到存储器（Memory）中。运算器从输入设备、存储器中获取数据，其运算结果存放到存储器或直接输出到输出（Output）设备。

最早提出类似图 1-4 所示模型的是 19 世纪初的英国数学家查尔斯·巴贝奇（Charles Babbage，1792—1871 年），他设计的叫做差分机的计算机的原理为 IPOS（Input, Processing, Output and Storage），今天的计算机原理源于 IPOS，因此巴贝奇被称为计算机之父。

另一个计算机结构模型被叫做"哈佛结构"（Harvard Architecture），它的系统组成也可以使用图 1-4 表示。哈佛结构与冯·诺依曼结构不同的是它的存储器，图 1-4 所示的模型是将程序和数据存放到一个存储器中，哈佛结构则是将数据和程序分开存放。在今天的计算机中，这两种结构都在使用，不过哈佛结构多用于某些专用处理器系统和通用 CPU 芯片的内部，以提升 CPU 的处理效率。

前面已经介绍过几种计算机模型，实际上还有多种模型用于不同类型、不同规模的计算机，如多处理器的流水线结构、并行结构等，就其基本原理而言应该是类似的。在许多文献和教材中，为了将现代计算机模型和流水线、并行结构等模型加以区别，前者使用"传统计算机模型"一词，后者则冠以"非计算机传统模型"。

4．程序存储原理

如前述，计算机的灵活、复杂是因为有程序，因此程序被看成计算机的灵魂。在现代计算机（冯·诺依曼）模型中，程序和程序执行所需要的数据被要求在程序执行前就已经存放到存储器中，还要求程序和数据采用同样的存储格式，因此，今天"数据"一词的含义也包括了程序代码。现代计算机模型还要求程序的长度必须是有限的。计算机执行程序时，只要给出程序所在的存储器位置，程序将自动运行，直到程序的任务完成。这就是非常著名的"程序存储原理"。这个原理也是冯·诺依曼最早发表在其论文中的。

现在看来，程序存储是一个简单的、显而易见的原理。然而在计算机发展的开始阶段，这一直是困扰计算机科学家的难题，即如何使计算机自动执行程序。早先的计算机往往是在机器启动后通过面板上的开关组合成操作命令，一个命令执行后，再拨动开关组成下一个操作命令。可以想象，当时使用计算机是一件多么枯燥且容易出错的事情。

使用程序存储的另一个重要的理由是程序的"重用"。对许多计算任务，往往只是改变输入的原始数据，而计算过程本身是相同的。如果每台计算机的任务都需要重新编制程序，那么计算机的使用和程序编制本身都将是很难的事情。同时，在程序执行之前就将数据存放好，不但有效地提高了计算机的运行效率，而且使得程序的执行过程实现了自动化。

1.4　计算机组成

　　计算机系统由硬件和软件组成，尽管我们使用计算机并不需要知道计算机的各部件及其运行的细节，但是它们也是计算系统的基本知识。现代计算机模型中给出的运算器和控制器被集成为处理器，因此可以简单地被分为处理器、存储器、输入/输出三个子系统，如图 1-5 所示。这也是抽象表达的结果。连接三个子系统的是总线（Bus），在电路上它们是一组导线，在逻辑上它们是三个系统之间信息传输的通道。按传输的信息类型划分，总线有 3 种：地址总线、数据总线和控制总线。

1.4.1　处理器系统

　　一台计算机的性能很大程度上取决于它使用的处理器芯片。虽然影响计算机性能的因素有多个，但毫无疑义，处理器性能是重要的因素之一：这是由处理器在计算机中的核心地位决定的。

　　处理器（Processor，即 CPU）可以是单一的芯片，也可以是多个芯片组成的阵列。芯片（Silicon Chip），是利用半导体硅制成的片状材料，把电子器件和线路通过光刻技术刻制在上面并封装起来，因此芯片就成了集成电路的代名词。一个 CPU 芯片的表面积如同大拇指指甲般大小。

　　处理器有很多种，它是超大规模集成电路产品，如图 1-6 所示。目前主要的处理器厂商为 Intel、IBM、AMD、Motorola 等公司。在移动设备上提供处理器的 Qualcomm（高通）公司得益于近几年智能手机的爆发式增长，业绩超过几十年来一直领先的 Intel（英特尔）公司。Intel 公司生产的普通计算机的处理器仍占主导地位。

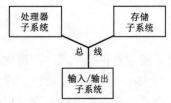

图 1-5　计算机的三个子系统

图 1-6　Intel 酷睿处理器（左）、Qualcomm 骁龙芯片（右）

　　我国自主设计制造的 CPU 芯片已经取得了巨大的成功，如神威超级计算机使用的处理器 SW1600，其内核达 16 个。在移动设备中，华为公司设计生产的海思麒麟系列芯片已经可以媲美高通的骁龙芯片。

　　集成度是单位面积上容纳的半导体晶体管数量。Intel 创始人之一摩尔（Gordon Moore）在 20 世纪 60 年代曾准确预言：集成电路将按每 18 个月集成度提高 1 倍的速度发展，这个预言被誉为"集成电路第一定律"，即"摩尔定律"。最早的处理器 Intel 4004 只有 2200 个晶体管，如今的 Intel Core i7 集成度已达 7.31 亿个。

　　有限的硅片面积内晶体管的数目不可能无限增长，为此集成电路设计开始从芯片的平面转向立体：在一个芯片上集成多个处理器，简称多核（Multi-core）。Intel Core i7 和 Qualcomm

Snapdragon 芯片都是 4 核处理器。

多核处理器的性能不是多个单核（Single-Core）处理器性能的叠加，如 4 核处理器不等于 4 个单核处理器性能之和，因为在多核处理器增加了核之间协调的开销。多核处理器的设计目的是提升处理器芯片的性能，同时高频单核处理器功耗过大，而多核在同等性能情况下可以以较低的主频工作，而功耗大大减少。

除了 CPU 数量、内核数量、字长，处理器的主要技术指标还有工作主频率以及是否支持浮点运算和多媒体等。CPU 的字长（Word）是指它一次传输和运算的数据长度，体现其处理能力。当然，它以二进制进行计算，如 Intel Core 大多为 64 位或 32 位。CPU 工作频率当然就代表其运算速度。

目前有两种结构的处理器：CISC（Complex Instruction Set Computer，复杂指令集计算机）和 RISC（Reduced Instruction Set Computer，精简指令集计算机）。CISC 和 RISC 是两种完全相反的设计方法，其设计目的都是为了提高计算机的性能。

CISC 体系类似 Intel 处理器，其设计思路是使用数量和种类较多的指令，包括复杂指令。它的优点是进行程序设计比较容易，因为每个简单的或者复杂的操作都有相应的指令可以实现。缺点是结构复杂。处理器设计的另一种观点是，如果处理器只包含了那些常用指令且使得指令的长度和执行时间都相同，那么程序控制逻辑将得到简化，处理器的性能也会得到很大提升。按照这种观点设计出来的处理器被称为 RISC，如 SW（神威）处理器就是采用 RISC。

1.4.2 存储器系统

存储器分为内存和外存两部分。无论是何种存储介质，其本质都是存储数据，因此计算机采用统一的存储模式：字节（Byte，缩写为 B）模式。

1. 内存

内存与 CPU 直接互连，由 CPU 进行存取操作，根据需要存放所执行的（不同）程序和数据。内存单元以字节为单位，1 字节有 8 个二进制位（bit，缩写为 b）。内存由若干字节组成，每字节都有唯一的标识，即存储器地址，存储器地址也按二进制位进行标识。计算机的最大存储容量是由 CPU 地址总线决定的。如果地址线数量为 10，则可以标识 2^{10} 个存储单元，图 1-7 中所示的就是其 1024 字节的存储单元和对应的二进制地址。

十进制地址	二进制位单元地址	单元内容
0	0000000000	01010101
1	0000000001	11001100
2	0000000010	10110100
	⋮	
1021	1111111101	00110011
1022	1111111110	10010011
1023	1111111111	01100010

图 1-7　存储器地址和单元

存储容量也用量词表示，常用的存储单位量词如表 1-2 所示。这里，存储器的千、兆等量词并非是存储器的实际大小，只是一种较为直观的近似表示，如计算机 CPU 地址线有 32 根，则内存最大为 4 GB（2^{32} B，4 294 967 296 B）。

表 1-2　存储单位量词

量词缩写	量词描述	实际字节数	近似表示
KB（KiloByte）	千字节	$2^{10}=1024$	10^3
MB（MebiByte）	兆（百万）字节	$2^{20}=1\ 048\ 576$	10^6
GB（MegaByte）	吉（十亿）字节（千兆）	$2^{30}=1\ 073\ 741\ 824$	10^9
TB（Terabyte）	太拉（万亿）字节（兆兆）	$2^{40}=1\ 099\ 511\ 627\ 776$	10^{12}

内存由半导体存储器组成，是电子器件，运行速度快。内存有 RAM 和 ROM 两种类型。随机存储器 RAM（Random Access Memory），顾名思义，其中的数据存取可随机进行，即可在任何时候对存储单元写入数据，也可以随时从存储单元读取数据。RAM 的另一个特点是易失性，也就是说，RAM 中的数据会因断电而丢失。目前使用较多是 DDR 内存芯片，价格便宜且速度也较快。RAM 的易失性使得它不能作为数据保存的存储器。

ROM（Read Only Memory）中的数据只能被读出，而不能被写入，ROM 中的数据不会因断电而丢失，因此用来存放不变的程序代码和固定数据。如计算机的开机程序——基本输入/输出系统（BIOS）和机器参数——就被保存在 ROM 芯片中，因为每次开机都是执行相同的操作，且机器的参数不会变化，所以 BIOS 就被固化（Solidify）在了 ROM 中。

内存的主要技术指标为速度和容量。内存的速度一般低于 CPU，需要专门的速度匹配电路与 CPU 连接。目前的 PC、智能终端的内存一般在 GB 级。

2．外存

外存位于主机"外部"，主要用来保存程序和数据，相对体量和容量都比较大。使用塑料盘片的磁盘叫做软盘（Floppy Disc），配置在十多年前的机器上，现已淘汰。使用合金盘片的"硬盘（Hard Disk）"，盘片、读写装置和电路一起被密封在一个盒子里，使用电缆线和主机板上的外存接口连接。

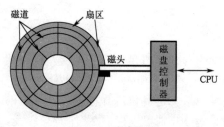

图 1-8　磁盘原理

磁盘是用涂敷在圆盘表面的磁性材料的极化状态表示二进制数据，这种极化状态不会受到断电的影响，数据可以永久保存。磁盘（如图 1-8 所示）的工作过程如下：在磁盘读写（控制）电路的作用下，磁头沿着盘片表面做直线移动，盘片高速旋转。磁头和盘片的相对运动提供了数据的寻找和读取。磁盘读写电路接受来自 CPU 发出的操作命令，在 CPU 和磁盘之间进行数据交换。

磁盘上的磁道是同心圆结构，数据存储在磁道上。盘片又被划分为若干扇型的区域，程序代码和数据以扇区（Sector）为存储单位，读、写操作围绕一个区域进行，因此能提高读写效率。硬盘的特点是数据存储具有持久性，存储容量大，目前市场上有 TB 级的硬盘。硬盘的缺点是速度慢。

为了提升外存的存取速度，一种新的存储技术被研究出来以替代磁盘：以半导体材料为基础制造的、可擦除存储内容重新写入的固态存储器（Solid State Disk，SSD），也被称为闪存（Flash Memory）。SSD 的结构为全电路，没有机械部件，不需要专门电源，可由主机直接供电。SSD 的数据存取速率达到 6 Gbps 以上，快于普通硬盘，重量很轻，体积很小。高性能的 PC、Pad 和智能终端都采用了 SSD 作为外存，使机器的性能（速度）得到很大的提升。

SSD 的另一个普及性的使用是"移动存储"，如广泛使用的 U 盘，其存储介质就是闪存。

另一种外存是曾经作为 PC 标准配置的光盘（Compact Disc，CD）和 DVD（Digital Versatile Disc），目前基本上已经不怎么使用了，被 SSD 替代了。

3．存储器的主辅结构

高速的半导体存储器（也叫主存（Main Memory））运行程序，硬盘和 SSD 是辅助存储器（Auxiliary Memory），如图 1-9 所示。这种结构要求在系统性能和功能、器件类型、价格等之间进行权衡取舍。

早期计算机的存储器没有内外之分。存储器采用半导体集成电路后，为了弥补 RAM 的易失性，就使用了磁盘保存数据。所以设计者把程序运行和数据保存分用两种类型的存储器，形成了这种主辅结构的存储系统，如图 1-10 所示。主辅结构存储系统的工作原理是：程序和数据存储在外存中，被执行的程序和数据从外存中调入主存运行，运行结束，程序和数据被重新存入外存。

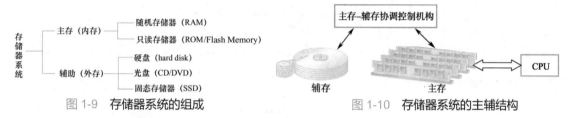

图 1-9　存储器系统的组成　　　　图 1-10　存储器系统的主辅结构

主辅结构对用户是"透明"的，也就是说，用户并没有感觉到它们之间的层次，在用户看来它们是一个整体。由于运行程序需要在内存和磁盘之间不断交换数据，因此需要有一个协调、控制机制，处理数据交互的任务。主辅存的协调是一个调度操作，通过专用电路配合软件操作来实现。

主存速度快、容量小，承担运行程序的任务，但有易失性；外存速度慢、容量大，可以弥补 RAM 易失性，主要用于保存程序和数据；因此它们在功能上有极好的互补性。把整个存储器系统设计为内外结合的模式，还有一个因素是经济学上的，也就是在性能和价格之间的取舍：主存价格较贵，外存价格低廉。主辅结构既满足了程序运行、数据存储的功能、性能要求，也以较低成本得到整体上是大容量的存储器系统，降低了计算机的价格。这也是个人计算机能得到普及应用的重要原因之一。

1.4.3　输入、输出系统

输入、输出系统也叫人机交互系统（Human and Computer Interface，HCI）。输入、输出操作都是在主机的控制下由外部设备（简称外设）完成的。这里简单介绍输入、输出系统的基本知识。

1．端口

PC 的机箱背后、笔记本电脑的侧面都有一些端口（Port），用于连接打印机、投影仪或者其他设备。端口是外部设备与主机的连接器，也是一个"接口"（Interface）电路：在慢速的外设和高速的主机之间建立一个缓冲。

端口是一种技术，也是一种标准：只要符合这个标准的设备都可以直接插入端口实现与计算机的连接，这就是即插即用（Plug and Play，PnP）。现在的计算机外设几乎都是 PnP 设备。最典型的就是 USB 端口，也称为 USB 接口。

2．USB 接口

USB 可以称得上是计算机输入、输出技术的一个突破性进步。早期的外设不但种类繁多且有各种标准和连接规定，现在的计算机除了保留显示端口外，几乎只有 USB、视频和网络端口了。实际上，很多外接网络也使用 USB，或者直接使用无线连接。

USB（Universal Serial Bus，通用串行总线）是一种总线标准，也是一种接口技术，是 Intel 公司发起并主导制定的通用串行总线标准，适用于计算机和数码产品的各类设备。Apple 公司使用的类似产品叫做 Lightning 接口。

USB 使用 4 线结构。USB 设备自身可以没有电源（不包括耗电设备，如显示器、打印机），外设可通过 USB 接口直接使用主机提供的电源。最初 USB 接口有两种规格：A 型和 B 型，分别连接计算机和外设，如图 1-11 所示。其中，A 型接口也叫"公共口"，通常用于连接计算机或较大的移动设备，例如大容量硬盘、打印机等。B 类接口也叫 Mini B 型口，有多种规格，适用小功耗数码产品。B 型口大多数是非对称的，因此不会担心插错。2013 年，Intel 公司发布了比 B 口更小、更薄且对称型的 Type-C 型口，类似 Apple 公司的 Lightning 接口。

图 1-11　USB 接口

USB 接口几乎成为目前计算机通用的唯一的外设标准接口。常用的 U 盘就是因为这个"盘"使用了 USB 接口而得名。现在的 USB 标准主要为 2.0 版和 3.0 版，USB 2.0 的数据传输最大速率为 60 MBps，USB 3.0 则高达 500 MBps。

3．外部设备

外部设备是输入/输出设备的总称。最常用的输入设备是键盘和鼠标，标准配置的输出设备是显示器（Display），以液晶显示器（屏）为主。另一种输出设备是打印机，根据其打印采用的材料，有激光打印机、喷墨打印机、用于票据输出的针式打印机。这里不作过多介绍。

移动终端，如智能手机、平板电脑和某些笔记本电脑，其显示屏具有输入、输出双重功能。这种显示屏被称为"触摸屏"（Touch Screen），是在显示屏表面安装了一种能够感应手指或其他物体触摸的透明膜，将感应信息作为输入传送到计算机。其原理与鼠标类似，只是鼠标通过移动鼠标指针并获取其在显示器上的坐标信息，感应膜是捕捉手指或者其他感应物在显示屏上的位置信息。感应膜有电阻式、电容式、红外线式和表面声波式，目前是电容式触摸屏占据主流地位。

1.4.4　计算机是如何运行的

以上介绍了计算机的一些基本概念和系统的组成。我们也希望能够知道计算机究竟是如何工作以完成其程序任务的。无论是桌面机还是便携机，只要按下电源开关，就会在显示器上看到某些启动信息，有的是制造商的 logo，有的是商标，如 PC 显示的是飘扬着微软公司商标的旗子，（如图 1-12 所示），表示 Windows 被加载和运行。事实上，只要通电启动，机器就开始执行各种程序，直到被关机为止。计算机运行的程序要么是系统软件，要么是应用软件。前者是为了帮助用户使用计算机，后者是为了让计算机执行用户需要让它执行的任务。图 1-13 给出了计算机运行的示意，各部件之间的连线表示了信息或者数据的流动方向。

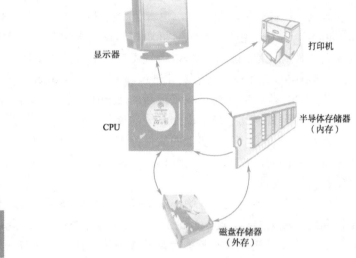

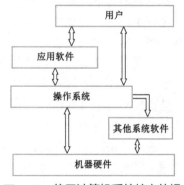

图 1-12　PC 加载操作系统时显示的 logo　　　　图 1-13　计算机运行示意

　　每次开机的操作都是相同的。BIOS（Basic Input and Output System，基本输入输出系统）的基本任务是对计算机的硬件进行自检，再把存放在外存的操作系统调入内存。因此，开机后计算机首先执行 BIOS，再将系统的控制权交给操作系统，此后在操作系统的操控下运行。

　　程序一般存放在磁盘存储器中，只有在执行时才被调入内存。内存中往往同时执行多个程序，如微机系统通常有数十个程序在同时运行。在程序执行过程中，显示器显示机器状态以及程序执行需要输入数据的提示，由输入设备如键盘、鼠标器完成输入操作（图 1-13 中没有画出输入设备），将程序运行的结果输出到显示器上或打印出来。

　　只要机器一直处于开机状态，用户就可以通过使用应用程序（实际上是借助操作系统的帮助）使用计算机完成相关的任务。

1.5　操作系统

　　如前所述，计算机在开机后就在操作系统（Operating System，OS）控制下运行。操作系统是系统软件，是管理其他软件的软件，是软件系统的核心。

1.5.1　计算机系统的核心

　　操作系统在计算机中的地位可以使用图 1-14 表示。其他软件需要操作系统的支持才能够在机器上运行，用户也需要

图 1-14　位于计算机系统核心的操作系统

操作系统提供的各种工具和操作命令来使用计算机，包括运行其他软件。因此，计算机是"基于操作系统"的，我们把操作系统视为一个"环境"，或者叫做平台（Platform）。微软就是凭借 Windows 操作系统获得了 PC 的软件垄断地位，与另一个硬件 CPU 的垄断者 Intel 公司结成了 Win-Tel 联盟，长期以来把持了 PC 的发展。同样在移动领域，Google 公司的操作系统 Android 成了事实上的垄断者。

最早的操作系统是 UNIX，它几乎就是操作系统的标准。小型机、大型机和巨型机大多使用 UNIX。UNIX 是商业软件，也有免费的 UNIX 版，如 BSD/UNIX（Berkeley Software Distribution，一个自由软件组织，可知与伯克利大学有关）。BSD 倡导自由软件，也提供大量的免费软件源代码。另一个可以替代 UNIX 的是免费的 Linux，由芬兰赫尔辛基大学的学生 Linus Torvalds 在 1991 年开发。Linux 源代码在 Internet 上公开后，世界各地的编程爱好者自发组织起来，不断完善而形成了最新的 Linux。它与 UNIX 高度兼容，被认为是一种高性能、低成本、可替换其他昂贵操作系统的软件。

操作系统成为了一个事实上的软件标准。对用户来说，不管是什么类型的计算机，只要操作系统是相同的，使用机器的过程就相同。同样，只要是符合操作系统要求的，任何软件都可以在机器上运行。

操作系统有很多定义，有的描述了操作系统的外部特性，有的从程序执行的角度或者管理和控制的角度来描述。较为公论的定义是：**操作系统是计算机硬件与其他软件之间的接口，能有效地对计算机软硬件资源进行管理和使用，使用户能方便地操作计算机**。这个定义兼顾了系统和用户两方面。

1.5.2　操作系统的功能和结构

计算机硬件有处理器、存储器、输入/输出三个子系统，因此操作系统也按照这三个子系统构建其管理功能模块，其第 4 个功能模块是文件管理，如图 1-15 所示。

处理器管理也叫进程管理。在 Windows 系统中，按 Ctrl+Alt+Del 组合键，可以打开"任务管理器"窗口，查看计算机当前正在运行的"进程"（Processing）。进程即正在运行中的程序。通常一个程序运行只需要一个进程，但为了提高效率，也会使用多个进程，即"线程"（Thread）。进程管理通过给每个进程分配时间段，轮流运行多个程序，看上去像多个程序"同时运行"，以实现多任务处理。现在的操作系统都是多任务的。

存储器管理主要是将正在执行的程序调入内存，为待运行的程序建立存储映射区，并对程序使用内存进行调度。而操作系统的输入/输出管理是为各种复杂的外设建立统一的访问策略，对设备实现有效管理。

本质上，所有操作系统的结构都是类似的，功能也差不多，只是其硬件要求和各种功能的实现方法不同。操作系统的结构分为内核（Kernel）和外壳（Shell），如图 1-16 所示，这种结构最早源于 UNIX，直到今天仍然是操作系统设计的完美结构：内核层操纵硬件，外壳为用户使用计算机提供用户界面（User Interface，UI），也称为用户接口。

操作系统的内核就是直接与机器硬件相关的程序。从程序员的角度，编写硬件操作的程序代码不但麻烦且容易出错：必须非常熟悉硬件。实际上，无论何种程序，操作硬件的代码都是相同的，因此把操作硬件的代码编写成函数（不同于数学函数，计算机函数是一组程序代码，见第 5 章），因此就有了一个 BIOS 程序。操作系统内核就是建立在 BIOS 之上，为应用程序调用 BIOS 服务，并在多个任务之间进行调度、管理，使得硬件资源被合理、有效使用。

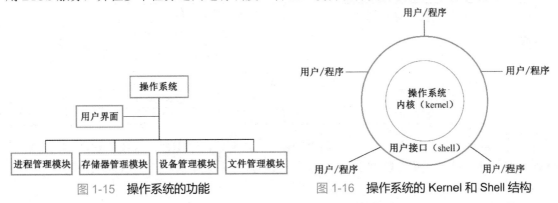

图 1-15　操作系统的功能　　　　　　图 1-16　操作系统的 Kernel 和 Shell 结构

早期的 Shell 是一个命令集。现在的 Shell 都是图形化界面（Graphic User Interface，GUI）。近年发展迅速的移动设备，如平板电脑、智能手机等，在其产品的附件中再也没有过去类似产品必备的"操作手册"：使用这些设备动动手指就可以了，不需手册。用户通过各种图标认识不同的程序，其打开、关闭程序的操作都很简单。这个变化是一个巨大的技术进步，就是计算机的用户界面的交互设计更加"智能化"（Smart），操作的一致性和便捷性让用户使用起来简单、快捷。

操作系统是一个复杂软件：它的内核相对稳定，其主要变化是为了适应处理器芯片功能的变化；它的外壳则占到整个系统的大部分，对用户界面的管理则成为了操作系统最主要的开销：一方面界面要美观、流畅，另一方面要为用户定制界面提供各种方案。

1.5.3　文件系统

对用户而言，除了界面，操作系统最重要的就是文件系统。UNIX 最早提出文件（Flie）的概念后，它就成为所有操作系统进行数据组织和表示的最主要的方法。计算机的程序和数据是以电子、磁或光等不同的物理状态表示并存储的，我们根本是无法感受其存在，因此需要以一种抽象的、易于理解的数据组织形式，让用户能够"看到"程序和数据，这就是文件。

文件是计算机中程序和数据的一种抽象表示，是一个存储在存储器上的数据的有序集合，并标记为文件名。文件系统就是所有文件的集合以及操作系统对文件的管理。

操作系统以文件名列表的形式向用户展示文件的存储位置、建立时间、文件大小、存取属性等信息，操作系统对文件的操作是"按名存取"。文件名以字母、数字和符号的组合唯一标识一个文件。不同的操作系统的文件命名规则也不同。例如，微软操作系统 Windows 的文件名格式为：

[盘符:] 文件名[.扩展名]

格式中"[ ]"包括的部分可以省略。"盘符"是指存放文件的磁盘的编号。微软公司的 Windows 系统将 A、B 用于软盘，C~Z 为硬盘或光盘。早期 Windows 系统的文件名只有 8 个英文字符，现在的 Windows 的文件名可达 255 个字符，中文版也允许使用中文字符。

Windows 文件名后可带扩展名（也称为后缀），由"."隔开。如果使用扩展名，应该采用规定的字符。UNIX/Linux 一般不使用扩展名。Windows 系统文件的扩展名指示文件的类型。表 1-3 给出了常用扩展名的含义。

表 1-3　Windows 系统常用文件扩展名

扩展名	文件类型	扩展名	文件类型
.exe	可执行（程序）文件	.doc	Word 文档文件
.com	命令（程序）文件	.docx	Microsoft Office 高版本文档文件
.bat	批（处理）文件，可执行	.xls，.xlsx	Excel 工作簿文件
.sys	系统文件	.ppt，.pptx	PowerPoint 演示文稿文件
.c	C 语言源程序文件	.java	Java 语言源程序文件
.txt	文本文件	.obj	目标文件

Windows 根据文件的类型决定采取何种操作：如果是程序文件，就执行它；如果是数据文件，就启动它的关联程序打开数据文件。Windows 注册表中有一个能被其识别的文件类型的清单。

注意：文件的存储空间与文件大小通常不一致，前者往往大于后者。这是因为文件数据是按扇区（见 1.4.2 节所述）存放的。例如，Windows 的文件系统默认扇区是 4 KB，即使文件只有 1 字节，也占据整个扇区；如果文件超过了扇区 1 字节，也会给它分配第二个扇区。

1.6　计算机网络

即使有很大的存储空间，有很快的运算速度，单台计算机的作用总是有限的。尤其是别人的机器上有你需要、别人也愿意提供给你的信息时，最简单的方法是把别人的机器与你的机器"连起来"，通俗地说，两台以上的计算机互连就可以认为是一个网络（Network）。今天的"网络"如果不是特指的话，就是指计算机网络（Computer Network，第 7 章中讲述）。网络类型有多种，最大的就是互联网（Internet），即使是价值数亿的超级计算机也无法与之相比。有意思的是，网络互连技术也被成功地运用于制造超级计算机。

1．互联网

互联网，在中国曾经使用的官方译词是"因特网"。互联网是全世界数十亿台各种类型的计算机互连起来形成的一个巨大的网，使之能互相交换信息（专业术语是"资源共享"）。互联网始建于 20 世纪 60 年代末，现在它是唯一覆盖全世界的也是最大的计算机网络。

互联网是"网络的网络"，已经是计算机应用最重要的领域。互联网上的机器无论是巨型机还是手机，其逻辑地位是等同的。互联网没有采用像计算机系统那样的中心控制结构，而是以主机（Host）互连，入网的每台机器无论大小统一赋予一个主机地位，这就是互联网的开放性，也是吸引无数用户的直接原因。现在的计算机和移动终端，无论其规模大小，都具备接入互联网的功能。

今天的互联网，从一般的信息检索，到信息通信、社交活动，到网上买卖交易（电子商务），已经成为一个"虚拟社会"。现实社会的各种形态在这个虚拟社会上几乎被复制。同样，各种现实社会的丑恶也在互联网上如出一辙，甚至更有甚者。

对互联网的争议并没有影响到它以极快的速度发展。数亿互联网用户每天在网上发布数以亿万计的信息，并依托互联网进行各种活动，甚至成为有的人赖以生存的一种环境。我国经济几十年的高速发展，很大程度上得益于信息化的推进。我国已经有世界上最大的互联网用户群和最多的入网机器。

2．Web 网

互联网发展到今天，为适应不同用户的应用需求，提供了多种服务，Web（World Wide Web，WWW/3W/Web，万维网）则是互联网应用最广的一种服务，其他服务如电子邮件（E-mail）、电子公告板（BBS）等纷纷转移到 Web 平台上。对许多用户而言，互联网就是Web，尽管这个说法并不准确。

建立互联网的建设目的之一是让不同的计算机互连起来，让联网的计算机科学家和技术人员能够互相交换信息。1990 年，欧洲粒子物理研究所 CERN 的技术员蒂姆•伯纳斯•李（Tim Berners-Lee）使用了一种标记格式，即后来制作 Web 的超文本标记语言（HyperText Mark Language，HTML），设计了一个程序，能将分隔在不同地域、不同计算机上的文档"页面"（Webpage）联系起来（现在叫链接，Link），访问者通过"链接"能立即跳转到千里之外网络上另一台计算机的页面上。李的这个程序供 CERN 使用，有人问他这是什么，他戏称是"World Wide Web"，万维网因此而得名，李也被冠以"万维网之父"。互联网的第一个网页是http://info.cern.ch。

Web 使用浏览器（Browser）访问网络。1992 年，伊利诺伊大学超级计算中心（NCSA）的马克•安德里森（Mark Andresen）参照李的方法设计了互联网的 Web 浏览器软件 Mosaic，这就是网景（Netscape）公司 1994 年推出的商业软件网络浏览器 Navigator 的前身。

Web 是基于超文本技术的分布式的、用于浏览和检索信息的系统，为用户访问互联网提供了简单的方法。除了文本外，超文本（Hypertext）还包括视频、音频、动画、图片等数据类型。Web 访问（Access）有许多实现技术，也有为支持 Web 服务通信的协议。

对大多数互联网用户而言，上网意味着使用浏览器访问互联网上的 Web 网站，以获取自己需要的信息或者进行各种交互活动。Web 网站（Website）是建有很多 Web 页面、构成多种 Web 资源的、为互联网用户提供访问服务的计算机。这类机器通常被称为 Web 网络服务器。

Web 访问就是到 Web 网站上获取需要的信息。微机、便携机用户使用浏览器访问 Web，如微软公司的 Internet Explorer（IE）浏览器。本质上，浏览器是用于解释超文本格式文档的系统软件，按照格式标记的要求将 Web 文档以窗口的形式呈现在用户的显示器上。微机版的浏览器还有遨游（Maxthon）、火狐（Firefox）、Opera 以及 Google 公司的 Chrome 等，都是免费软件。近年，国内有多家公司推出了浏览器产品，如 QQ、360、UC 等，其影响力也日渐显露。

目前，移动互联网极为快速的发展，移动上网成为"网民"的首选，即通过移动终端（如手机）无线上网，移动上网的用户量远远超过传统 PC 上网。在移动系统中，也有上述浏览器的移动版本。不过有人预言，再过三五年，移动上网将被物联网所取代。是否如此，只能由时间来回答了。本书将在第 7 章进一步讨论网络。

1.7 数据和信息

计算系统的另一部分是数据，而计算机是被当成数据处理的机器。广义上讲，计算机中除了硬件之外的都是"数据"，包括程序代码和程序运行中需要和产生的数据。另一方面，信息（Information）被认为是对数据进行处理而得到的。信息和数据是两个重要概念，尽管它们之间存在着差异，但很多情况下被混用。通常，数据被看成待处理的原始记录，信息是对数据进行加工处理后得到的结果，且有特定的意义。例如，一个数（数据的基本形态之一）可以代表一个物体的量，也可以视为一个特定物体的标记。因此可以认为，数据是"原材料"，而信息是"制成品"。

计算机最大的应用也许就是构建信息系统。一个大型的信息系统的复杂程度可以与大型的工业制成品相匹敌，甚至有过之而无不及。现代的工业制造也是在计算机控制下进行的，且它本身也被相关的信息系统所管理。信息系统的基本功能是能够为需要者提供特定的信息，支持用户迅速、有效地输入、存储、处理和获取信息。例如，一个图书信息系统可能包含许多读者需要的各种图书信息。

今天，数据和信息已经被认为是人类的重要资源，对信息资源的开发、运用成为社会生活、经济活动的重要组成部分，也成为衡量一个国家现代化程度的标志。有效地拥有数据、开发和运用信息资源已经被上升到国力的高度。

要构成一个信息系统，计算机是必要的组成部分。从计算机的角度看，信息处理是一个"计算过程"，一般认为信息系统有 6 个要素：

① 硬件，指计算机或包含计算机的装置。

② 软件，或者叫做程序，控制硬件完成特定的工作任务。

③ 数据。例如一个商场销售系统对各种商品的批零价格和销售数据进行处理，就可以得到销售额、盈亏等有用的信息。

④ 人，或者被称为用户（People or User），有两类：一类是以计算机为职业，这类用户从事和计算机相关的技术工作，如软件设计，信息系统管理等；另一类主要是使用计算机，大多数用户是属于这一类。

⑤ 过程（Processing），或称为处理，反映了信息系统完成处理任务，以及与用户在执行任务中的协调作用。简单地说，"过程"就是如何操作这个系统的一系列步骤。

⑥ 通信（Communications），作为信息系统的组成要素，反映在硬件和软件之间、用户和机器之间，也反映在不同的计算机之间。例如，网络把多台计算机互连起来，而信息交换就是通信。

信息系统中计算机承担的计算任务，大部分是数据传输、变换、分析、事务处理、控制等。从使用计算机的角度观察，计算机本身也是一个信息系统，任何一个用户使用计算机都有一定的任务需要计算机去帮助完成，完成这些任务同样可以用这 6 个要素来归纳。

1.8 计算思维

计算机对人类的影响力之大已经无人质疑，它已经成为一种生活形态，也是一种文化形态。通常人们用"计算机文化"（Computer Literacy）一词表述它成为超越机器甚至学科之外的广泛性，而我们更多地认为计算机文化是指"理解计算机是什么，以及它如何被作为资源使用，并改变着人类的生活、学习、交流方式的"。

一个简单的例子是，数十年前的学生撰写一篇课程学习报告需要到图书馆查找资料。今天大多数学生会用计算机到网络上搜索信息。计算机不只是能够做这些，但它究竟能够做什么？也许比较合适的答案是无所不能。当然，这个回答也过于笼统。在你了解到计算机具有更多的功能，或者说了解了计算机能够做什么、不能够做什么后，那么你在遇到需要你解决的问题时，就会有更多的选择，会知道即使复杂的问题也能够通过分解这些问题，并借助计算机来解决问题。如果你能够有这样的能力，也就是说你有了"计算思维"。虽然这种说法未必准确，但是认识计算机，不但需要知道计算机"如何工作"，更需要知道计算机"能够"做的工作。

按照专家的观点，计算系统（Computing System）不等同于计算机系统，那么计算思维（Computational Thinking）也不是计算机思维。专家们认为，"计算思维"是运用计算机科学的基础概念进行问题求解、系统设计、人类行为理解等涵盖计算机科学之广度的一系列思维活动。计算思维建立在计算过程的能力和限制之上。

计算思维的本质是抽象（Abstraction）和自动化（Automation）。如果说数学思维是"对象与关系"，那么计算思维表现在"状态和过程"上。所谓抽象，就是要求能够对问题进行抽象表示、形式化表达（这些是计算机的本质），设计问题求解过程，以达到精确、可行，并通过程序（软件）作为方法和手段，对求解过程予以"精准"实现。也就是说，抽象的最终结果是能够机械式地一步步自动执行。

表 1-4 是计算思维的倡导者之一的周以真教授（卡耐基·梅隆大学）总结的有关计算思维是什么和不是什么，我们看到，这里面提出的观点已经超越了计算机（科学）本身，成为了一种自觉的、自然的思维方式。换句话说，具有计算思维能力就是说人们理解计算能力应该成为一种常识，如同我们对数学的理解那样。

表 1-4　计算思维的特征

	计算思维是什么	计算思维不是什么
1	是概念化	不是程序化
2	是根本的	不是刻板的技能
3	是人的思维	不是计算机的思维
4	是思想	不是人造物
5	是数学与工程思维的互补与融合	不是空穴来风
6	面向所有的人，所有的地方	不局限于计算学科

事实上，无论用什么样的观点进行分析和解释，一个儿童对计算机的喜爱到离不开计算机，最终他对计算机的认识肯定会随着年龄的增加、阅历的提升和知识的积累，自然而然地会知道如何运用计算机去帮助他解决遇到的各种问题。当然，理想的情况是，他使用计算机处理问题的选择每次都是正确的。

本章小结

计算系统是基于计算机和数据的一个系统，计算机的计算对象就是数据。

计算机系统包括硬件系统和软件系统。组成计算机的物理设备叫做硬件，其主要元件是电子器件。按计算机规模划分，计算机可以分为巨型机、大型机、小型机，微型计算机、嵌入式设备和移动设备、可穿戴式计算机等。

计算机的软件系统包括系统软件和应用软件。系统软件是管理计算机需要的那些软件，如操作系统、编程语言系统、工具软件等。应用软件是解决特定的应用问题的软件。从数据的角度看，程序就是完成数据处理的。

第一代计算机采用电子管，第二代计算机采用晶体管，第三代计算机采用集成电路，第四代计算机采用的是大规模集成电路。

软件的发展是从机器代码到高级语言和基于图形界面的操作系统。

可以使用模型描述计算机。黑盒模型指出，计算机是数据处理器，数据输入其中，经过处理得到输出数据。具有程序能力的处理机模型则指出，数据处理由程序控制。

现代计算机模型将计算机分为输入设备、存储器、运算器、控制器和输出设备 5 部分。今天的计算机将运算器、控制器集成在一个 CPU 芯片中。

程序存储原理是要求程序和数据在执行前被存放到计算机的存储器中，且采用同样的存储格式。这是实现自动计算的基础。

计算机硬件有处理器、存储器和输入/输出 3 个子系统。

处理器的主要技术指标是主频和字长。多核是指一个 CPU 芯片中集成了多个处理器。现在的 CPU 多为 64 位和 32 位。CPU 有 CISC 和 RISC 两种结构。

存储器采用字节模式。1 字节（Byte）有 8 个二进制位（bit）。计算机的最大存储容量是由 CPU 的地址总线决定的。内存的主要技术指标为存取速率和容量。

内存与 CPU 直接相连，外存通过电缆线与主机连接。内存分为 RAM 和 ROM。RAM 是随机存储器，存放执行的程序和数据。ROM 存放不变的数据和程序。内存是半导体器件，价格较贵，存取速度较快；相对外存，内存容量较小。

外存主要用来保存数据和程序。外存容量大，存取速度慢。外存主要有磁盘和固态硬盘。

存储器系统采用主辅结构：主存运行程序、容量小、价格贵；外存保存程序和数据、容量大、价格便宜。内存、外存在功能和性能上是互补的。

计算机的输入/输出（I/O）是在主机的控制下由外部设备完成的。连接外设的端口（接口）在快速的主机与慢速的外设之间建立缓冲。USB 是常用的接口。

计算机是自动运行程序的，从外存储器加载程序到内存并由 CPU 执行，执行过程中也从外存储器中读取数据和保存数据，或者输出数据到外部设备上。

操作系统是计算机软件系统的核心，是计算机硬件与其他软件之间的接口，能够有效地管理计算机的软件、硬件资源，使用户能方面地操作计算机。操作系统有处理器管理、存储器管理、设备管理和文件管理等 4 个模块，结构上分为内核和外壳。

操作系统的内核直接操作计算机的硬件，外壳为用户界面。

文件系统是计算机中程序和数据的一种抽象表示，是一个存储在外存上的数据的有序集合，并标记为一个文件名。操作系统实行按名存取文件的操作。文件扩展名指示文件的类型，操作系统根据文件的类型决定采取何种操作。

网络是指两台以上的计算机的互连。互联网是覆盖全球的、最大的计算机网络。入网的机器称为主机。网络的主要目的是资源共享。互联网具有开放特性，已成为一个虚拟的社会形态。

互联网上有各种应用服务。其中 Web 是互联网上最广泛的、影响最大的一种服务。Web 访问使用浏览器进行。

数据是计算系统的组成部分。数据被看成待处理的原始记录，信息是对数据进行加工处理后得到的结果。

信息系统的基本功能是为用户提供特定的信息，支持用户迅速、有效地输入、存储、处理和获取信息。构成信息系统有 6 个要素，分别是计算机硬件、软件、用户、数据、过程和通信。

计算机文化是指理解计算机是什么，以及它如何被作为资源使用，并改变着人类的生活、学习、交流方式的。

计算思维的本质是对问题进行抽象表示以及通过形式化表达，使得问题的求解达到精确、可行之目的。

习题 1

一、思考题

1．回忆你使用计算机的经历，列举你使用计算机做过的事情。你是否考虑过将研究计算机或数据作为你的职业？为什么？

2．运用你能够获取的各种资源，如报纸、杂志、书籍以及互联网进行相关资料的收集，对以下主题写一篇 1000 字以内的短文。

① 世界上最快的计算机。　　　　　　　② 计算机在艺术领域中的应用。

③ 使用计算机拍摄、制作电视和电影。　④ 计算机在金融系统中的应用。

⑤ 使用计算机研究生命科学。　　　　　⑥ 人类基因图谱研究与计算机。

⑦ 计算机通信和社交网络。　　　　　　⑧ 计算机与工程。

⑨ 计算机与社会服务。　　　　　　　　⑩ 计算机与科学研究。

⑪#计算机和国防。　　　　　　　　　　⑫ 计算机与国家的智能制造 2025 战略。

3．我国经济高速发展部分得益于从上个世纪末国家推行的"信息化与工业化的融合"。请通过网络收集这方面的信息，并思考"什么是信息化与工业化的融合"？

4．中国政府大力推行"互联网+"，要求将传统的产业、管理、服务都借助于互联网这个大平台，以提升竞争力和服务、管理的效率。请以此为主题，选择一个你今后可能从事的职业，看看"互联网+"能够做什么。

5．计算（机）模型是一种抽象表达。试从校园生活中寻找抽象表达，看它隐藏了哪些复杂的细节。

6．本章中并没有直接给出计算机的相关定义。请根据你的理解，回答"什么是计算机"这个问题，并解释你的答案。

7．如何理解计算机是消费品？

8．计算机既是工具，也是学科。请给出你的理解。

9．如何理解计算机系统和计算系统之间的差别？

10．数据是本书的重点讨论的内容，你如何理解数据？又如何理解信息？

11．如果你有计算机（包括平板电脑、智能手机），请查看并记录机器的性能指标。其中，显示器端口是指 USB 或视频端口。如果是 PC 系统，可以通过"我的电脑"属性查看。

处理器生产商		处理器型号		处理器字长	位
处理器主频	Hz	处理器内核数		内存空间	GB
内存最大空间		外存空间	GB	外存介质	
操作系统名称		操作系统版本		操作系统位数	
显示器端口		USB 版本		USB 端口数	

二、填空题

12．计算系统由两部分组成，它们是计算机和_____。计算机也是一个系统，也由两部分组成：_____和_____。

13．计算机硬件系统包括三个子系统：处理器子系统，_____和_____。其中，处理器（CPU）是计算机硬件的核心部件，它是计算机中负责_____和_____的部件。

14．目前，世界上运行速度最快的计算机是我国无锡超级计算中心的_____，它采用了国产的处理器芯片神威（Sunway）。

15. 第一代计算机采用的电子元件是_____，第二代计算机使用的电子元件是_____，第三代计算机使用的是 IC，即_____，第四代计算机使用 LSIC，即_____。

16. 计算机的外部设备分为_____设备和_____设备。最常见的前者是_____和鼠标器，后者是_____和打印机。

17. 计算机存储器的内存又叫_____，_____主要是存储数据和程序，_____主要是运行程序和数据。

18. 现代计算机模型也叫冯·诺依曼模型，将计算机分成 5 个组成部分，分别是_____、_____、_____、_____和_____。

19. 用来解释计算机原理的黑盒模型也叫_____，这个模型给出了计算机的基本属性是_____。如果给这个黑盒加上程序部分，则这个模型叫做_____。

20. 程序的灵活性体现在即使输入数据相同，不同的程序得到的结果可能是_____。而程序的一致性是指给定相同的输入数据，在同一个程序的控制下，其结果是_____的。

21. 只要让计算机执行不同的程序，就可以得到各种期望的数据处理结果，这是_____原理。

22. 程序存储原理要求_____和_____以相同的格式被存储，且_____在执行之前就已经被存放到存储器中。

23. 处理器（CPU）是执行程序的部件，由_____和控制器组成。处理器的主要技术指标为_____和_____，现在 CPU 芯片主要为 LSIC（_____）芯片。

24. 多核 CPU 是指在一个芯片上集成了多个_____。

25. 内存直接与_____连接。内存采用的是_____（Byte）模式。1 Byte 有_____bit（位）。机器内存容量是指机器的 Byte 数量。存储单位量词 KB 的实际存储数是_____Byte。

26. 外存的介质类型主要有_____和 SSD。SSD 又叫做_____。

27. 计算机存储器系统采用的是主辅结构。主存速度快、容量相对较小，用于_____程序；外存速度慢，用于_____程序和数据。外存可以弥补内存的_____性。

28. 计算机的输入/输出端口（Port）用于连接外部设备，同时在高速的主机和慢速的外设之间建立一个缓冲，因此它也是一个_____电路。最常见的端口是_____，几乎可以连接各种类型的外设。

29. 计算机的输入/输出端口（Port）是一种技术，也是一种标准：只要符合这个标准的设备都可以直接插入端口实现与计算机的连接，即_____（PnP）。

30. 计算机开机后首先执行的是 BIOS，即_____，然后将存储在外存的操作系统调入内存，再将系统的控制权将交给操作系统，此后计算机将在_____的操控下运行。

31. 之所以把操作系统称为"环境"或者"平台"，是因为用户和_____都需要在操作系统的支持下使用计算机。操作系统的一个重要功能是为管理计算机的所有资源，包括用户、_____、_____。

32. 操作系统的功能模块有处理器管理、存储器管理、_____和_____。

33. 操作系统采用的是内外结合的结构，与硬件相关的部分叫做_____，为用户和软件使用计算机提供支持的叫做_____。其中，后者也叫做 GUI，即_____。

34. 文件是计算机中_____和数据的一种抽象表示，是一个存储在存储器上的数据的有序集合。_____就是所有文件的集合以及操作系统对文件的管理。

35. 操作系统对文件的操作是_____，即根据文件名对其进行操作。文件的_____是文件的类型，操作系统根据文件的类型决定采取何种操作。

36. DOS/Windows 文件系统中，可执行的文件扩展名为_____、_____和 .bat，后缀为 .doc 的是_____，.xls 和 .xlsx 的是_____文件，.ppt 和 .pptx 的是_____文稿，而 .pps 的是_____文件。

37. Internet 的中文名字是_____，它是"网络的网络"。Internet 的特性是_____。

38. WWW，或者简称为_____、_____，它的中文名字是_____。它是互联网上最大的应用，使用了 HTML 即_____，能够将发布在不同地域的计算机上的文档进行链接实现跳转访问。

39. 超文本除了一般的文本格式，还包括视频_____、_____、和_____等数据类型。

40. 计算机文化是指能够理解是什么以及它是如何作为_____被使用的。

41. 计算思维的本质是_____和_____。如果说，数学思维是"抽象和关系"，那么计算思维是"_____和_____"。

42. 运用计算机科学的基础概念和知识进行问题求解、系统设计，以及人类行为理解等一系列思维活动被称为_____。

三、选择题

43. 计算系统包括了计算机和_____。
    A．数据　　　　　　B．信息　　　　　　C．程序　　　　　　D．软件

44. 程序存储是计算机的重要原理，它是指程序在执行之前被存放到_____中，且要求程序和数据采用相同的格式。
    A．存储器　　　　　B．控制器　　　　　C．磁盘　　　　　　D．SSD

45. 黑盒模型描述计算机基本功能，如果输入黑盒的数据是相同的，黑盒输出的结果_____。
    A．也是相同的　　　　　　　　　　B．不同的
    C．不同的机器有不同的结果　　　　D．取决于数据处理方法

46. 在程序的控制下，计算机的输出结果取决于_____。
    A．输入的数据　　　　　　　　　　B．控制处理的程序
    C．处理机的类型　　　　　　　　　D．处理机的规模

47. 输入的数据是相同的，在不同的程序控制下，计算机运行的结果_____。
    A．不同　　　　　　B．相同　　　　　　C．可能相同　　　　　D．可能不同

48. 依据程序存储原理，程序和数据在存储器中以_____的格式存储。
    A．相同　　　　　　B．不同　　　　　　C．机器要求　　　　　D．程序要求

49. 计算机系统是指计算机的所有组成部分。它包括了计算机硬件以及_____。
    A．输入　　　　　　B．软件　　　　　　C．输出　　　　　　　D．数据

50. 目前使用的计算机被认为是"第四代"，它使用的电子元件是_____。
    A．电子管　　　　　B．晶体管　　　　　C．集成电路　　　　　D．大规模集成电路

51. 冯·诺依曼结构中，数据和程序存放在一个存储器中，如果将程序和数据分开存放，这个结构叫做_____结构。
    A．斯坦福　　　　　B 哈佛　　　　　　C．耶鲁　　　　　　　D．牛津

52. 通常我们使用的桌面台式机、笔记本电脑等这一类计算机被称为_____。
    A．小型机　　　　　B．微型机　　　　　C．膝上机　　　　　　D．掌上机

53. 计算机系统中的存储器系统的任务是_____和参与运行程序。
    A．存储数据　　　　B．存储程序　　　　C．存储信息　　　　　D．A 和 B

54. 操作系统如 Windows、iOS 和 Android 都是计算机的软件，按照分类，它们是_____。
    A．App　　　　　　B．编程语言　　　　C．应用系统　　　　　D．系统软件

55. 计算机存储器的单位使用字节（Byte，B）；1B 等于_____。
    A．1 位二进制　　　B．4 位二进制　　　C．8 位二进制　　　　D．10 位二进制

56. 信息系统能够快速、有效地输入、存储、处理和_____信息。
    A．保存　　　　　　B．传输　　　　　　C．获取　　　　　　　D．显示

57. 输入输出端口是一种技术，也是一种标准。符合端口标准的设备都可以被直接插入端口与计算机实现连接，这种技术叫做_____。

  A. 接口   B. 即插即用   C. USB   D. 交换

58. DOS/Windows 的文件扩展名也叫做后缀，它代表的是文件的_____。

  A. 类型   B. 大小   C. 存储位置   D. 建立时间

59. 互联网的开放结构，联网的机器，无论大小统一赋以一个_____地位。

  A. 终端   B. 主机   C. 网络   D. 系统

60. 互联网是一个庞大的计算机互联形成的网络，构建互联网的主要目的是_____。

  A. 各种通信   B. 查资料   C. 资源共享   D. 电子邮件

61. 互联网的 Web 服务使用_____（HTML）设计的程序，将不同地域、不同计算机上的页面文档链接起来。

  A. 链接标记   B. 连接标记   C. 超文本标记   D. 纯文本标记

62. 计算机文化是指能够理解计算机是什么，以及它如何被当成_____使用的。

  A. 工具   B. 娱乐设备   C. 资源   D. 通信设备

63. 计算思维的本质是对求解问题的抽象和实现问题处理的_____。

  A. 高速度   B. 自动化   C. 高精度   D. 以上都是

64. 计算机的特点是精确运算、准确的逻辑判断、强大的存储能力、自动处理、_____和网络数据通信。

  A. 体积小   B. 高速执行   C. 能耗低   D. 智能化

四、是非题

65. 计算系统和计算机系统是同一个概念。

66. 严格意义上说，计算机软件就是计算机程序。

67. 计算机系统主要是指计算机硬件系统，包括处理器、存储器和输入/输出设备。

68. 软件系统是指操作系统，也包括程序设计和一些工具软件。

69. 计算机上的程序全部是应用程序，都是可以被执行的。

70. 数据就是指计算机中运行的数，它们可以被用来进行求值和输入/输出。

71. 现在的计算机都是使用集成电路的，包括外存全部是半导体集成电路。

72. 计算机的黑盒模型给出了计算机的功能就是运算。

73. 程序具有一致性，也具有灵活性，相同的数据经过不同的程序处理得到的结果也是相同的。

74. 并不是所有的应用程序运行都需要操作系统的支持。

75. 程序和程序运行所需要的数据并不一定要以相同的存储格式。

76. 计算机中的内存也叫做主存，主要用来运行程序。

77. 内存的主要部分是 RAM，它有速度快的特点，也有易失性。

78. 作为外存的器件，无论是哪一种类型的介质，都具有永久保存数据的能力。

79. USB 叫做通用串行总线，是计算机连接外设的端口，也是在高速主机和慢速外设之间的缓冲，因此它也是一种接口。

80. 任何计算机，包括智能终端，开机后首先执行的是 BIOS。

81. 操作系统的 Shell 的主要功能是为用户使用计算机提供帮助。

82. DOS/Windows 文件系统中的文件扩展名指示文件的类型。

83. 两台以上的计算机互连就可以被认为是网络。Internet 是世界上最大的网络。

84. 数据和信息的关系可以被比喻为：数据是原材料，信息是制成品。

第 2 章　计算的基础

计算机最初的目的是用于实现自动计算，而计算就需要数。早期的机械式计算机使用过十进制，现代计算机则使用二进制。进一步，计算机中只有二进制数表示的各种计算使用的数、表示虚拟世界的各种形态的码，因此二进制是计算机数据的基础。计算机是一个数字系统，是一种电子产品，其基本电路是逻辑电路。数字逻辑也是计算机中重要的计算类型，科学家们在二进制与逻辑值之间建立了一种独特的联系，使得它们成为了计算的基础。

2.1　数和数据概述

计算机中数的表示是一个基础性的问题。现代计算机能够做的事情已经远远超出了传统的"计算"范畴，但无论数据的外部形态是图像、视频还是文字，在计算机底层，所有信息都是以 0 或 1 的数字形式存在的。

一个人进入学习阶段，最早学习的除了文字就是数了。因此，数是人类除了自然语言之外最熟悉的，也是最常见的。数学是研究数的科学，将数看成一个计数、标记和度量的抽象概念，遵循其运算法则。数最初的应用是为了度量和计算，现在更多的是作为一种标记，因此数据的概念就随之产生。

在计算机中，各种各样的数据（第 3 章将进一步讨论）都是以数字（Digital）形式表示的，形式上它们是数，本质上表示的是整个世界的各种形态。因此，计算机中"数的表示"是基础性问题：计算机科学家和工程师们要将数表示成不同的物理状态，进而通过特定的技术使之能够实现各种运算，这就是自动计算的根本所在。

在许多科学家眼中，计算机是运用电子学原理，按照指定规则，进行执行一系列操作，完成某种处理任务的机器。而在计算机科学家看来，实现规则需要有特定的数和实现的运算。人类平常使用是十进制，对计算机而言，无论是十进制的表示还是其运算规则，都过于复杂。在计算机诞生的那个年代，电子技术才开始起步，能够使用的电子器件只有外形如同白炽灯泡的电子管，没有足够的技术条件实现复杂的计算，所以选用了最简单的只有两个数码的二进制（Binary），因为二进制的两个数码易于使用物理器件表示。

由于二进制是所有计数系统中最简单的了，因此它的数位有了专业的名字：比特（bit）。今天的"比特"也成为了计算机的代名词。计算机发展到今天的"智能"阶段，已经证明了选用二进制不但是对的，而且契合了逻辑的两种状态：真、假，使得计算机真的成为"电脑"：不仅实现了数的计算，还能进行逻辑计算。逻辑判断被认为是人类能力的一部分，计算机的另一个俗称是电脑，寓意是指它具有人类的大脑的某些功能。

在计算机中，不管数据表示的是什么，它们都是以"数字"的二进制形式表示的，其功能之一就是进行数学计算（Arithmetic），另一个功能是进行逻辑运算。因此，二进制和计算机逻辑是计算机科学的重要的基础知识。

本章的大多数内容是读者所熟悉的，如数制中的十进制，因为这是人们日常使用到的。

有些运算规则，如二进制加减法，也是类似十进制的。

2.2 数制

数制（Number System）也被称为"计数体制"，是指多位数中每一位的构成方法以及实现从低位到高位的进位规则，也叫进制。在计算机科学中，数学家研究数制的规则和规律，计算机科学家则要实现数制的规则和规律，显然它是通过数字电路实现的。

2.2.1 常用进制

数制的多项式表示也叫权系数表示法，表示如下：

$$N = \pm \sum_{i=-m}^{n-1} A_i R^i$$

其中，R 为进制的基数，如十进制的 R 即 10；数码为 A_i，i 表示数位；$-m$ 为小数部分，整数部分为 $0 \sim n$-1，即 N 是一个 m 位小数、n 位整数的数。当然，任何数都有正负之分。

数的每个数码都有其权系数，任意进制的数 N 可以由其多项式的各位数码与其权系数的乘积之和组成。R 进制有 R 个数码，即 A_i 为 $0 \sim R$-1。构成数的每位数码表示的值是该数码和该位的权系数的乘积。R^i 为权系数，也叫幂次或权重（Power Weight）。R 进制的进位规则为"逢 R 进 1"。

人类日常使用的是十进制，计算机使用的是二进制。与计算机相关的数制还有八进制和十六进制。

1．十进制

在上面的公式中，如果 R 为 10，即是十进制（Decimal System），它有 $0 \sim 9$ 共 10 个数码符号。十进制的计数规则为"逢 10 进 1"。对任何一个十进制数，我们可以使用每一位数码与其幂次的多项式之和的形式表示。例如，381.25 的多项式（3 位整数，两位小数）表示为：

$$381.52 = 3 \times 10^2 + 8 \times 10^1 + 1 \times 10^0 + 5 \times 10^{-1} + 2 \times 10^{-2}$$

对十进制的特点我们非常熟悉，因此不再赘述。

2．二进制

二进制（Binary System）起源于中国。德国数学家莱布尼茨于 1679 年首次发表了关于二进制数的论文。1716 年，他在研究易经后说："伏羲氏在其推演的八卦中使用了二进制算术。"

计算机采用二进制，二进制也是最小的数制。二进制的位（bit，比特）是计算机处理的最小单位。二进制有 0 和 1 两个数码，在计算机中通过 0、1 的各种组合序列作为计算机中运算的数据。

计算机选择二进制简单而实际的理由是它容易被物理器件实现，如开关的两个状态（ON/OFF）、电压的高低、电流的有无、半导体二极管的截止和导通等物理状态都可以用来表示二进制的两个数码。用来设计计算机的数字电路就是基于半导体器件的截止/导通状态。

二进制的计数规则为"逢 2 进 1"。当二进制某一位计数满 2 时就向高位进 1。同样，可以使用多项式表示一个 8 位二进制数：

$$10101101_2 = 1 \times 2^7 + 0 \times 2^6 + 1 \times 2^5 + 0 \times 2^4 + 1 \times 2^3 + 1 \times 2^2 + 0 \times 2^1 + 1 \times 2^0$$

将二进制展开为多项式表示后，其计算结果就是十进制数。注意，为区分不同进制的数，我们给数以下标 10、2、16、8，分别表示十进制、二进制、十六进制和八进制。

3．八进制

八进制（Octal System）的基数为 8，有 8 个数码符号：0、1、2、3、4、5、6、7。因为 $8=2^3$，即 1 位八进制数对应 3 位二进制数，所以八进制在计算机中有时作为过渡进制使用。

4．十六进制

有意思的是，中国传统的计数进制就是十六进制，近代以来才开始采用十进制。这一改变的主要的原因是西方科学被引进，而十进制被视为世界通用进制。

十六进制（Hexadecimal System）使用 16 个数码表示，常用的阿拉伯数字只有 10 个，即 0~9，所以用英文字母 A、B、C、D、E、F 代表它的另外 6 个数码，对应十进制的 10、11、12、13、14、15。这里用 A~F 作为十六进制的数码符号，在计算机或程序设计中，并不区分这 6 个数码的大小写。

同样，由于 $16=2^4$，因此 4 位二进制数与 1 位十六进制数对应。使用十六进制的另一个理由是它是计算机中数据存储单位字节（Byte，8 个二进制位）的一半长度，使用 2 位十六进制数正好表示 1 字节。

常用的四种进制的数码如表 2-1 所示。

表 2-1　常用进制数码

十进制	二进制	八进制	十六进制	十进制	二进制	八进制	十六进制
0	0	0	0	9	1001	11	9
1	1	1	1	10	1010	12	A
2	10	2	2	11	1011	13	B
3	11	3	3	12	1100	14	C
4	100	4	4	13	1101	15	D
5	101	5	5	14	1110	16	E
6	110	6	6	15	1111	17	F
7	111	7	7	16	10000	20	10
8	1000	10	8	17	10001	21	11

以上介绍的是"有权进制"，即每一位都有一个对应的权系数。例如，一个 n 位的 R 进制正整数的权系数从低到高分别为 R_0、R_1、R_2、…、R_{n-1}）。计算机中也有使用"无权进制"，换句话说，数码所在的位是没有权系数的。

2.2.2　二进制的基本运算

任何进制都可以用于算术运算和其他数学计算，如同我们熟悉的十进制运算。二进制的运算规则与十进制类似，不同的是，它只有两个数码。下面介绍二进制的最基本的运算：加法和乘法。

1．二进制加法

二进制的加法比较简单，对 0 和 1 两个数码进行组合得到加法法则如下：

$$0+0=0, \qquad 0+1=1, \qquad 1+0=1, \qquad 1+1=10$$

注意，1+1=10，等号右边 10 中的 1 是进位位。

多位二进制数相加的方法与十进制的类似，这里不再赘述。

2．二进制乘法

二进制的另一个基本运算是乘法。同样对 0、1 两个数码组合得到的乘法法则如下：

$$0\times0=0, \qquad 0\times1=0, \qquad 1\times0=0, \qquad 1\times1=1$$

例如，计算 1101×110，则根据乘法法则有：

```
          1 1 0 1
     ×      1 1 0
          0 0 0 0
        1 1 0 1
 +    1 1 0 1
 乘积 1 0 0 1 1 1 0
```

计算结果为 1001110，相当于十进制的 $13\times6=78$。

仔细观察上述运算式可以发现，二进制乘法可以通过移位相加得到：如果乘数第 i 的为 1，则被乘数左移 i 次，移位后的低位填 0，将所有移位后的数相加即得到乘积。如上题，乘数为 110，有 2 个为 1 的位，分别是第 2 位和第 1 位，最低位为 0，因此将被乘数 1101 左移 2 位得到 110100（乘数为 1101，左移两位在低位填 0），左移 1 位得到 11010，两次移位后相加的结果即 1001110。一些简单的运算器设计就采用上述方式实现了乘法计算。

二进制也有减法和除法，其法则与十进制类似，但相对复杂。对表示较大的数，二进制需要更多的位数。我们对十进制数有着量的理解和体会，而对二进制不能直接认识它的量，因此需要将二进制数转换为十进制数来理解，我们习惯使用的十进制数则要被转换为二进制数才能够被计算机所用。

2.2.3 数制转换

除了以上 4 种与计算机相关的进制，还有其他多种进制，如计时的 12/24 进制，1 英尺等于 12 英寸等。不用的应用需要不同的数制，但人们习惯使用十进制，为此需要进行数制转换。

二进制与八进制、十六进制之间存在指数关系，因此它们之间的转换比较简单：3 位二进制数对应 1 位八进制数，4 位二进制数对应 1 位十六进制数，如表 2-2 所示。所以，二进制与八进制之间的转换只要按位对应则可。例如，将二进制数 10110101.00101 转换为八进制，以小数点为界，分别将 3 位数二进制与 1 位八进制数对应：

```
010  110  101  .  001  010    二进制
 ↓    ↓    ↓       ↓    ↓
 2    6    5    .   1    2      八进制
```

所以，$10110101.00101_2 = 265.12_8$，反之亦然。

表 2-2　二进制与八进制、十六进制的对应关系

二进制	八进制	二进制	十六进制
000	0	0000	0
001	1	0001	1
010	2	0010	2
011	3	0011	3
100	4	0100	4
101	5	0101	5
110	6	0110	6
111	7	0111	7
		1000	8
		1001	9
		1010	A
		1011	B
		1100	C
		1101	D
		1110	E
		1111	F

二进制和十六进制之间的转换与前面所介绍的二-八进制之间的转换类似，区别是用 4 位二进制与 1 位十六进制对应。例如，将二进制数 10110101.00101 转换为十六进制：

$$\begin{array}{ccccc} 1011 & 0101 & . & 0010 & 1000 \quad \text{二进制} \\ \downarrow & \downarrow & & \downarrow & \downarrow \\ B & 5 & . & 2 & 8 \qquad \text{十六进制} \end{array}$$

所以，$10110101.00101_2 = B5.28_{16}$，同样可以直接写出十六进制数对应的二进制。八进制与十六进制之间的转换也可以通过先转换为二进制的方法进行。

其他进制之间的转换主要是十进制与其他进制之间，相对复杂一些。任何数制（进制）转换都是通过前面的多项式进行的。为了简单起见，我们将数制转换分为 3 种情况：任何进制转换为十进制、任意进制整数的转换、任意进制小数的转换。

（1）任何进制转换为十进制

只要将任何一个进制的数按图 2.2.1 节中的多项式展开后相加，其结果就是十进制数。

（2）任意进制整数转换

可以使用求余法在不同进制整数之间转换。一个 T 进制数整数的转换为 R 进制，只需要用其对 R 求余（modulo）后的商再次对 R 求余，直到商等于 0，将余数按照先小后大的顺序排列，即得到转换后的 R 进制数。例如，十进制数 1234 转换为十六进制数，求余转换过程如下：

1234	mod	16	余数为 2（低位）	商为 77
77	mod	16	余数为 13（D）	商为 4
4	mod	16	余数为 4（高位）	商为 0

则得到余数按序排列为 4D2，这就是转换后的十六进制数。

（3）任意进制小数转换

通过求小数的部分积可以在任意进制的小数之间转换。一个 T 进制的小数转换为 R 进制小数，只需要将 T 进制小数乘以 R，取进位位后的小数部分积继续乘以 R，再次得到进位，小数的部分积继续乘以 R，直到其部分积为 0 或满足精度要求即可。再将各次乘积的进位位按先大后小的顺序排列，即得到转换后的 R 进制数。例如，十进制数 0.625 转换为二进制数，转换过程如下：

0.625 × 2	积为 1.25	进位位为 1（高位）	小数部分积 0.25
0.25 × 2	积为 0.5	进位位为 0	小数部分积 0.5
0.5 × 2	积为 1.0	进位位为 1（低位）	小数部分积 0

将进位为从高到低排列的结果 0.101 就是十进制数 0.625 对应的二进制数。有时乘 R 的部分积是一个循环小数，这时只需考虑转换前后的精度相当即可。例如，3 位十进制小数的精度是 10^{-3}，如果转换为二进制，那么转换后应该是 $9\sim10$ 位二进制。因为 2^{-10} 的精度与 10^{-3} 相当。

注意：计算机中一般不处理既有整数、也有小数的数，通常会将一个数先作为全部是整数或者全部是小数加以处理，处理后再移动小数点得到正确的运算结果。

尽管上述进制转换看上去简单，但对较大的数进行这种计算是烦琐的。幸运的是，这种转换只在初学计算机时需要了解，而计算机程序实现进制转换是很方便的，如 Windows 7 之后的版本中的计算器就有在二进制、十进制、十六进制和八进制之间转换的功能。

2.3 计算机中的数

2.2 节介绍了数制和二进制的基本运算。虽然二进制是计算机所使用的数制，但是表示数值（Number）和进行相关算术运算还需要有其他考虑：如何表示负数，如何表示小数，如何表示很大的数等。本节介绍计算机中的数的表示，当然它是二进制数。

2.2.1 机器数和原码

十进制数中使用了+和-表示数的正负，这是在 0～9 数码之外引进的特殊符号。前面提到，用两态器件表示二进制是最容易的，但是如果为了数的符号增加状态，那么系统的复杂度将成倍增加，计算机的设计与制造成本将大幅度上升。为此，计算机中解决符号问题采用"约定"方式：在一个数的最高位，以 0 表示正数，以 1 表示负数。这样使得整个系统仍然采用两态器件。

机器数（Computer Number）就是带符号的二进制数。例如，+1011010 表示为被 01011010，最高位 0 代表正号，-1011010 被表示为 11011010，最高位 1 表示负号，符号位之后的数叫做"尾数"。这种使用 0、1 表示符号的方法叫做"符号数值化"，这种数就是机器数，也叫原码（True Form/Original Code）。这里的"码"只是对机器中用于计算的数的一种叫法。

原码的特点是简单、直观。用原码方便进行乘法运算：尾数相乘，符号位简单相加就得到乘积的符号。例如，0 001 0101 × 1 010 0011，符号位相加为 1，则结果为负数，乘积为 1 011 1111。

二进制加法采用原码简单相加会出错。例如，十进制的 1+(-1)=0，用 8 位二进制表示为 0000 0001+1000 0001，进行二进制加的结果为 1000 0010，这个结果是不正确的。

原码中数值 0 有两个：和-0。在数学中，这不是问题，简单忽略即可。但在计算机中不能忽略，规定只有一个+0。实际上，原码加、减法比较复杂，要先判断符号位以决定采用加法还是减法运算：符号位相同，运算结果的符号位不变，位值相加；符号位不同，运算结果的符号取较大的那个数的符号，再用较大的数减去较小的数。

为了解释这个问题，我们回忆数学中数轴概念，为简单起见，用图 2-1 的数轴表示-10～9，共 20 个整数，其中正数为 0～9，负数为-1 到-10。

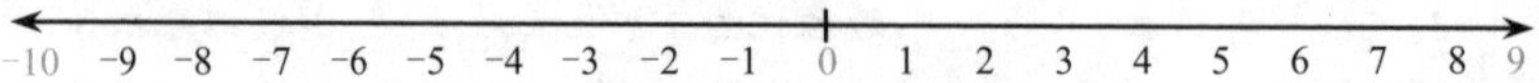

图 2-1　十进制的数轴

我们约定，任何参加运算的数只能在这个数轴的范围内，且运算结果也只能在这个数轴内。因此，任何运算结果一旦超过了数轴范围就丢掉进位，只保留数轴范围内的数。例如，9-3=6，-7-4=-1（进位丢弃），丢弃进位被称为运算结果溢出（Overflow）。

反过来，9-3 的结果等于 9+7 的结果，而-7-4 的结果与-7+6 的结果（丢弃进位）是相同的。我们就可以将 3 和 7、6 和 4、2 和 8、1 和 9 看成对 10 的补数（Complement），那么减去一个数就等于加上一个数的补数。0～9 之间两个互补数之和等于 10，10 就是十进制的基数。这个规则被用于计算机的加减法运算，以解决原码运算会出错的问题。

注意：计算机中的所有数据都是定长的，即给定数据位数，一般是字节的倍数，如 2B、

4B、8B。数据溢出是计算机中经常会遇到的问题，无论给一个数字预留多少位，这个问题总是存在的。溢出是计算机硬件和程序设计中必须加以解决的问题，如一旦发生溢出就给出警示信号，或者动态增加数据长度等。

2.2.2　反码和补码

存储器用字节作为基本存储单位。事实上，计算机在表示数据的时候也是以字节为单位。这与数学表示不同，数学可以写出一个无限长的数，但计算机存储空间是"有限的"，因此采用的是"定长"数据，即每个数据的长度都被限定在一定的长度内，如 8 位、16 位、32 位或 64 位。这里假设某个机器的数据长度为 8 位：最高位为符号位，实际表示数值的 7 位二进制。可以用一个数轴表示这个 8 位二进制数，如图 2-2 所示。

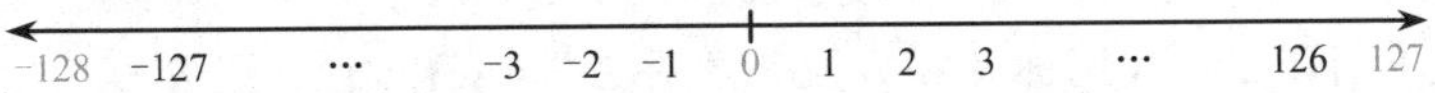

图 2-2　8 位二进制的数轴

计算机采用二进制。为了简便起见，在图 2-2 中仍然使用十进制表示。在计算机中，规定正数以原码表示，负数用补码表示。

在讨论二进制补码之前，我们先讨论二进制的反码（One's Complement，对 1 的补码）。

1．二进制反码

二进制数码 0 和 1，可以把它们看成"相反"的两种状态，即 0 的"反"为 1，1 的"反"为 0。因此反码的定义是：一个正数的反码就是它原码，负数的反码最高位（符号位）为 1，其余各位按位求反。例如，+1010010 的反码为 01010010（最高位 0 表示正），-1010010 的原码为 11010010 反码为 10101101（最高位为 1，表示该数为负数）。

由定义知，反码只在数是负数时才有取反的变换。反码在计算机控制中经常被使用。

2．二进制补码

补码的定义是：一个正数的补码等于它的原码，负数的补码等于它的反码加 1（最低位加 1，如果高位有进位也不改变符号位）。同样，只有负数的补码才有实际意义。

最简单的求补码的方法是从一个二进制数的最低位开始，往右逐位检查，一直遇到第一个 1 之前保持不变，其后的高位的 0 变 1、1 变 0，就直接得到补码。例如，原码 1101 0100 的最高位 1 是符号位，最低位开始的第一个 1 是第 2 位，因此最后 3 位 100 保持不变，然后对前面的 1010 逐一取反，得到 0101，与最后 3 位 100 一起组成 0101100，符号位不变，最后得到的补码为 10101100。

一个 n 位二进制的原码和它的补码（不考虑符号位）之和等于全 0（丢弃进位），如 7 位二进制数 101 0100，它的补码是 0101100，两者相加，结果如下。

$$
\begin{array}{r}
1010100 \\
+\ 0101100 \\
\hline
\text{进位}\rightarrow\ 1\ 0000000
\end{array}
$$

实际上，n 位十进制的互为补数的两数之和丢弃进位后的结果也是全 0。

图 2-2 的数轴中首先确定了只有一个 0，且是正数，负数使用补码表示。例如，-1010010 的补码为 1101110。

因为原码加减法需要将符号位和尾数分别运算，增加了电路实现的复杂性，所以计算机采用原码进行乘法运算，而用补码进行加、减运算，规则是连同符号位一起参加运算，减去一个数，等于加上这个数的补码。如果运算结果为负数，则对结果再次求补，还原为原码。

再如大家熟悉的时间计算。如果现在是下午 3 时，但手表因故还停留在 8 点钟的位置，需要校准，该怎么做？可以顺时针方向向前拨 7 小时，或者逆时针方向后拨 5 小时，结果都是使时间指向 3 点。理解下面的叙述不妨把时钟看成十二进制计数。

第一种方法，相当于在 8 点钟位置上增加 7 小时，有 8 + 7 = 15。因为超过了 12，按照 12 进制的进位原则，15 相当于 12+3，所以时钟回到了下午 3 时。

第二种方法，8-5 = 3，这很好理解。

当然，时针位置不同，要拨到的新时间的位置也不同，但总是只有这两种方法。

我们应该有这样的推定：在不考虑进位的情况下，以十二进制的指针运动能够用两种方法表示，8-5 可以用 8 + 7 来代替——减法变成了加法。于是，我们有了一个新的定义：一个 R 进制的两个数 a、b 之和等于 R，我们称 a 和 b 互为 "补数"（或补码），把 R 称为模。显然，在钟表的例子中，7 和 5 是模 12 的补码。这就是计算机中将减法转化为加法运算的基础——减去一个数，等于加上这个数的补码。例如，十进制 58-66，可进行 58+(-66)的加法，设用 8 位二进制数进行计算，则 $58_{10}=00111010_2$（原码），被减数 $-66_{10}=11000010_2$（原码），它的补码为 10111110。

	0011 1010	58_{10}，被加数
+	1011 1110	-66_{10}，加数，补码
和数	1111 1000	最高位 1，结果为补码

上述运算是连同符号位的，如果和数的符号位为 1，则和数为补码，需要将其再次取补还原为原码。本例中和数 11111000 是补码，再次求补的结果为 10001000（符号位不变），对应的十进制数为-8。如果计算结果其符号位为 0，则结果不需转换。

有意思的是，我们把数轴上标记的十进制数转换为二进制，正数部分从 0 开始：0000 0000，0000 0001，0000 0010，…，0111 1110，0111 1111，最后一个数是 127。数轴的负数部分从-1 开始，它们的补码是 1111 1111，1111 1110，1111 1100，…，1000 0001，1000 0000。读者不妨试着用二进制进行如下运算（连同符号位一起，如果溢出就丢弃进位）：

0-1，127+1，-1+1，-128-1，-128+1，126+2，-127-2，-(127+2)

你会发现什么呢？如果没有-0，那么 1000000 又是多少？二进制乘法可以通过左移被乘数位和加法实现，二进制除法可以通过右移被除数和对除数的补码加法运算得到。本章习题中给出了一个实际的例子，读者可以试着分析除法是如何通过加法实现的。事实上，计算机运算器的核心就是加法运算。

2.2.3　定点和浮点数

前面所述是整数表示和运算，还有一种类型的数是实数（real number），有整数和小数两部分。通常，计算机不会区分一个实数的整数部分、小数部分，原因在于两者的运算规则不同。为了简化设计，计算机使用两种格式的数：定点数（fixed point number）和浮点数（float point number）。不同计算机的定点数的二进制长度可能不同，一般为 16 位、32 位或 64 位。定点数有定点纯小数和定点纯整数。

1．定点纯小数格式

定点纯小数格式是把小数点固定在数值部分最高位的左边：

这种格式的数的绝对值小于1。对绝对值大于1的数，使用一个"比例因子"，将原始数据按比例因子缩小，运算结果再按比例因子扩大。

2．定点纯整数格式

定点纯整数格式：把小数点固定在数值部分最低位的右边。

同理，对数的小数部分也采取"比例因子"进行相应的处理。

定点数处理要求的硬件比较简单，但它的表示范围受到限制，因此就有了数的浮点表示。

3．浮点数

浮点数的设计思想来源于科学计数法（指数），与定点数相比，浮点数表示的数值范围更大。一个浮点数分阶码和尾数两部分，阶码表示小数点在该数中的位置，也是一个带符号的整数——类似数学中数的指数部分。尾数表示数的有效数值，一般采用纯整数或纯小数形式。浮点数可以表示较大的数，有的机器使用 32 位字长的浮点数，有的机器使用 64 位、128 位甚至更长的位数。例如，32 位二进制浮点格式如下：

数的符号	阶码符号	阶码值	尾数
1 bit	1 bit	7 bit	23 bit

如果一个浮点数为 0 10010101 10101000000000000000000，它的最高位为 0，表示为正数，阶码的符号位 1，表示阶码是负的，阶码值 0010101，是十进制的 21，尾数有 23 位，是一个纯小数，其值为 0.65625，用科学计数法表示为十进制数$+0.65625 \times 2^{-21}$。

为了提高浮点数表示的精度，规定其尾数的最高位必须是非零的有效位，称为浮点数的规格化形式。浮点数的表示范围取决于阶码值，精度取决于尾数。目前，计算机中使用的浮点数标准是 IEEE（电气和电子工程师协会）定义的。

2.4　计算机逻辑

计算机是电子设备，因此构成它的电路主要是逻辑电路，二进制就是逻辑电路产生的信号的抽象表示，所以逻辑电路也被称为数字电路。计算机使用二进制数实现各种运算，如算术运算、逻辑运算。大量程序系统中包括多种逻辑运算，因此计算机数据也包括各种逻辑数据。第 1 章中介绍过的 ALU 就是承担算术运算和逻辑运算的电路，是 CPU 的重要组成部分。ALU 是通过逻辑电路实现的。实际上，计算机的硬件就是由各种逻辑电路组成的。下面将介绍逻辑电路、基本逻辑知识、逻辑数据以及产生这些数据的电路。

2.4.1　数理逻辑

逻辑（Logic）一词是外来语。逻辑学是探索、阐述和确立有效推理原则的学科，起源于 2000 多年前的古希腊哲学家亚里士多德。用数学方法研究有关推理、证明等问题的学科就叫做数理逻辑。

早在 17 世纪，就有人提出利用计算的方法代替人们思维中的逻辑推理过程，著名的数学家、哲学家莱布尼茨就曾设想创造一种"通用的科学语言"，可以把推理过程像数学那样利用公式来计算，从而得到正确的结果。1847 年，英国数学家布尔（George Boole）发表了《逻辑的数学分析》，首次运用了数学方法描述逻辑问题，阐述了逻辑学公理，建立了数理逻辑。布尔通过代数语言表述逻辑关系，因此也称之为逻辑代数或者布尔代数。此后有多位科学家在布尔的基础上引入并完善了符号系统，现代数理逻辑的基本理论体系逐步形成。20 世纪初，科学家们开始认识到布尔创建的逻辑代数是计算机重要的科学基础，因此在计算机科学中，布尔就是逻辑的代名词。

数理逻辑两个最基本也是最重要的组成部分是"命题演算"和"谓词演算"。

命题是指有具体意义的、能判断其真（True，简记 T）或假（False，简记 F）的陈述语句。命题分为简单命题和复合命题。简单命题是不能再被分解为更简单的命题，也称为原子命题。命题演算是研究命题如何通过一些逻辑连词构成更复杂的命题（即复合命题），以及逻辑推理的方法。

如果把命题看成运算的对象，如同代数学中的数字、字母或代数式，则逻辑连词就是运算符，就像代数学中的加、减、乘、除运算，那么简单命题使用逻辑运算符就可以组成复合命题，也就是命题的演算。这种逻辑运算如同代数学一样，具有一定的形式，满足一定的逻辑规律。

可以用几个例子来说明这些概念。

中华人民共和国的法定货币是人民币。

这是一个陈述性语句，是简单命题。显然，这个命题的判断结果是"真"。

如果明天下雨，校运动会将推迟举行。

这不是一个简单的陈述句，它陈述的对象命题下雨和运动会举行之间存在逻辑的因果关系，因此它属于复合命题。再如，"如果下午放假并且能够买到票，我们就去看电影"也是复合命题：是否能够看电影，受放假和买到票两个条件的约束。这两个条件之间存在"并且"这个谓词演算。

逻辑代数中将数字 1 定义为逻辑"真"，数字 0 为"假"，并将逻辑系统限定在这两个量上，并给出了基于这个定义的加法和乘法的逻辑运算。在布尔体系中，只有 0、1 这两个值，因此布尔函数也叫二值函数。

布尔创建的逻辑代数有基于其设计的逻辑公理之上的定理和恒等式，展示了逻辑系统的计算能力。布尔一生从事的逻辑代数，在发表了《逻辑的数学分析》后，又发表了两本著作《Treatise on Differential Equations》和《Treaties on the Calculus of Finite Differences》，奠定了计算准确性和数值分析的基础。

简单地说，在计算机逻辑学中，逻辑可以被解释为因果关系，其证明和推理是"由因及果"的。"因"是前提和条件，如同数学代数式那样，多个逻辑条件之间可以用逻辑运算符进行组合算得到"结果"。因此，从计算机逻辑的角度看，将计算机称为电脑，部分原因是因为计算机具有逻辑运算（判断）能力。

2.4.2 基本逻辑关系

布尔代数中，用符号表示逻辑关系，并给出了其运算规则。在计算机科学中，使用布尔代数设计计算机和计算机的相关设备。描述逻辑关系通常有多种方法，如布尔表达式、真值表、逻辑图和文氏图。

布尔表达式是使用逻辑运算符的数学函数（表达式）的表示法，如 F=f(A, B, C, …)形式。其中，A、B、C 等被称为逻辑变量，f 为逻辑运算，类似数学中的说法，F 是 A、B、C 的函数。

由于逻辑函数和变量所取的是逻辑值，只有 1 和 0 分别代表真、假，因此也称 0、1 为"真值"。将函数和变量的值用表格的形式列举出来，这个表就称为真值表。在数学中，由于数学变量取值范围太大，很少用列表形式给出其函数关系。不过，简单的算术运算也有列表形式，如"九九乘法表"。

用电路实现逻辑函数，这类电路就成为逻辑电路。如果逻辑函数 F=f(A, B, C, ...)用电路实现，A、B、C、…就是电路的输入，F 就是电路的输出。国际标准化组织 ISO 给出了一套标准的逻辑电路图形，每种类型的逻辑电路（器件）都有专用符号。使用逻辑电路图形符号表示逻辑函数也是一种抽象方法：设计者不需知道电路的实现细节，只需知道电路的输入输出之间的逻辑关系。

文氏图（Venn，也叫维恩图，也用在数学的集合论中）是一种用图形表示逻辑关系的方法，有助于我们理解逻辑关系。

计算机是复杂系统，需要大量复杂的逻辑电路。就像逻辑命题中复合命题由简单命题组合而成，计算机的复杂电路也是根据基本逻辑电路组合而成的。基本逻辑电路对应的是基本逻辑关系，它们是"与"（AND）、"或"（OR）、"非（"NOT）。

1."与"关系

只有决定"结果"的条件全部满足，结果才成立（真），这种因果关系叫做逻辑与，逻辑运算符号为"·"。假设有两个条件 A、B，那么与关系的表达式为 F = A·B。与关系的文氏图的表示如图 2-3 所示，F 是 A、B 重叠的区域。表 2-3 是与关系真值表。

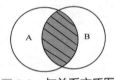

图 2-3　与关系文氏图

表 2-3　**与关系真值表**

A	B	F
0	0	0
0	1	0
1	0	0
1	1	1

从真值表可以看出：只有 A、B 都为 1，F 才为 1；A、B 中只要有一个为 0，F 就是 0。这种逻辑关系与数学中的乘法特别像，因此也把逻辑与叫做逻辑乘。A·B 也可以简化为 AB（如果逻辑变量都是单字符）。

2."或"关系

决定结果的条件中只要任何一个满足，结果就成立，这种因果关系叫做逻辑或。逻辑代数中，或的运算符号为"+"，那么"或"关系的表达式可以表示为：F = A + B。或关系的文氏图和真值表如图 2-4 和表 2-4 所示。

我们使用"+"表示逻辑或，也称之为逻辑加。从真值表中可以看出，只要 A、B 有一个为 1，F 就是 1。但是，在逻辑值运算中，1+1 的结果等于 1，这与二进制加法中的 1+1=10 是不同的。

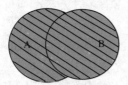

图2-4　或关系文氏图

表2-4　或关系真值表

A	B	F
0	0	0
0	1	1
1	0	1
1	1	1

3."非"关系

逻辑非，最简单的描述就是结果对条件的"否定"，因此也称逻辑非为逻辑反。"非"关系的表达式为：$\bar{A}$或者$\overline{A}$。图 2-5 和表 2-5 分别给出了"非"关系的文氏图和真值表。逻辑值 0 表示假，其非就是真（1），反之亦然。

图2-5　非关系文氏图

表2-5　非关系的真值表

A	$\overline{A}$
0	1
1	0

与、或、非是基本逻辑关系。在布尔体系中，由这三种基本关系和定义并推导出来的各种表达式就是逻辑代数。

2.4.3　逻辑代数

用基本逻辑关系与、或、非的运算符连接逻辑变量得到的是逻辑表达式，如 $A + A \cdot B$ 或 $A+AB$。

命题逻辑中的许多定律可使用代数方法表示，这些逻辑代数学中的基本定律,主要作为进行逻辑设计和分析的工具。表 2-6 给出了这些基本定律的表达式，也称之为逻辑代数的基本公式，或者叫做"布尔恒等式"。

这些公式部分是从原理或定义推论得到的。例如，0 和 1 的"非"运算及常量运算都可以直接根据逻辑定义得到,其他公式可以通过使用真值表加以证明。显然，所有变量的取值都是 0 或 1，把它们的取值全部列表，得到公式两边表达式的真值表完全一样，就证明了公式的成立。

分配律是在与、或之间进行转换的。分配律的第一个式子与代数学中类似，第二个式子 $A+BC=(A+B)(A+C)$ 则是逻辑代数所特有的。当然，它们可以通过相关证明得到（通过真值表，或者从等号右侧展开），这里试着从左侧开始，证明如下：

表2-6　逻辑代数的基本公式

公　式	说　明
$\overline{0} = 1$	0 和 1 的非运算
$\overline{1} = 0$	
$0 \cdot A = 0$	常量运算
$1 \cdot A = A$	
$0 + A = A$	
$1 + A = 1$	
$A \cdot A = A$	重叠律
$A + A = A$	
$A \cdot \overline{A} = 0$	互补律
$A + \overline{A} = 1$	
$\overline{\overline{A}} = A$	还原律
$A \cdot B = B \cdot A$	交换律
$A + B = B + A$	
$A \cdot (B \cdot C) = (A \cdot B) \cdot C$	结合律
$A + (B+C) = (A+B)+C$	
$A \cdot (B+C) = A \cdot B + A \cdot C$	分配律
$A+B \cdot C = (A+B) \cdot (A+C)$	
$\overline{A \cdot B} = \overline{A} + \overline{B}$	反演律
$\overline{A+B} = \overline{A} \cdot \overline{B}$	（德·摩根定律）

$$原式左侧 = A + BC$$

$= A \cdot 1 + BC$	常量运算 $A \cdot 1 = A$
$= A(1+B+C)+BC$	常量运算 $1+B+C=1$
$= AA+AB+AC+BC$	展开括号，且有 $A \cdot 1 = A$，$A = AA$
$= A(A+C)+B(A+C)$	分配律第一个式子
$= (A+B)(A+C)$	代数中的提取公共项
$= 原式右侧$	

反演定律也称为德·摩根（19 世纪英国著名数学家）定律，可以表述为"与之非等价于非之或"，或者"或之非等价于非之与"，揭示了与或非三者之间的转换关系，是逻辑变换中最重要的定理。由上述定义、定理演变的逻辑恒等式有很多，习题 2 中给出了几个。它们在计算机的逻辑设计都很有用，读者不妨试着证明之。

进一步逻辑设计的讨论超过了本书的范畴，有了解这方面知识的的读者可以参看计算机逻辑方面的资料和教材。

2.5 逻辑电路

逻辑电路是一种电子线路，是制造计算机硬件的基础电路。逻辑电路实现逻辑运算，因为逻辑信号的形态是数字 0 和 1，因此逻辑电路也称为数字电路，用逻辑电路构成的系统也称为数字系统。另一种电子线路处理模拟信号，称为模拟电路。例如，收音机、电视机是典型的模拟电子装置。关于模拟和数字信号的概念将在第 3 章中介绍。本节介绍实现基本逻辑运算的门电路和其他逻辑功能电路。

2.5.1 门电路

逻辑电路中的单元电路叫做"门"（Gate）电路，顾名思义，门有开、关操作，与逻辑状态的真（1）、假（0）相对应。基本的门电路有与门、或门、非门以组合门等。逻辑电路不考虑电路的电压、电流的具体数值，仅仅关注其有不同的两个状态，用电信号的高、低表示逻辑状态 1、0。进一步介绍逻辑电路需要更多的电子学知识，这超出了本书的范围。

1．基本门电路

与基本逻辑关系相对应，基本门电路为"与门"、"或门"、"非门"。图 2-6 是三种基本门电路的逻辑图和对应的逻辑表达式。本书中使用的是 ISO 标准逻辑电路符号。

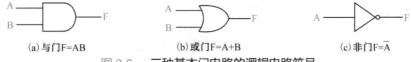

(a) 与门 F=AB　　　　(b) 或门 F=A+B　　　　(c) 非门 F=$\overline{A}$

图 2-6　三种基本门电路的逻辑电路符号

多种逻辑关系可以组合为复杂的逻辑函数，使用基本门电路同样可以组成各种复杂的逻辑功能电路。例如，将与门和非门组合，就成为了与非门，逻辑表达式为 $\overline{AB}$，其电路符号如图 2-7(a) 所示；或门和非门的组合就成为或非门，表达式为 $\overline{A+B}$，其电路符号如图 2-7(b) 所示。

2．异或门

异或关系的逻辑电路是异或门，如图 2-7(c) 所示，其逻辑表达式为 $F = A \oplus B$。

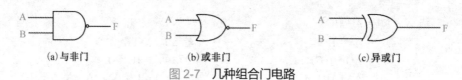

| (a) 与非门 | (b) 或非门 | (c) 异或门 |

图 2-7　几种组合门电路

实际上，异或门是由基本门电路组合而成的，如图 2-8 所示，表达式为 $F=A\overline{B}+\overline{A}B$，在功能上与图 2-7(c)的电路是完全相同的，因此有 $A \oplus B = A\overline{B}+\overline{A}B$。也可以使用其他结构形式实现异或关系，图 2-8 是与或结构，也可以使用或与门结构（见习题 2）。异或门是非常特别的组合逻辑电路，其真值表如表 2-7 所示。

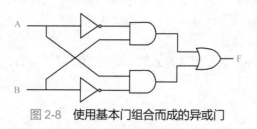

图 2-8　使用基本门组合而成的异或门

表 2-7　异或关系真值表

A	B	F
0	0	0
0	1	1
1	0	1
1	1	0

在表 2-7 中，F 为 1 对应的 A、B 是不同的取值（相异），而 F 为 0 的两项其 A、B 是相同的，因此可以归纳为"输入值相同为 0，相异为 1"，故这个逻辑关系被命名为"异或"（eXclusive OR，XOR）。异或在计算机设计中有重要作用，是设计加法电路的主要器件。

如果将异或的输出取反，则得到"相同为 1，相异为 0"，此时该逻辑关系为"同或"（Not XOR，XNOR）。

门电路是逻辑电路的单元电路，实现了基本逻辑关系。如果把逻辑函数作为逻辑电路输出，逻辑变量作为逻辑电路输入，则逻辑电路输入输出之间就可以表达为逻辑函数，这也是进行逻辑电路设计的"抽象表达"。由不同类型、不同数量的门电路组成的逻辑电路有多个产品系列、成千上万种类型，实现了从简单的逻辑关系到非常复杂的逻辑电路，包括计算机的处理器和存储器。

2.5.2　加法器

处理器中的 ALU 是计算机的算术运算和逻辑运算部件，就是由逻辑门电路组合设计而成的，因此我们容易理解它的逻辑运算功能。2.2 节中介绍了二进制加法在算术运算过程中起到很重要的作用，用逻辑电路实现加法运算的电路称为加法器（Adder），也是 ALU 中的重要组成部分。这是极为神奇的：逻辑器件实现了算术运算！

1．半加器

根据二进制加法规则，设 A、B 分别为一位二进制，S 为 A、B 之和，C 为 A 加 B 产生的进位，加法的真值表如表 2-8 所示。如果把 S 和 C 看成变量 A、B 的函数，则根据真值表可以得到一位二进制加法的逻辑表达式：

$S=\overline{A}B+A\overline{B}$　　　　　　和数表达式

$C=AB$　　　　　　　　进位表达式

显然，和数 S 的表达式就是异或门，进位 C 的实现器件是与门。因此，使用一个与门和一个异或门就组成了一位二进制加法器，如图 2-9 所示。该加法器只考虑了加数和被加数之

A	B	S	C
0	0	0	0
0	1	1	0
1	0	1	0
1	1	0	1

表 2-8　加法真值表

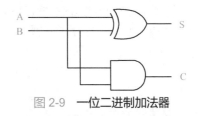

图 2-9　一位二进制加法器

间的加法运算，并产生了向高位的进位，但没有考虑可能来自低位的进位，它并没有完成一位二进制加法的全部运算，所以这个电路叫做半加器（Half-Adder），意思是它只完成了一半的加法运算。

2．全加器

加法运算不但要考虑本位产生的进位，还要考虑来自低位的进位，这就是全加器（Full Adder）。同样可以依据 3 个二进制位（加数、被加数、来自低位的进位）相加的真值表，再构造其输出的和数和向高位进位的表达式。为简化起见，全加器的逻辑功能示意如图 2-10 所示。一般，加法进位从低到高进行，因此多个 1 位全加器的串联就可以构成加法器，如图 2-11 所示。

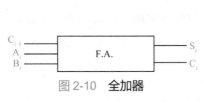

图 2-10　全加器

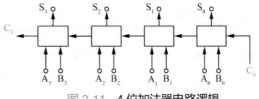

图 2-11　4 位加法器电路逻辑

显然，完成图 2-11 所示的 4 位二进制加法，需要进行 4 次全加运算的时间。串行进位的加法器的运算速度相对较慢，那么 64 位加法运算需要花费的时间开销会更多，因此有多种改进加法器电路的时间方法，如超前进位、并行进位等。不管是哪种方法，得到的运算结果是相同的，差别在于运算速度，本书中不再进一步介绍。

如 2.2.4 节所述的补码作用，只需将图 2-11 中的加数 $B_0 \sim B_3$ 取反码（输入端前加上非门），最低位 C_0 为 1，就实现了 B 的补码，通过这个加法器就实现了减法运算。注意，C_0 位成了为加减法的控制信号：C_0 为 0 时完成加法操作，B 原码输入到加法器即可；如果 C_0 为 1，B 取反后输入到加法器就完成了减法操作。

加法器作为运算器的重要部件，辅以外围电路，就可以实现更多的算术运算。

2.5.3　存储单元电路

加法器是运算器的部件，由门电路组合而成。计算机的存储器由存储单元电路组成，而存储单元电路也由门电路构成。图 2-12 是存储单元的原理示意（实际存储单元电路其控制线路更复杂），图中的非门互为反馈，因此电路的状态总是稳定的。如果 A 点状态为 1，经过 G1 非门到达 B 点状态为 0，再经过 G2 非门使得 A 点保持为 1；同样，A 点为 0，B

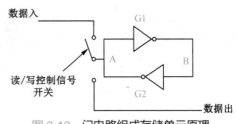

图 2-12　门电路组成存储单元原理

点为 1，维持 A 点的 0 状态不变。这可以看成数据是被"存储"在 G1、G2 两个门组成的单元电路内维持不变——存储了 0 或 1，直到新状态被建立。

与 A 点连接的是一个"读/写控制信号"的双向电子开关（也叫双向缓冲器），如果这个开关连接上端，可以向存储单元写数据；反之，开关向下闭合，则将 A 点的状态输出。

这类结构的电路能够存储信息，在逻辑电路中叫做锁存器（Latch）和触发器（Flip-Flop），它是构成存储器的单元电路，也是计算机控制器电路的单元电路。实际锁存器和触发器的内部逻辑结构与图 2-12 的示意电路有所不同，但其外部特征是一样的。

这种存储原理的存储器是计算机内存的主要电路。因为电路信号是稳定不变，只有在重新写入信号才会改变，而读取操作是并不会改变存储状态，这是计算机数据的最重要特性之一：数据的可复制性。即从计算机存储器中复制数据，并不会改变原存储数据。这是数据的重要特性，也是版权和数据安全的重要议题。

2.5.4　集成电路

计算机主要电路是集成的逻辑电路。设计人员在构建计算机功能电路时，都是先设计单元电路，然后使用单元电路构建更为复杂的电路。因此计算机电路的设计是层次结构，每一个上层的电路总是由下一层的电路组合而成，而底层的电路就是门电路。而在进行计算机系统设计时则正好相反：先给出系统的性能指标再选择合适的电路实现。前者的设计方法称为自底向上（Bottom-Up），后者则称为自顶向下（Top-Down），这两种设计方法也用在软件设计上。

集成电路（Integrated Circuits，IC）又称为芯片（Chip），是在片状硅材料上，通过光刻技术，将大量的电子元器件刻制成所设计的功能电路，并用塑料或者陶瓷封装起来，通过引脚焊接在电路板上或插入对应的插座。早前的集成电路规模较小，20 世纪 80 年代初的 PC 使用的 Intel 8080 处理器芯片（如图 2-13 所示）的引脚是双列直插，左侧是其封装外形，右侧是封装在内部的硅片。

集成电路的一个重要指标是"集成度"，是指单块芯片上所容纳的元件数目，通常认为一个门电路的集成度是 10，而现在的集成电路集成度最高的是处理器，其集成度已经超过 10 亿。数字集成电路规模是按电路内的门电路数目来划的。小规模集成电路（Small Scale IC，SSIC）为 10 个门左右。如果超过 100 个门电路，就称为中规模集成电路（Middle Scale IC，MSIC）。大规模集成电路（Large Scale IC，LSIC）中的门要超过 1000 个。现在计算机中使用的许多集成电路芯片如处理器、存储器及输入/输出控制芯片等都是大规模集成电路或超大规模集成电路（Very Large Scale IC，VLSIC）。处理器芯片就是大规模集成电路，其内部硅片如同指甲大小（如图 2-14 所示），而较小规模的集成电路使用的硅片要小得多。

(a) 外观

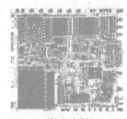
(b) 芯片内部

图 2-13　Intel 8088 处理器芯片

图 2-14　集成电路芯片

集成电路不仅是计算机硬件的基础，也是电子产业的核心。我国是世界上最大的贸易进口国，而在进口的大宗货物中又以集成电路为最：到 2016 年，集成电路进口连续 4 年超过 2000 亿美元。国家已经从战略高度布局集成电路的研发，近十年来实施的集成电路专项已经申请 2.3 万余项国内发明专利和 2000 多项国际发明专利，极大提升了我国集成电路技术自主创新能力。例如，世界第一的超级计算机使用的太湖神威处理器和华为研发的移动设备使用的麒麟处理器就是大规模集成电路自主设计、生产的重大突破。

本章小结

数和逻辑是计算的基础。

计算机采用的是统一的数据表示方法，使用二进制表示数据。选择二进制的一个原因是易于使用物理器件表示，另一个原因是 1 和 0 契合了逻辑值的真、假。

数制被称为计数体制，是指数位的构成方法和低位向高位进位的规则，也叫进制。

常用的进制有二进制、十进制、八进制、十六进制。二进制的数码为 0 和 1，十进制有 0～9 共 10 个数码。

任何数制的数，展开其多项式并求和即可以得到十进制。通过求余法和求小数的部分积，不同进制间的整数、小数之间可以互相转换。

机器数是带符号的二进制数，最高位为符号位，0 表示正，1 表示负，符号后的数为尾数。

计算机使用定点数和浮点数两种格式化数据。计算机将数表示为原码、反码和补码，原码用于乘法，而补码用于减法运算。

计算机中的数据都是定长的，数据溢出是计算机中经常会遇到的问题。

逻辑电路也叫做数字电路，数理逻辑是用数学方法研究有关推理、证明等问题，也叫符号逻辑。逻辑可以被解释为因果关系，其证明和推理是"由因及果"的。

逻辑运算如同代数学一样具有一定的形式，满足一定的逻辑规律。基本逻辑关系为与、或、非。逻辑代数也叫做布尔代数，使用 1 和 0 表示逻辑值真、假。可以使用逻辑表达式、逻辑图、真值表和文氏图表示逻辑关系。

基本逻辑关系与、或、非的运算符连接逻辑变量得到的就是逻辑表达式。逻辑电路是实现逻辑关系的电路。逻辑单元电路叫做门，基本门电路与基本逻辑关系对应，有与门、或门和非门。异或门是组合门，也是实现加法器的主要器件。

加法器是使用逻辑电路实现加法运算的电路，有半加器和全加器。加法器作为运算器的重要部件，辅以外围电路，就可以实现更多的算术运算。

计算机的存储器是由存储单元电路组成的。存储的信号通过反馈保持稳定不变。存储器中的数据具有可复制性。

计算机使用集成电路制造。集成电路的一个重要指标是"集成度"。计算机中的处理器、存储器和控制电路等都是大规模集成电路。

习题 2

一、综合题

1. 为什么计算机使用二进制?

2．什么是数制？试着归纳一下，权系数表示法有哪 3 个特点？

3．二进制的加法和乘法运算规则是什么？

4．任意进制数之间转换的规则是什么？

5．将下列十进制数转换为二进制数：

6，12，286，1024，0.25，7.125，2.625

6．将下列各数用多项式表示的按权系数展开：

$$567.123_{10} \qquad 321.8_8 \qquad 1100.0101_2 \qquad 100111.0001_2$$

7．将下列二进制数转换为十进制数：

1010　　110111　　10011101　　0.101　　0.0101　　0.1101　　10.01　　1010.001

8．将下列二进制数转换为八进制和十六进制数：10011011.0011011，1010101010.0011001。

9．将下列八进制或十六进制数转换为二进制数：75.612_8，$64A.C3F_{16}$。

10．什么是原码？什么是补码？什么是反码？为什么要定义原码、反码和补码。能够对十进制定义反码和补码吗？

11．写出下列各二进制数的原码、补码和反码：0.11001，-0.11001，0.11111，-0.11111。

12．在计算机中如何表示小数点？什么是定点表示法和浮点表示法。

13．设有二进制数 A=11000，B=110，A 整除 B 的运算过程如下：

	A	B	R	Q	Comment
Step1	11000	101	0	0	
Step2	1000	101	1	0	
Step3	000	101	11	00	
Step4	00	101	110	001	R≥B:Q+1, R=R-B
			1		
Step5	0	101	10	0010	
Step6		101	100	00100	The End

其中，R 是余数（Remainder），Q 是商数（Quotient）。请试着总结一下，它是如何通过完成移位和减法操作完成除法的。试着用上述过程计算 1010001 除以 1001。

14．若将一个无符号的二进制数向左或向右移动 n 位，则所得到的数和原数之间是什么关系？

15．二进制乘法可以通过左移和加法实现。例如，教材中 1101×110 的计算可以写成：

```
        1 1 0 1      被乘数
    ×     1 1 0      乘数
    ─────────────
        0 0 0 0
      1 1 0 1 0      部分积
  + 1 1 0 1 0 0
    ─────────────
  1 0 0 1 1 1 0      乘积
```

请根据上述计算过程总结其运算规则。

16．如何表示-0？以 8 位二进制数为例进行解释。

17．什么是逻辑运算，基本逻辑运算有哪几种？

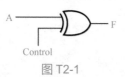

图 T2-1

18．给出与非门、与或门的真值表。

19．试分析如图 T2-1 所示异或电路的特点。

（1）当 Control 输入为 0 时，F 和 A 是什么关系？（2）当 Control 输入为 1 时，F 和 A 是什么关系？

20. 给出 AB+BC+AC 和(A+B)(B+C)(A+C)的真值表，这两个表达式是等价的吗？如果是，试着通过表 2-6 给出的布尔基本公式给出其证明。

21. 根据反演律（德•摩根定律）可以容易得到一个函数的反函数（反演表达式）：0 换成 1，1 换成 0，逻辑加换成逻辑乘，逻辑乘换成逻辑加，且原变量（如 A）变为反变量（$\overline{A}$），非变量（$\overline{A}$）变为原变量（A）。设：F = AB + BC +AC，请给出 $\overline{F}$ 的表达式。

22. 如下每小题有两个逻辑表达等式，它们是对偶结构：变量不变，0 换成 1，1 换成 0，逻辑加换成逻辑乘，逻辑乘换成逻辑加。试证明每一小题等式，是否可以得到结论：如果一个恒等逻辑表达式成立，它的对偶式也成立？

（1）A+0 = A   A•1 = A

（2）A•1 = A   A+0 = A

（3）A+$\overline{A}$B=A+B   A($\overline{A}$+B)=AB

（4）A+BC+$\overline{A}$BC=(A+B)(A+C)   A(B+C)($\overline{A}$+B+C)=AB+AC

23. 试比较反演表达式和对偶式的异同。

24. 根据 2.5.1 节中有关同或门（XNOR）的定义，给出同或门的逻辑表达式和真值表，并用基本逻辑门画出其逻辑图。

二、选择题

25. 二进制数 10110111 转换为十进制数等于_____。

A. 185   B. 183   C. 187   D. 以上都不是

26. 十六进制数 F260 转换为十进制数等于_____。

A. 62040   B. 62408   C. 62048   D. 以上都不是

27. 二进制数 111.101 转换为十进制数等于_____。

A. 5.625   B. 7.625   C. 7.5   D. 以上都不是

28. 十进制数 1321.25 转换为二进制数等于_____。

A. 10100101001.01   B. 11000101001.01

C. 11100101001.01   D. 以上都不是

29. 二进制数 100100.11011 转换为十六进制数等于_____。

A. 24.D8   B. 24.D1   C. 90.D8   D. 以上都不是

30. 二进制数的原码为 101011，它的反码是_____。

A. 101011   B. -01011   C. 110100   D. -10100

31. 二进制数的原码为 101011，它的补码是_____。

A. 101011   B. 101000   C. 110101   D. 110100

32. 二进制数的补码为 101011，它的原码是_____。

A. 101011   B. 101010   C. 110101   D. 110100

33. 二进制数的补码为 10001000，它的原码是_____。

A. 11111000   B. 11110001   C. 10001001   D. 10001010

34. 计算机能进行算术运算，也能进行_____运算。完成这些运算的部件是运算器。

A. 浮点   B. 定点   C. 逻辑   D. 补码

35. 基本的逻辑运算有与、_____、非。

A. 或非   B. 或   C. 异或   D. 同或

36. 在布尔代数中，将逻辑值 T 和 F 分别使用_____表示。

    A．True 和 False   B．二进制的 0 和 1

    C．二进制的 1 和 0   D．高电平和低电平

37. 逻辑函数由逻辑变量及其逻辑运算符组合而成，由于它的取值只有 0 或者 1，所以也将逻辑函数叫做_____。

    A．二元函数   B．二值函数   C．二次函数   D．二变量函数

38. 如有 A 和 B 都是 1 位二进制数，$A \oplus B$ 的输出等于 0，意味着_____。

    A．B 大于 A   B．A 大于 B   C．A 等于 B   D．A 不等于 B

39. 如有 A 和 B 都是 1 位二进制数，$A \oplus B$ 的输出等于 1，意味着_____。

    A．B 大于 A   B．A 大于 B   C．A 等于 B   D．A 不等于 B

40. 加法器是运算器的重要部件。完成一位二进制相加并产生向高位的进位的逻辑电路叫做_____。

    A．全加器   B．带进制加法器   C．半加器   D．加法电路

41. 加法器的最低位进位为 1，如果将加数的每一位_____作后和被加数相加，就完成了减法运算。

    A．取反   B．取补   C．取 0   D．取 1

42. 目前计算机使用的处理器和存储器芯片主要是_____电路。

    A．SSL   B．MSL   C．LSI   D．VLSI

三、填空题

43. 数制也称为_____，是指多位数中每一位的构成方法以及实现从低位到高位的_____规则，因此也叫做_____。

44. 二进制使用多项式表示，计算多项式后，得到的值是_____进制。除了十进制和二进制外，计算机常用的进制还有_____、_____。

45. 计算机根据不同的运算采用不同的码，如对乘法使用原码，而对减法采用_____。计算机使用定点数和_____，其中定点数又分为定点纯_____数和定点纯_____数。

46. 计算机能够完成算术运算，也能够执行逻辑运算。基本的逻辑运算有逻辑与、_____、_____和_____。它们有对应的实现电路，这类电路称为_____。

47. 逻辑关系表现的是因果关系，如果所有条件都满足结果才成立的逻辑关系称为_____，只要其中一个条件满足结果就成立的逻辑关系称为_____。当条件与结果完全相反的逻辑关系称为_____。

48. 使用代数方法表现逻辑关系叫做逻辑代数，也叫做布尔代数。使用逻辑表达式随着变量的值变化的逻辑关系称为_____，因为它和逻辑变量的取值都是 1 或者 0，所以也将其称为_____函数。

49. 门电路是数字系统中的单元电路。它使用一个相对较高的电压表示逻辑值_____，相当较低的电压表示逻辑值_____。

50. 把_____作为电路输出，_____作为电路输入，则逻辑电路输入输出之间就可以表达为逻辑函数。

51. 通过基本逻辑门组合各种功能的电路，与门和非门组成的是_____，或门和非门组成的是_____。如果在两输入的或门输入端加上非门，其逻辑表达式是_____。

52. 如果输入相同输出为 0，输入不同输出为 1，则对应的逻辑关系是_____。如果输入相同输出为 1，输入不同输出为 0，则逻辑关系是_____。

53. 逻辑输入为 A、B、C，输出为 F，如果判断 A、B、C 中 1 的个数是偶数（含 0），则输出为 1，那么，应该 $AB\overline{C}+A\overline{B}C+\overline{A}BC$_____。

54. 根据真值表写出表达式是将输出为 1 的项对应的输入变量的值，如果是 1，则使用原变量；是 0，则取非变量，并将输入进行组合。例如，对于下列真值表：

A	B	F1	F2	F3	F4
0	0	1	0	0	0
0	1	0	1	0	0
1	0	0	0	1	0
1	1	0	0	0	1

其中，F1=$\overline{A}\overline{B}$，F2=$\overline{A}B$，那么 F3 =＿＿＿＿，F4=＿＿＿＿。如果将输入的 A、B 的值视为一个编码（0，1，2，3），那么 F1～F4 就是对应编码的输出，该电路被称为译码器（Decoder）。

55. 与译码器相反的是编码器，如有代表 4 个灯泡 L1、L2、L3、L4 的输入状态，0 表示等灭，1 表示灯亮，输出 A1 和 A0 指出是哪一个灯亮着。真值表如下，A1=L3+L4，那么 A0 =＿＿＿＿。

L1	L2	L3	L4	A1	A0
1	0	0	0	0	0
0	1	0	0	0	1
0	0	1	0	1	0
0	0	0	1	1	1

56. 逻辑图如图 T2-2 所示，输出为 G=＿＿＿＿。

57. 全加器不但要考虑本位产生的进位，还要考虑来自＿＿＿＿的进位。如果只考虑本位产生进位的加法器称为＿＿＿＿。

58. 如图 T2-3 所示，根据逻辑图，C_{out} =＿＿＿＿。

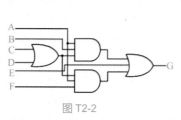

图 T2-2

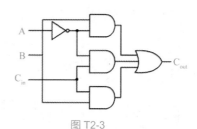

图 T2-3

59. 如果加法器的最低位 C_0 为 1，对加数按位＿＿＿＿，加法器输出的就是＿＿＿＿结果。

60. 能够存储信息并维持不变的逻辑电路叫做锁存器或＿＿＿＿。

第3章 数据表示

数据（Data）是一个抽象的、概念性的词，其含义远比数字、数、数值广泛。第2章中介绍的有关计算机中的数，在计算机底层的状态是 0 和 1，但它们可以组合为各种序列，用来表示多种对象而成为数据。现在有人把数据和科学联系在一起，称为"数据科学"（Data Science），就是研究数据的科学。数据是计算的对象，也是由计算得来的，是计算系统的组成部分。本章介绍数据的各种表示。

3.1 数据表示概述

尽管本书前2章中多次提及"数据"一词，但并没有给数据下过定义。事实上，"数据"有很多不同的定义，可以将"数据"简单归纳为在计算机中存储、运算、交换和管理的所有的 0 和 1。

今天的计算机和网络世界，每天产生的 0 和 1 的数量是 EB（ExaByte，1 EB=10 亿 GB）级的。有数据科学家推算，现在当年产生的数据量是过去 5 年的总和，以此推之，数据的存量大，增量更大，今后的世界将"淹没"在数据之中：预测到 2020 年，数据量将达 44 ZB（ZettaByte，1 ZB=1000 EB）。

图 3-1 **数据类型**

第2章介绍的计算机中的数，是指在机器内部的一种表示，可以是一个被计算的数值，也可以是逻辑值（状态）。数值是数据，逻辑值也是数据，它们只是数据中的基础表示。数据有很多其他形式。如果对数据进行分类，最简单的是分为两类：数和码。一般情况下，数是表示"量"的。数还有另一种功用——作为"码（Code）"。例如，我国的公民身份证就是使用了 18 位数的身份证号码；每个学生入学后都有一个学号，用于处理学生在校期间的学籍、成绩、课程等事务。

编码的目的是为了对特定的对象进行唯一标识，以便检索、交换和处理。编码需要一定的规则，这些规则就是"码制（Code System）"。本章介绍常用的几种计算机编码，如 ASCII、汉字编码和音频、视频数据编码等，都是计算机数据的基本表示形式。

通过各种传感器，现代信息技术能够将现实世界的物理信号转换为计算机可以接受和存储的数据，声音、图像图形、视频等都可以以数据的形式被计算机处理。在数据科学中，将数值、文本、语音、图形、图像、视频、动画等称为数据，也叫多媒体（Multi-Media）数据，如图 3-1 所示。近年出现了各种媒体数据的名词，除了多媒体外，还有"富媒体"、"流媒体"、"超媒体"、"数字媒体"等，这些都是基于多媒体基础之上的包括数据和对数据处理或传输的方法，这些方法本身也是数据。本章介绍的就是多媒体数据。

本质上，多媒体数据不是多种媒体数据的简单组合，而是在各种数据之间建立一种紧密的逻辑关联，使之实现自动、平滑的链接，从一种媒体转到另一种，中间不会出现卡顿。例如，在 Microsoft Office 系统的 Word 文档、PPT 文稿中嵌入图形、图像、音乐和视频，PPT本身也可以实现放映的动画效果。

多媒体数据也是计算机中的 0 和 1 的组合，但这些组合被赋予了不同的含义，或代表一个字符，或代表一种颜色，或代表一种音量。如果把 0 和 1 的组合看成数字，它就可以被计算，如果将一种组合看成一个符号或者特定的标记，就可以对其变换、加工、存储、传输等，因此，数据处理是根据数据表示的不同对象而进行的不同"计算"，这个过程是通过计算机程序实现的。

3.2 文本和文档

文本由字符组成。文本中的每个字符，如字母、汉字、符号，都对应一个一定长度的二进制代码，因此文本数据是一个字符编码的二进制序列。文本中使用的字符属于字符集。字符集是包含所有可用字符和字符对应的二进制代码，通常看到的是它们的十进制或十六进制形式。

早期，不同的计算机厂商的相似功能的产品都使用自定的数据格式，导致数据不同、程序不兼容。由于硬件厂商采用的处理器不同，程序处理的数据也不同，如文本（Text）数据出现过很多种字符集，IBM 早期的同一台机器中就有近 10 种字符编码。

1967 年，ASCII（American Standard Code for Information Interchange，美国标准信息交换码）出现，成为了计算机数据交换的标准代码。只要程序采用同一种编码，那么在不同类型的机器、不同的处理程序之间的数据交换就变得简单、容易了。

文本/文档（Document）是由字符、句子、段落组成的。文档是基于文本的另一种文件形式。文本/文档使用等长编码，文本/文档中的同类字符采用的是相同长度的二进制位。字符编码主要有 ASCII、Unicode、汉字编码等。

3.2.1 ASCII

ASCII 由美国国家标准局（ANSI）制定，被确定为国际标准 ISO/IEC 646。ASCII 也叫 ASCII 字符集，有两种形式：7 位码和 8 位码（见附录 A）。ASCII 码最初公布的是字符长度为 7 位二进制编码，可以表示 128（2^7）个字符，定义了基本的文本字符数据，主要包括英文字母和常用的符号，实际使用的是的单字节字符方案，即每个字符长度是 1 字节（8 位二进制位），该字节的最高位用于校验位，以提升数据传输的正确性。表 3-1 展示了英文 China的 7 位 ASCII 码。

表 3-1 用 ASCII 表示单词 China

字 符	C	h	i	n	a
ASCII	1000011	1101000	1101001	1101110	1100001
十进制	67	104	105	110	97

ASCII 包含数字 0～9、英文字母 A～Z 和 a～z，以及一些符号，如算术运算符等。这些被称为可显示字符，而控制符有 LF（换行）、CR（回车）、FF（换页）、DEL（删除）、BEL（振铃）等，以及几个通信控制符，大多数不能被输出到屏幕或者打印出来。控制字符需要程序去读取并解释或完成指定的操作。计算机键盘上的符号大多数可以在 ASCII 中找到对应的编码。事实上，键盘按键后，输入到计算机中的数据就是该键对应的 ASCII 数值。

后来的 ASCII 改用 8 位，最高位不再作为校验位。其版本名为"Latin-1 扩展 ASCII 字符集"，一般被称为扩展 ASCII。在扩展版中，最高位为 0，对应原来的 7 位 ASCII，增加了最高位为 1 的 128 个编码，表示新的 128 个特殊字符、外来语字母和图形符号，见附录 A。

ASCII 是等长编码，其中的数字、字母都有固定的顺序。例如，同一个字母的小写与大写的编码相差 32，因此大小写转换只要进行加或减 32 就可以了。另外，数字和字母的顺序排列方式有利于按大小排序、查找等操作。

3.2.2　Unicode 编码

ASCII 及扩展 ASCII 是基础编码，只能在有限的拉丁语系语言中使用，不能与其他类语言，如汉语、阿拉伯语等之间交换数据。为了解决这个问题，现在计算机普遍使用的是 Unicode 编码，较好地解决了在不同的语言用户、不同类型的计算机之间交换数据，也能在同一台机器中使用不同的语言。

Unicode 最初是 Apple 公司发起制定的通用多文种字符集，后来被 Unicode 协会进行开发，成为能够表示几乎世界上所有书写语言的字符编码标准，被称为"统一码"、"单一码"或"万国码"。Unicode 中还包含了许多专用的字符集，如数学符号。

Unicode 也是等长字符编码，主要有 Unicode16 和 Unicode32。Unicode16 用 2 字节表示一个字符，可以表示 65536 个字符。扩展版 Unicode32 使用 4 字节编码。因此，Unicode32 理论上可支持超过几十亿个字符的编码。扩展版的 Unicode 还在进一步开发中。

现在，计算机和程序主要使用的是 Unicode16 字符集。为了与 ASCII 保持一致，Unicode 保留了前 256 个字符为 ASCII 字符集，也就是说，Unicode 的前 256 个字符与 ASCII 的完全相同，程序使用 Unicode 也能够使用 ASCII 字符。例如，ASCII 中英文的大写字母 A 的编码为十六进制 41（十进制的 65），在 Unicode 中以十六进制 0041 表示。

1992 年，Unicode 被确定为国际标准 ISO10646，成为了用于世界范围各种语言文字的文本形式的字符集，其中包含汉字。目前，所有的计算机都支持 Unicode 编码。例如，"计算机"这三个字的 Unicode16 码为"8BA17B97673A"（十六进制表示）。如果是在文本中有这三个字，那么实际保存的如下二进制序列：

1000101110100001011110111001011101100111100111010

事实上，编码只是字符的数据表示，用于存储和传输。显示或打印字符需要由专门的处理程序将字符编码读出，经过计算，得到可显示、打印的数据格式。在屏幕上显示或者打印出来的字符是被处理程序当成"图像"处理的，3.5 节将介绍相关技术。

编码的另一个技术是 2 字节、4 字节的编码，字节顺序可以不同。例如，Unicode 中的字符 A 可以用 1 字节表示，为 41（十六进制），2 字节的表示为 0041，4 字节的表示为 00000041。2 字节的 0041 也可以是 4100，4 字节的 A 编码也可以是 41000000 或 00004100，因此就有了另一种解决多字节编码顺序的 UTF（Unicode Transformation Format）标准出现，顾名思义，它确定了 Unicode 字符转换格式，以适应与其他不同字符编码标准的兼容。UTF 有多种格式，如 UTF-8、UTF-16、UTF-32，Unicode 主要使用的是 UTF-8。例如，在浏览器中有页面编码为 UTF-8 的设置项。有时候，程序会要求选择或者取消该设置，使得浏览器不会显示乱码。进一步解释 UTF 的转换原理和过程超出了本书范围。

3.2.3　汉字编码

汉字数量大，需要的编码位更长。汉字除了简体、繁体，还包括日本和韩国的汉字。汉字的排序方法也比单字节的英语复杂，有拼音、部首、笔画等。因此，在带有中文处理的系统中需要有专门的汉字处理程序，如汉字输入法。考虑到系统的兼容性和计算机原为英文产品，因此中文系统扩展了 ASCII，增加了汉字的编码。

1980 年发布的中国国家汉字编码标准 GB2312—1980 收录简化字 6763 个，总计 7445 个字符，港澳台等地区繁体汉字使用 BIG5 编码。1993 年的 GBK 扩展汉字编码标准，是 GB2312—1980 的扩展，共收录了超过 2.1 万个汉字，支持 ISO10646 即 Unicode 中的全部中、日、韩汉字以及 BIG5 中的所有繁体字。目前，计算机采用的多种输入方法都支持 GBK 标准。GBK 为了兼容 ASCII，将汉字编码的 2 字节的最高位全设为 1，因此只能提供有限的汉字数量。

2001 年，我国发布了 GB18030 编码标准，最新的是 2005 版，是超大型中文编码字符集，其中收入汉字和字符 7 万余个。GB18030—2005 采用的是可变 4 字节编码，其中单字节兼容 ACSII，双字节兼容 GBK，四字节包括 CJK（China、Japan、Korea）统一汉字和我国少数民族文字字符（如藏、蒙古、傣、彝、朝鲜、维吾尔文）的字形等。

汉字编码与 Unicode 并不完全兼容，因此需要进行变换和处理。事实上，GB 汉字编码标准给出的是编码要求，即字符被保存的格式，而 Unicode 给出的是字符的编号，而没有规定这个字符如何表示（保存），因此需要通过程序在不同编码标准之间进行转换，如上述 UTF。例如，Windows 通过"代码页（Code Page）"来适应计算机所在的国家和地区的编码要求。

我国的汉字编码是强制性的国家标准，"适用于图形字符信息的处理、交换、存储、传输、显现、输入和输出"，不仅指机器（计算机、各种带处理器的终端设备，如智能手机），也指各种中文处理软件，如办公系统、财务系统等。

3.2.4　文档

在计算机中，文档（Document）是文本格式的扩展。文本使用标准编码表示各种字符，而文档包括许多特征码，如表示字体的变化、字符的大小、段落格式排版等信息。文档格式有多种，如字处理软件 Word 的数据文件是一种常用的文档类型。我国金山公司的 WPS 也是处理文档的软件。

文档还包括多种字体（Font）数据，如中文的宋体、楷体、黑体等。实际上，目前计算机提供的各种语言都有多种字体，因此计算机中有大量的字体文件，有操作系统提供的，也有各种程序自带的，网络上也有大量的字体文件（称为字体库）可供下载。现在使用字体文件不是编码，而是显示或打印这种字体的计算公式（见 3.5.3 节）。文档文件需要文档处理程序，如 Word、WPS 等，如果使用文本程序强行打开文档，则会丢失文档中的排版信息，或显示乱码。

文档的另一种含义是"资料"，是指在计算机上形成或处理的专用的数据文件。例如，程序设计需要需求分析文档、设计文档、测试文档、使用手册等。过去随销售附带的纸质说明书等已经被电子文档（或存储在官方网站）取代。

3.3 数据压缩

文本有编码，其他类型的数据（如音频、视频）都有其编码和标准。不管是哪一种数据，只要有数据存储和交换的需要就需要采用同一种编码标准。另外，发生在不同的程序之间、不同的机器之间的数据交换也需要考虑数据传输的方法和效率。

前述文本编码 ASCII、Unicode 是等长编码，即每个类型的字符编码的长度都是相同的。显然，这种编码中一些不常用的字符占用了与常用字符相同的存储空间。今天的计算机存储空间很大，不过早前的计算机中存储器是"稀缺的"。在数据存储中也有"二-八"效应：出现概率高的数据大约占整个数据的 20%，其他 80% 的数据出现的概率则很低。这不难理解，无论是汉字还是英文，常用字只占 20% 甚至更少。从数据传输的角度，常用数据（码）用较少的二进制位数，不常用的用较多的位数，整体上数据量将减少。这就是另一种编码技术：不等长编码。不等长编码与字符的可变字节编码的概念不同，不等长编码是一种技术，也称为"数据压缩"。数据压缩更准确地表示了这个技术的本质。

编码数据需要有解释其编码的程序用人们可以识别的形式展现。同样，压缩编码也需要解码，即按照压缩原理相反的方法解出原始数据。有专门的压缩解压程序，如 RAR、ZIP。数据压缩的算法不同，压缩软件厂商不同，压缩数据格式也不同，所以有很多压缩文件类型。不过，大多数压缩解压软件支持常用压缩算法得到的数据文件。

解压后的数据与压缩前的数据相同，这是无损压缩编码，如文本文件、文档文件、程序文件等，这些类型的文件数据必须采用无损压缩。另一种压缩编码是有损的，压缩后的数据不能完全重现压缩编码前的数据，用于冗余较多的数据类型中，如音频、视频数据。

显然，音频、视频数据的体量大，为了快速、有效地实现其传输，这类数据更需要数据压缩技术。从系统的角度看，压缩就是对原数据进行重新编码的方法，重新编码的过程就是计算过程，因此需要有相应的算法，即压缩编码方法。压缩编码有多种，各有应用领域。下面简单介绍几种压缩编码方法。

3.3.1 霍夫曼编码

霍夫曼（David Huffman）编码是于 1952 年提出的一种编码技术，被广泛用于计算机数据压缩处理中，也被称为"频率相关编码"（Frequency-dependent Encoding）。霍夫曼编码是用不同长度的码字（二进制组合的序列）表示不同的字符，经常出现的字符码字较短，很少出现的字符码字较长。这样使得数据的总长度变小，需要的存储空间也较小，也能快速传输。

下面通过一个简单例子具体解释霍夫曼编码：设一个数据集有 5 种字符，分别以 A～E 表示，其中 A 出现的次数最多，依次排列，E 最低。按照字符出现次数给其分配码字，其中 A 的码字最短，如表 3-2 所示。等长码的每个字符需要 3 位，所需总码位为 171，霍夫曼编码需要的总码位为 120，与等长码相比，压缩比为 0.7。

表 3-2　霍夫曼编码表

字　　符	出现的次数	等长码的码位	霍夫曼码字	霍夫曼码码位
A	25	75	0	25
B	12	36	10	24
C	9	27	110	27
D	6	18	1111	24
E	5	15	1110	20

　　霍夫曼编码的第一步是对所有数据进行扫描，计算数据中不同的码字出现的频率。如文本中的字符码字，也可以是图像数据中颜色码字，根据不同码字出现的概率，确定最高频率的码字使用最短的二进制码。

　　霍夫曼压缩后的编码需要解码，它的一个重要特征是在解码时对压缩码序列从左往右扫描，如果位串与表中的霍夫曼码字对应，那么这个位串就表示对应该码字的字符。霍夫曼编码是有序无损压缩。

　　常用于图像压缩编码的另一种算法是算术编码。算术编码是无序码。霍夫曼编码是对字符编码，算术编码是根据整个数据中符号的概率和它的编码间隔，经过计算，最终结果是一个 0～1 之间的小数。解压时，使用该小数与模型参数进行解码计算，重建得到该符号序列。

　　常用于英文文本的另一种压缩编码是关键字编码。将英文中的常用单词用一个符号代替，如 the 用字符^、must 用字符#、these 用字符+等。解压时，将这些字符替换为对应的单词。英文常用词汇在典型的文档中常见，因此有时能有效地减少文本的长度。这在中文系统中并不常用，原因是汉字与符号一样，都是相同的存储长度，除非用符号代替中文短语。

3.3.2　行程长度编码

　　在某些应用中，一个编码可能是连续出现的，如图像中某一段区域的颜色是相同的，那么这段颜色的编码是一个连续的序列。行程长度编码（Run Length Encoding，RLE）或游程编码就是用于图像编码的。在图像中，总有连续区域具有相同的颜色，此时不需要为这个区域的每个颜色点保存数据，只需记录一个颜色数据和这个颜色点的数目，这个数目就是行程长度。例如，某个图形中一段红色线的长度有 200 个点（通常计算机显示器的一行有 1000 多个点），如果每个点的颜色数据是 8 位，则这段红线的数据量为 200 字节。对这段红线使用 RLE 编码，只需用一个控制标志（如字符#）加上颜色数据（设为 R）和数据的长度，即"#R200"。这个 RLE 编码的长度只有 3 字节（行程长度值 200 占 1 字节）。解码时只要遇到"#"，就将其后的 1 字节数据作为颜色，紧跟的数值作为连续的颜色数据的长度。

　　就上述例子而言，压缩比很高。实际上，情况要复杂些，主要考虑的是行程长度取值。行程长度是单字节，如果有超过 256 个点的颜色，就需要重复编码。另外，这个例子中的 RLE 编码的长度是 3 字节，如果相同颜色的编码的长度是 3 或者 2，就不应该使用 RLE，而是保留其原代码。实际上，少于 3 个点的颜色不需要 RLE，那么可以将长度数据设为 1，代表 4 字节，如"#R1"，解码时将长度值加上 3，那么这种单字节 RLE 编码将能够对 4～259 个相同编码进行压缩。

进行 RLE 压缩需要扫描源数据，找到使用最少的或者没有出现过的数（符）作为压缩的控制符号。解压时，扫描每字节的数据，如果是控制符，则解压输出，否则直接输出。有多种方法可以改进 RLE 算法，只是考虑压缩比和解压速度。如果编码是多字节的，则需要考虑更多的细节，这里不再进一步讨论。

RLE 压缩算法较为简单，解压速度也较快，且是无损压缩，在文本数据、音频、图像数据中有较广泛的应用。在 Windows 系统的 256 色显示模式下，RLE 是首选的压缩编码技术。

3.3.3　有损压缩

从数据的角度，任何原始数据（Original Data）中都有大量的重复数据，即冗余数据。减少或者丢弃某些冗余数据，并不会损失数据所表示的有效信息，或者这种损失是可以接受的。从严格意义上说，音频、视频、图形、图像数据并不需要"完整无缺"，如果损失了少量的数据（在人的视听范围内）能够换来更高的压缩效率，那么也是可取的。因此，大量的多媒体数据，尤其是音频、视频、图像数据都是有损压缩的。例如，照片（JPEG）数据、MPEG 视频数据、MP3 音频数据等都采用了有损压缩编码。

霍夫曼编码和 RLE 编码在压缩前都要对数据源进行统计分析并建立模型。有损压缩有时需要进行类似的工作，以保证所丢弃的冗余数据在解压后不会影响数据的有效使用。不过，现在大多数音频、视频压缩采取的都是混合编码技术，即将无损编码和有损编码结合起来。例如，在音频数据压缩中，如果需要高保真的效果，可以采取无损压缩或不压缩。如果是网络播放或者传输，一般采用有损压缩。但不管如何，音频、视频数据的有损压缩只能允许有一定的失真，过度压缩往往使得播放效果很差。

有损压缩的相关技术比无损压缩要复杂得多，进一步介绍超出了本书的范围。

早前，因为存储器较小，加上网速慢，为了能够在尽可能短的时间内实现有效传输，压缩就是必须的。现在，很少出于存储的原因对其进行压缩，毕竟压缩和解压缩增加了系统开销，影响了数据使用效率，特别是在不同的系统和程序之间，如果不了解原始数据的压缩方法，也许就不能使用这些数据了。当然，今天仍然要考虑网络传输的效率和流量，尤其是在线播放音频、视频，出现卡顿会影响用户体验。

大多数音频、视频和图像数据都是已经被压缩的，相应的播放程序中有解压缩计算。也有通用的压缩解压程序，其作用是在传输多个文件时，将其压缩在一个包中，看上去是一个文件，这个过程称为"打包"。接收到压缩文件后再经过解压（称为解包）还原。这种压缩一定是无损的。

3.4　音频数据

声音（Sound）是物理信号，是由物体的振动产生的声波。声音通过各种介质（如空气、液体）传播。声音是一种低频率的波，通常能够被"听"到的声波的频率为 20～20 000Hz。声音有音调、音色、音量等。在计算机中，通常将由声音得到的数据称为"音频"（Audio）数据，包括语音（Voice）和音乐（Music）等。那么，音频数据的第一个问题就是将声音的物理信号转换为计算机采用的数字化的数据。

3.4.1　音频数据采集

声音信号虽然是物理波，但可以通过传感器转换为电信号，再由转换电路转换为音频数据。这个传感器就是麦克风（Microphone），即传声器（又叫话筒、微音器），是将声音信号转换为电信号的能量转换器件。经麦克风转换得到的音频信号是连续的模拟（Analog）电信号，而数字（Digital）信息是离散的，音频信号需要经过模拟到数字的转换，得到为计算机接受和存储、处理的音频数据，如图3-2所示。虚线部分的ADC（Analog to Digital Converter，ADC，A/D，模拟数字转换）完成将模拟的信号转换为数据的功能。

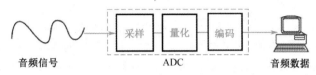

图 3-2　**音频信号转换为音频数据**

采样（Sample）：以相同的时间间隔测量信号的幅值。采样时间间隔越小，得到的数据量就越大。图3-3的曲线为模拟信号，如声波信号，纵坐标 A 为模拟信号的幅度值，横坐标 t 为采样时间，横坐标上的虚线间隔是采样时间间隔，其倒数就是采样频率。22 kHz 左右的采样频率有调频广播的音质，更高音质使用 44.1 kHz、48 kHz 采样频率。在采样时间点上的模拟信号幅度值是采样值。n 个采样点会有 n 个采样值，如图中的 a_1 就是模拟信号的采样值。

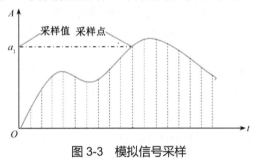

图 3-3　模拟信号采样

量化（Quantify）：对采样值四舍五入取整。如 15.3 取值 15，这个过程就叫做量化。

编码（Coding）：将量化值用二进制位表示。编码数据是将模数转换后得到的音频数据存储到计算机中。如何编码，也就是用多少二进制位表示音频数据，与其后的音频处理、音频重现都是密切相关的。音频编码方法不同，得到的音频数据格式不同，音频处理程序也不相同。量化分配的值范围越大，需要的二进制位越多，那么采样得到的音频数据层次感就越丰富。例如，CD 音质的采样频率为 44.1 kHz，一个声道采用 16 位二进制编码，立体声就需要 32 位二进制。也就是说，每个采样值都需要 4 字节，因此录制 1 分钟的立体声音乐得到的音频数据达 10 MB。

还有一个问题：采样频率是如何确定的？选择采样频率的条件是：在这个频率下采样的信号能够还原原始信号。1928 年，美国工程师奈奎斯特（H. NYquist）提出并在 1948 年经信息科学奠基人香农（C.E. Shannon）的论证得到的结论是：采样频率是信号的最高频率的 2 倍或 2 倍以上。

采样过程适用于任何物理信号转换为数据，图像和视频信号等在物理学上也是波，其频率比音频高得多，也要经过模数转换而得到相应的数据。

重现音频信号需要将计算机中的音频数据转换为模拟的声音信号并经过扬声器播放出来，这个过程即数模转换（Digital-to-Analog Converter）。

3.4.2　音频数据格式

20 世纪 90 年代前，计算机只是以处理文本和数值数据为主，虽然有些能够处理音频数据，但多限于专业人员使用。为了使得计算机能够处理音频，早前的计算机多采用声音处理的专门电路（插卡结构），称为"音频适配器"或"声卡"。有一段时间，业界将配有声卡的计算机称为"多媒体计算机"。

1994 年，Intel 公司发布了新的奔腾（Pentium）处理器，这是第一款多媒体处理器，在传统的处理器中增加了音频、图像和视频处理的专用指令，称为 MMX（Multi-Media eXtension Technology，多媒体扩展技术）。之后，多媒体处理就成为了计算机的标准配置：计算机可以发声了。随之而来的是计算机多媒体应用的迅速发展，也就有了处理音频的多种技术，产生了多种音频数据格式。现在的计算机，包括智能终端，都支持多媒体。

今天的计算机能够录音、发声，也能够播放歌曲、音乐、视频和电视，但它目前没有"数字音频标准"，也就是说，没有统一的声音数据格式。现有的音频数据格式大多出自相关公司，如与微软、苹果、Real Networks 等推出的音频软件相适应的数据格式。音频数据格式是对声音信号按照采样、量化和编码得到的数据格式，主要有如下几种。

① WAV 格式：微软公司开发的一种音频文件格式，也叫波形音频文件，是最早的数字音频格式，是没有采用压缩处理的音频数据，被 Windows 平台及其应用程序广泛支持。WAV 采用 44.1 kHz 的采样频率，16 位量化位数。

② CDA 格式：传统 CD（Compact Disc）光盘音乐格式，取样频率为 44.1 kHz，16 位量化位数。与磁盘存储不同，CD 数据采用了音轨的形式，记录的是波形数据，不能直接被播放，需要如 Windows Media Player 这类的软件播放。

③ MIDI（Musical Instrument Digital Interface，乐器数字接口）格式：数字音乐/电子合成乐器的统一国际标准，用于电子键盘的音乐合成器、制作视频的声音以及网站的辅助音效。例如，一台晚会的作曲、配器、录音只需要一位编导和 MIDI 专业人员就可以完成全部工作。简而言之，MIDI 是对各种乐器演奏的音符及时间进行编码，这些编码控制电子乐器演奏。

④ QuickTime 格式：苹果公司采用的音频数据格式，也支持 Apple 之外的 PC 系统。

⑤ RealAudio 格式：Real Networks 公司采用的音频文件格式，主要用于网络实时传输音频信息。

还有很多种音频文件格式，除了是不同的开发者采用了不同的技术外，某些音频文件是为了支持特定的应用。例如，Audible 主要是支持网上销售有声书籍，Liquid Audio 支持付费音乐下载并提供版权保护，AU 文件则是 UNIX 的音频数据文件格式。

AAC（Advanced Audio Coding，高级音频编码）是由多家公司合作开发的音频数据，能够以较小的数据量呈现更好的音质效果。有人预言，AAC 将取代 MP3 成为数字音频的主流，但现在看来还为时尚早。

普通计算机用户不需要担心那么多的音频数据格式，因为现有播放软件大多支持多种音频格式，且主流的音频文件格式是 MP3。

3.4.3 MP3 格式

高质量的音效需要大量的音频数据，另一方面，音频数据在采集中有大量的重复和无效数据，如一段空白录音或者讲话中的停顿。为了使得在有限的存储空间中能够存放更多的音频数据，且体量较小的数据文件也能够有利于传输，音频数据往往采用数据压缩技术。

当前主流的音频文件采用的是 MP3 格式，其流行主要原因是作为一种压缩标准，它比同期的压缩技术的压缩比更高，而且是公共标准和开放的技术。由于它的广泛流行，许多人将 MP3 当成了数字音乐和播放的代名词。实际上，它只是一种数据压缩的方法，最早是德国的一个研究组织发明并提出的，后来被国际标准化组织所属的 MPEG（Moving Picture Experts Group，运动图像专家组）制定为 MPEG-1 Audio Layer 3 标准，简称 MP3。

MP3 采用的压缩技术是混合编码。首先采用有损压缩技术，通过频率分析，并与所建立的人类心理声学模型相比较，根据人耳对高频声音信号不敏感的特性，将音频信号划分成多个频段，大于 8 kHz 的高频信号用大压缩比压缩，或者被直接舍弃，再对剩余的数据使用霍夫曼编码，因此原始采样得到音频数据能够被压缩到 1/10 或更小比例后被存储，更便于传输。大压缩比的是有损压缩，小压缩比的是无损、低损压缩，整体压缩的效果不会影响到声音回放的效果。

采用 MP3 压缩后的音频数据需要专门的解压缩后进行播放，曾经流行一时的 MP3 播放器就是内置解压程序的装置。现在的智能手机的音乐播放器主要支持的就是 MP3 格式，网络上可供直接播放和下载的音乐也多采用 MP3 格式。

3.4.4 计算机语音

早在 30 多年前，IBM 公司就开展了计算机语音研究。直到 1997 年，IBM 发布了汉语语言识别软件 ViaVoice 4.0 版，到今天已经是 ViaVoice 10 版。它的基本应用就是通过语言输入，直接在字处理软件中形成文档：由语音到文字，这是计算机听人说话。另一种是由文字到语音，是将文字合成为语音再由计算机发声。到今天，计算机说话或者机器说话已经司空见惯了。例如，ViaVoice、苹果公司的 Siri、讯飞、百度语音都支持语音到文字、文字到语音的功能，朗读器则是将存储在机器内部的文字合成语音的软件。

语音到文字需要机器"训练"，使机器能够听懂发声者说的话。现在，语音软件的语音识别率高达 90% 以上，普通话较为标准的，识别率可达 99%，有的能够识别方言。

基于语音识别技术，已经构造出更多的应用：通过声音控制游戏、语音聊天（转换为文字）、语音查询。一种被称为语音机器人的软件，能够通过网络接听服务电话并与之对话：或文字，或语音。这里的技术既有语音到文字，也有文字到语音。例如，使用百度语音搜索，通过语音说出"明天天气如何"、"宫保鸡丁的做法"等，就能得到结果。语音搜索让用户免去打字的烦琐，使搜索的整个过程更流畅、更便捷。

文字到语音涉及的技术很多，不仅需要对文字的理解，还需要语音合成。前者从文本中提取语音数据，后者则在语音数据的控制下发出声音。

文本中的语音数据还包含韵律信息，语音相当于音标，韵律相当于音调。这就像我们初学外语那样需要词典和语法规则。语音合成需要"发生器"，相当于人的发声系统，另一部分是给发生器输入文本并驱动发生器发出声音。

机器的发声也许不如人那样有节奏和有语调，每个字的发音速度基本相同，确实是"机器人"，而且大多数基于语音合成来发声，并不能理解文本。随着技术的发展，特别是人工智能的发展，也许今后机器说话会更接近人类的说话，机器能够像人类一样阅读，也能够像人类那样去理解文字。

3.5 图形和图像

在数据表达上，图形和图像被认为是同类，许多专业软件兼顾了图形和图像的处理。图形（Graphic）是以几何线条、几何符号等形式表示物体的轮廓。图像（Picture/Image）就是由点（Dot）排列而成的。每个点就是图像的一个像素（Pixel），是一种颜色。如果足够的像素按照一定的顺序排列，在人的眼里看到的就是图像。大多数图形图像处理软件，简单如微软的"画笔"（Paint），复杂如 Adobe 公司的 Photoshop，它们既可以处理图形，也可以对图形着色使之成为图像，还能够对图像进行编辑、修饰（即所谓的 P 图）。不过，图形和图像的存储和处理还是有一些区别。

3.5.1 图像的表示

图像在计算机中保存的是它的像素数据，每个像素根据显示要求采用不同的存储数据。例如，计算机的显示器可以被设置为"真彩色"，每个像素用 4 字节表示，其中 3 字节分别代表红（Red）、绿（Green）和蓝（Blue）三种颜色，简称 RGB，另有 1 字节表示这个像素的亮度。这是基于光学的三基色原理：任何一种颜色都可以分解 R、G、B 分量的组合。如果图像是黑白的，最简单的是用 0 表示黑色，用 1 表示白色。实际上，黑白图像采用多位二进制表示"灰度"，即黑白的等级。高质量的胶片图像数据需要比彩色图像更多的数据位。

要求不高的图像一般采用单字节颜色编码，称为 256 色。1 字节有 8 位二进制位，取值范围为 0～255，因此单字节颜色编码的每个像素有 256 种颜色。另一种是 16 位的增强色，每个像素有 6 万多种颜色。

真彩色提供的颜色远远超过人眼能够分辨的颜色，为了减少图像图像文件的数据量，通常在特定的应用程序中只需几种颜色（如文件窗口的前景色和背景色），系统提供调色板供使用者选择，如 Windows 中"画笔"就有调色板。人的眼睛看到的物体的颜色虽然是彩色的，但并不能区分其极为细小的差别，因此真彩色的数十亿种颜色足以使人认为这个颜色就是"自然色"。

图像有静态的，也有动态的。按照某种速度将一组图像连续呈现，人们看到就是"视频"了。因此，静态图像是动态图像的基础。

一幅画或者一张照片，要使得其成为计算机的图像，就需要被转换为数据信号。图像数据采集的原理与前述音频数据类似，也需要转换。例如，扫描仪可以将照片转换为静态图像数据，数码相机是将相机拍摄的照片转换为数字化的图像数据。扫描仪和数码相机中都嵌入了进行模拟数字转换的部件。

图像的主要技术参数是分辨率。分辨率与显示、打印图像的设备有关，也与图像数据存储相关。例如，一个行列为 640×480 的图像显示分辨率是早期计算机彩色显示器的标准，称为 VGA（Video Graphic Array）标准，今天的显示标准为 1024×768 及以上，有的智能手机的显示分辨率高达 2560×1440，微机的显示分辨率则高达 4096×2160。显然，高分辨率显示器可以使得显示的图像更加精细、清晰，可以显示更多的文本、图形信息。

图像分辨率也叫图像存储分辨率，与显示分辨率不同，是指从物理图像获取的图像数据的像素密度，扫描仪和数码相机都有分辨率参数。例如，数码相机拍摄的照片的分辨率是 1024×768，用高质量相机拍摄得到的照片的分辨率是 4064×2704，前者像素只有 70 万，后者的为 1100 万，专业相机的像素达 4000 万以上。图像像素转换为图像数据，还需要考虑每个像素的数据位长度，因此图像的另一个参数是像素深度。

像素深度是每位像素的二进制位数目，存储的图像数据量是像素数量乘上像素深度。上面提到的显示器的 RGB 使用了 24 位，增强色为 16 位，而 VGA 使用了 256 种颜色，它的像素深度为 8 位二进制。因此一幅图像无论其数据量大小，重现图像的质量还取决于显示设备。

图像数据体量很大，如 1000 万像素的一幅真彩色图像的数据量是 30 MB。打开一个图像文件的属性，就会看到尺寸和大小，前者指像素数量，后者与像素深度有关。不过，我们看到的图像文件的大小不是像素数量与像素深度直接的乘积，因为图像数据是压缩数据。

图像有多种分类方法，按照图像数据的表示方法，主要有点位图像和矢量图像。

1. 点位图像

传统胶卷相机拍摄的照片是模拟的，数码相机拍摄的照片是数字（二进制）的，照片的清晰度与像素相关。像素就是点位，因此基于像素的数字图像被称为点位图像，或者位图（bitmap），它们以点位像素数据存在计算机中，用 BMP、GIF、JPEG 作为文件的后缀，以标记其属性为点位图像。

点位图像的专业名词叫做"光栅图形格式"（Raster Graphics Format），是指逐个像素存储图像的数据格式，也是扫描仪和数码相机等设备获取到的图像格式。位图是最简单的图像数据格式，它的像素数据按照从左到右、从上到下的顺序存放。位图通常采用压缩技术，以减少图像数据的存储量。位图的显示处理程序经过解压后得到每个像素的原始数据并显示或打印出来。

点位图像也是 Windows 系统中采用的图形图像文件格式，其文件的后缀为 .bmp。例如，Windows 系统自带的"附件"中的"画笔"程序直接存储像素点的颜色数据，保存后的文件就是 BMP 文件。

根据不同像素深度、压缩方法，位图图像有多种数据格式，即保存后的图像文件的格式，如 JPEG、GIF 和 PNG 等。

扫描仪和数码相机默认的图像格式为 JPEG/JPG（Joint Photographic Experts Group），是国际标准组织和国际电话电报咨询委员会为静态图像所建立的数字图像压缩标准，也是应用最广的图像压缩标准。JPEG 不直接存储颜色数据，而是经过计算，将 RGB 颜色数据转换为 Y、U、V 颜色分量数据。YUV 原为欧洲电视系统采用的一种颜色编码方法。其中，Y 是亮度信号，U 和 V 为色差信号。YUV 的视觉原理是，对亮度和颜色渐变相比，人眼对颜色突变更敏感，因此它保存短距离内色调的平均值数据。现在，静态图像的首选格式是 JPEG，它的图像数据存储量较小。

2013 年发布的 HEIF（High Efficiency Image Format，高效图像格式）是 JPEG 的升级版，其压缩比更高，且图像质量不亚于 JPEG 格式，但与 JPEG 格式不兼容，所以未能产生预期的影响。

GIF（Graphics Interchange Format，图形交换格式）是计算机和网络显示小动画的主要数据格式。它将图像的像素限制在 256 种以内，也就是说，GIF 图像最多有 256 种颜色，不同的 GIF 图像是 256 种颜色的不同集合，这种技术叫做"索引颜色"。图像使用了较少的颜色，因此图像数据的体量就较小，适合网络传输和交换。

现在网络中大量的表情符号，如果没有动画，则主要是 PNG 或 JPEG 格式，如果是有动画的，则是 GIF 格式。PNG（Portable Network Graphics，可移植网络图形）格式是为了网络设计的图像格式，图像的数据量更小，同时提供的颜色深度要高于 GIF。

还有多种图形图像格式，有些是专业软件使用的。

2. 矢量图

计算机表达图形图像的另一种技术是矢量图。早前的字符显示处理使用的是位图，图 3-4 所示的是使用 1 位二进制表示一个像素的字母 A 的图形，右侧所列的是对应行的二进制位图数据：1 表示黑色，0 表示白色。位图的缺点之一是除了图像数据量较大，且图像放大会产生失真。例如，将这个"A"放大，图的边缘就会出现锯齿状。

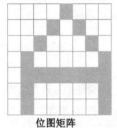

00001000
00010100
00100010
01000001
01111111
01000001
01000001

位图矩阵　　　　位图数据

图 3-4　位图格式

现在的计算机显示字符不再使用点位图，而使用矢量方法。矢量方法主要用于图形、字体等抽象性的图像，矢量图像的图像数据少，且显示线性好，没有失真或者失真小。例如，使用 Word 编辑文字，改变文档显示比例，或者放大、缩小文字和图片，都看不出明显的失真。

矢量图的数据文件不是点颜色数据，而是存放各种图形元素，如点、线、圆、矩形等对象数据，包括颜色、形状、轮廓、大小和屏幕位置等数据。因此，矢量图形数据与图像的复杂程度有关，与图像分辨率和图像大小无关，所占的存储空间较小，理论上可以实现"无级放大"。

位图存放的是像素，矢量图是通过计算画出点、线和图。不同的图形有不同的计算公式，再经过程序"画图"，如果放慢显示速度，就能看出画图的全过程。例如，汉字（包括艺术字）是将汉字的笔画定义为一个计算公式，如果需要显示一个字，按照其笔画顺序，逐一执行对应的公式计算的程序代码，就得到一个"矢量汉字"。

通过程序画图的软件叫做"绘图程序"（Draw Program），设计领域中经常使用绘图软件。这类软件大概最有名的就是 Flash 了，另一个较通用的是 CorelDraw，更多的是专业应用。实际上，各类应用都有其专用的设计软件，如设计电路图的 EDA、三维设计软件 3ds MAX、汉字排版的方正等。

位图变换需要重新编码处理，矢量图则通过计算就可以实现，因此可以动态改变图形。矢量图适合有艺术型的图形/图像创作和动画制作，但不适合表示真实世界的图像。位图特别是 JPEG 格式是真实世界图像数据处理的主要选择，因此照片采用 JPEG 格式。

说明：现在的计算机，包括智能手机，其界面都是基于上面介绍的图形图像技术的，它们的名字 GUI（Graphical User Interface）就是"图形用户界面"。

3.5.2　3D 技术

图形图像处理是计算机科学研究的重要领域，也是计算机应用的重要领域。例如，从二维图像创建三维图像就是 3D（三维）技术，早就被运用在电影制作中了。3ds MAX 就是制作三维图像的软件。

计算机改变了许多产业的业态，如通信、邮政、商业零售，甚至改变了支付系统（如支付宝、微信支付）。传统的胶片、磁带、唱片、广播等都在数字化的发展进程中被改变。数字制作在改变着影视业，如 MIDI、数字录制、数字播放，数字编辑（剪辑），以及运用计算机的 3D 技术制作电影，也许今后还会用于制作电视节目。

数码影院播放的不是电影胶片，而是经过数字拍摄的并经过数字编辑处理的电影数据。这可能算不上有很大的影响：观众在电影院中看到的就是电影，无论是数字的还是胶片的。但 3D 技术可能给制造业带来颠覆性的改变——3D 打印。

用百度搜索关键字"3D 打印"，会有超过 1000 万个搜索结果。这仅仅是中文搜索。有很多家企业和公司提供 3D 打印服务，或者销售 3D 打印设备。IT 界的公司纷纷投入其中，很多传统的制造业也开始考虑 3D 打印带来的影响。本书不对其后来发展做任何预测，只是介绍其相关概念性知识，供读者参考。读者需要了解 3D 打印的更多信息，可以从网上获取。

3D 打印可以打印出人类的器官，可以打印出生物材料，可以打印出工业零部件，甚至可以打印汽车、打印房子……简直是无所不能打印。3D 打印需要打印机，需要相关的打印材料，与普通打印机（平面的，二维的）的打印原理相同，只是平面打印采用墨水或墨粉，而 3D 打印使用的是"材料"。在计算机的控制下，打印机将打印材料一层一层地"叠加"起来形成立体的形状，最终将设计图打印成实物。图 3-5 是一台简单的 3D 打印机。

图 3-5　3D 打印机

从计算的角度看，3D 打印需要的是设计图，也就是计算机的图像。前述的图像是二维的，而 3D 打印的模型是三维的。建立打印模型需要从建立二维图像开始，创建三维图像。打印模型通过计算机建模软件建模，再将建成的三维模型"分区"成逐层的截面，即切片，从而驱动打印机逐层打印。现在有商业化的 3D 建模软件，它们的基础也是计算机图形图像技术。

描述实体表面的数据文件格式是 3D System 公司制定的 STL（STereo Lithography，立体成型）用于计算机与 3D 打印机的接口。STL 文件使用小三角面为单位，近似地模拟三维物体的表面。三角面越小，其生成的表面分辨率越高。

3.6　视频和动画

早期的多媒体技术中并没有包含视频，因为制定多媒体技术规范是在 20 世纪 90 年代初，相关技术还不那么成熟，相关产品的价格也比较昂贵。如今，无论是手机还是 PC，播放视频是基本功能。

数字视频是通过数字摄像拍摄并经过编辑而成的，也有将传统的胶片视频经过 A/D 技术转换为数字视频。动画（Animation）是通过把经过计算机制作的图画（像），按照一定速度，一张一张播放形成的。

经过几十年的发展，随着计算机的性能和技术的进步以及网络速度的提升，数字视频（Digital Video）制作成为主流。另一方面，大容量的传统视频数据被流媒体代替，网络播放也成为视频发布的另一种选择。高压缩比压缩后的视频数据能够以较小的体量在网络上传输，微视频、微电影等俨然形成了一个新的产业。

3.6.1 视频数据

在众多的数据类型中，也许视频是数据量最大、结构最复杂的。未经压缩处理的一分钟1024P 高清视频的数据量有 180 MB，因此，除了视频制作，视频数据的压缩处理就是关键技术。不同的技术手段产生的视频数据是纷繁复杂的，这种情况随着视频压缩标准的推进已经得到了很大的改进。

某些播放设备采用视频编译码器（CODEC），也叫视频压缩器（COmpressor）。它将原始的视频数据压缩为可以在网络上传输的体量较小的视频数据，译码器（DECompressor）则将压缩的视频数据解压为可以播放的数据。视频编译码器有 CODEC 芯片，是在设备上使用的，而计算机系统中一般采用 CODEC 程序。不同应用场合，CODEC 压缩比为 2：1 到 100：1 不等，低压缩比的视频用于专业放映，高压缩比的则多用在网络播放。

由于人眼对连续播放的视频的敏感度并不高，因此视频数据采用的压缩技术是有损的，即为了提升压缩比，使得压缩后视频数据文件的体量尽可能小，以适合在网络上传输。高压缩比的视频数据，解压后，播放效果肯定会有一定影响。

视频数据压缩的不同方法，使得它们在不同的播放系统之间并不兼容。早期这种情况比较普遍，某些视频文件只能通过指定的播放器来播放。今天，这种情况已经有了很大改变。CODEC 的基本思路是将视频画面数据分成不同的矩形区域，不同视频区域的压缩处理方式不同。CODEC 压缩技术不在本书介绍范围内。

一种压缩技术在视频帧（画面）之间记录其变化，压缩数据是其变化数据，而不是图像数据本身。这种压缩技术叫做时间压缩（temporal compression）。另一种是用于静态图像的压缩，最终记录的不是每个像素的数据，而是一组像素的位置信息和数量。

MPEG（Moving Picture Experts Group，动态图像专家组）是视频、音频压缩的国际标准，其中，MPEG-1 主要解决视频/音频的存储问题，3.4.3 节介绍的 MP3 就是其中的一种；MPEG-2是数字电视标准；MPEG-4 为视频压缩标准，其适应性很强，传输要求不高，压缩比高。

数据压缩的主要目是快速地在网络中传播。今天的网络无论是带宽和设备，与制定 MPEG标准的 20 多年前相比不可同日而语，因此有更多的、能够展示更好的播放效果的多种视频数据格式，如高清、蓝光等。现在的智能手机不但支持视频拍摄，而且可以直接将拍摄后的视频压缩存放，有的是未压缩或者压缩比较低，需要再通过其他压缩软件压缩后在网络上传输。有时候，这种随处可得的"信息"改变的不仅是信息获取的方式，带来的社会冲击也很巨大。

3.6.2 动画

动画（Animation）的历史可以追溯到古代，如中国的皮影戏。现代动画片几乎与电影同源，著名的动画角色如米老鼠就是 1928 年的动画片《威廉号汽艇》中的主角。今天的动画并不是指演示文档中文字、图形的"动画"放映，只是借用了动画的概念。计算机动画是一种视频制作，既指传统的动画制作，也包括电影、视频的制作，还包括卡通片（Cartoon）。传统的动画已经被计算机动画替代。计算机动画是指通过计算机图形（Computer Graphics，CG）技术来生成和呈现运动的图像，在计算机中保存的就是动画数据，如众所周知的迪士尼公司制作的动画大片。所以，确切地说，这节的标题应该是"计算机动画"。

某种意义上，动画与电影的原理差不多。动画是通过快速地显示一系列图片，一幅图片叫做一帧，标准速度为每秒 24 帧。"帧"就是一幅静态的画面，传统的电影胶片也是这个速度，而电视的最初标准是显示 25 帧。可以通过改变帧的速度达到不同的效果。

通过创作者手工画画的方式制作一部动画电影，这可是一个很大的"工程"。现在则借助 CG 技术，利用计算机来生成帧，这些动画的帧在计算机中就是动画数据。动画项目一般从故事板（Story Board）开始，以场景草图的方式讲述故事。项目需要考虑采用 2D 技术还是 3D 技术。

动画传统的制作方法是：设计师将故事展开，画出每一帧的图，然后拍摄。现在的动画制作是借助动画制作软件进行：只要给定合理的参数，动画软件就能自动生成动画序列。制作者可以通过软件生成人群图像、战争场景或者山河、水流。好莱坞电影制作采用了同样的技术，拍摄了某些特定的场景，如泰坦尼克撞上冰山后的断裂场景、地震场景等。物体在场景中移动实际上是存储在场景图中的数据集合，这些数据记录了物体的位置和方向。

现在的动画制作发展运用的技术不仅是让制作者画图并保存其序列数据，还运用了运动学原理，识别和模拟自然现象运动。例如，应用物理学原理，计算并得到物体的运动方向、速度、质量，再计算与其他物体的相互作用，从而计算出作用后物体的位置、形状等。一个人的步伐数据，除了步伐特征之外，还有速度的影响，如奔跑。通过研究人的骨骼数据并建立数据模型，可以重新定位骨骼关节位置，来实现人物的运动变化。这种关节变化不仅表现为人的四肢和躯体，也包括面部。通过改变面部关节的变量，可以表达动画人物的面部表情和说话口型的变化。

有人预言，计算机将使许多职业消失。计算机图形技术的发展已经改变了动画制作的过程，改变了动画制作者这个职业，是否也会改变电影业的演员、布景、拍摄地，也许只有时间能够回答这些问题了。当然，如果仅仅是从动画和电影制作的角度，今后的 CG 对其发展的影响无疑是颠覆性的。

本章小结

数据科学是以研究数据为中心的科学。

数据可以被归纳为在计算机中存储、运算、交换和管理的所有的 0 和 1。数据可以被分为数和码。

编码的目的是对特定的对象进行唯一标识，以便检索、交换和处理。编码需要一定的规则，这些规则就叫做码制。

各种编码是计算机数据的基本表示形式。

多媒体是让各种数据之间建立一种紧密的逻辑关系，使之实现自动、平滑的链接。

文本由字符组成。文本中的字符都对应一个一定长度的二进制代码，因此文本数据是一个字符编码的二进制序列。通常，文本中的每种类型的字符的编码长度相同，如英文为单字节、汉字为双字节。

ASCII 是计算机数据交换的标准代码，也是基础代码，是单字节编码。

Unicode 是通用多义种字符集，常用的是 Unicode16，是双字节编码。

汉字编码使用国标 GB18030，最新的 2005 版包含了 7 万多个汉字。UTF 用于 Unicode 与其他编码之间进行转换。

文档是文本格式的扩展，除了文本字符，还包括格式控制的排版信息。

数据压缩能够减少存储的数据量，但主要目的是为了传输。数据压缩是不等长编码。数据压缩有无损压缩和有损压缩两种。

霍夫曼编码、RLE 是常用的无损压缩编码方法。音频、视频数据采用的是有损压缩。

音频等模拟的物理信号，需要经过模数转换为数字数据，转换过程包括采样、量化和编码。数模转换是将数字信号还原为模拟信号。

音频数据的主要格式为 MP3，是压缩数据。

图形和图像被认为是同类型的。通常，图像采用点位图，即保存的是像素数据。像素是每个点的颜色，像素深度是指表示像素的二进制位数。图形多采用矢量图，通过公式计算画出图形。例如，计算机中的字型就是矢量图。

图像的主要技术指标有显示分辨率和图像（存储）分辨率。图像分辨率是像素数目，图像分辨率乘上像素深度就是图像数据量。图像数据是压缩数据。

常用的点位图像数据类型有 BMP、JPEG、GIF 和 PNG。

点位图用于表示现实世界，如照片。矢量图用于艺术创作等。

3D 技术包括 3D 显示，是基于平面图像构造的。3D 打印机可以打印实物。

视频是图像的连续播放。视频数据采用 CODEC 即视频压缩的编码和译码，设备使用 CODEC 芯片，计算机采用程序实现。MPEG 是视频数据压缩标准。

动画，现在也叫计算机动画，是指运用计算机图形学技术制作并播放动画的技术。计算机中保存的是动画数据。

习 题 3

一、综合题

1．在你的计算机上创建一个文本文件，在文件中输入 26 个英文字母，保存并关闭文件，文件名请使用英文字母。查看该文件属性，看看这个文本文件的存储空间是多少？文件大小是多少？为什么存储空间不是26？打开文件，删除英文字母，输入 10 个汉字，保存并关闭文件。查看文件属性中的大小是多少？为什么？

2．如果一个数码相机的内存为 1 GB，拍摄照片的像素深度为 3B，像素数目为 1024×1024，则该相机可以保存多少张照片？

3．同一台相机或者手机，拍摄照片的图像分辨率都一样，但查看照片文件（JPG 格式）的属性时发现它们的文件大小并不一样，为什么？

4．用计算机可以将 MP3 音乐录制为 CD 立体声格式播放，一张 720 MB 的 CD 通常可以存放 17 首左右 CD 音质的音乐或歌曲。假设每首歌曲之间播放的时间间隔为 3～4 秒，那么 CD 音质的数据信号是否被压缩过？如果压缩过，压缩比是多少？

5. Microsoft Office 系统中自带一个功能较简单的 Picture Manager，可以用来对照片进行简单的编辑和压缩功能。用一张数码相机或手机拍摄的照片（JPG 格式），在 Picture Manager 中查看照片的属性，并通过"编辑根据"分别压缩为用于文档、网页和电子邮件的图片，计算它们的压缩比。为什么 JPG 还能够压缩，甚至压缩比还很大？主要压缩了什么数据？

6. 假设用表 T3-1 所示的霍夫曼编码表示一些字符：

（1）解出下列二进制序列串对应的字符。

011010101010011101000000

1001101010011100010100110011101000011

10001010101110011100010101011101111

10100010010101000100011101000010011

（2）给出下列字符串的霍夫曼编码。

HELLO CLEAR AND FREE EATING ICE

表 T3-1

霍夫曼码	字符
00	A
11	E
010	T
1000	S
1011	R
0110	C
0111	L
10010	O
10011	I
101000	N
101001	F
101010	H
101011	D

7. 下列字符串的行程长度编码是多少？（前导符使用#）

ABABAAAABBBBBBCCCCCCCCCCCCCDDD I am here EEEEEEEEEEEOF

8. 如果单字节 R 和 B 分别代表红色和黑色，C 为单字代表换行符，下列 RLE 编码代表什么？其中的数字为十六进制。

#R64C#R64CRR#B60RRC…（RR#B60RRC 重复 96 次）…#R64C#R64

9. 使用计算机制作动画，按照每秒 24 帧图计算，如果一个画面尺寸为 1024×768 真彩色的动画片播放时间为 1 小时，那么该动画的数据量是多少？

二、判断题

10. 在计算机中保存的数据都是 0 和 1 的组合。

11. 计算机中的数是数据，逻辑值不是数据而是状态。

12. 计算机使用二进制表示数据，但只用来表示可计算的数。

13. 计算机存储的数据和显示的数据是相同的格式。

14. 3 位十进制数有 1000 个组合，1 字节有 255 种组合。

15. 在 ASCII 中，英文字母的大小写没有区分。

16. Unicode、GB 汉字编码和 ASCII 是不兼容的。

17. 编码是顺序码，并不需要规则。

18. 计算机是数字系统，也可以直接表示模拟信号。

19. 对模拟信号采样得到的信息幅度值就是量化后的值。

20. RLE 适用于图像图形压缩，霍夫曼编码适用于文本压缩。

21. 目前使用的是 2005 版的汉字编码国家标准，其中每个字符都是 4 字节长度的编码。

22. 不等长编码是没有压缩的编码。

23. 文本和文档的数据格式全部是相同的，都是字符序列。

24. 有损压缩数据在解压后，数据能够恢复为原始数据。

25. 现在的 CD 唱片并不是数据格式。

26. 光栅位图，也叫像素图像或者点位图像，它们的格式是 JPG。

27. MP3 格式是未经压缩的音频数据格式。

28. 运动图像是不需要压缩的，因为压缩后它们的播放效果会很差。

29. 计算机动画制作是先由创作者画出一张张图画，然后输入计算机，再按照一定速度按序播放，得到的是运动图像，也就是实现了动画效果。

三、填空题

30．不管是哪种类型的数据，在计算机中都是以＿＿＿＿序列的形式保存的。因此，对这些序列进行必要的编码，以便表示不同的数据对象。例如，用于字符编码的有＿＿＿＿、＿＿＿＿和汉字编码。

31．在我国规定，数字产品，包括计算机、智能终端设备和其中运行的各种文字处理＿＿＿＿，都必须执行汉字编码的国家标准，主要是使用的是 GBK 标准。

32．在数据科学中，将数值、＿＿＿＿、语音、图形、＿＿＿＿、视频、＿＿＿＿等都称为数据，也被称为多媒体数据。

33．多媒体数据不是＿＿＿＿媒体数据的简单组合，而是在它们之间建立一种紧密的＿＿＿＿关联，使之实现自动、平滑的链接。

34．数据处理是根据数据所表示的不同对象而进行不同的＿＿＿＿，这个过程通过计算机＿＿＿＿实现。

35．8 位 ASCII 码有＿＿＿＿种字符，包括控制符。Unicode 和 ASCII 兼容，其＿＿＿＿位的编码最多可以对 6.5 万多个字符编码。

36．字符编码是数据表示，用于＿＿＿＿和传输。显示或打印字符需要有专门的处理程序，将字符编码转换为可显示、打印的数据格式。计算机是将字符当成＿＿＿＿来显示和处理的。

37．UTF 解决编码的多字节顺序，以能够在＿＿＿＿和其他编码之间进行格式＿＿＿＿，使之兼容。

38．我国的汉字编码是强制性的国家标准，适用于图形字符信息的处理、交换、＿＿＿＿、传输、显示、＿＿＿＿和输出。

39．文档是文本格式的扩展。＿＿＿＿使用标准编码表示各种字符，而文档还含有许多＿＿＿＿，用来表示文档的各种排版信息。文档中使用的各种字体（Font）并不是字体的编码，而是显示或打印这些字体的＿＿＿＿。

40．数据压缩也叫做＿＿＿＿编码，简单地说，常用的数据（码）用较少的＿＿＿＿位数，不常用的用较多的位数，整体上＿＿＿＿数据量。

41．数据压缩方法从压缩后的数据是否能够完全恢复到原数据的角度看，霍夫曼编码、RLE 编码都是＿＿＿＿压缩，JPG、MP3 格式等都是＿＿＿＿压缩。

42．文本文件、文档文件和＿＿＿＿文件等都必须采用无损压缩，而在＿＿＿＿数据较多的数据类型中可以采用有损压缩。

43．无论哪一种压缩技术，在压缩前都需要对所有原始数据进行统计分析和建立模型，得到各种数据码的出现的＿＿＿＿。数据压缩的目的除了减少数据的存储量，主要是为了快速地＿＿＿＿。

44．高保真的音频数据需要采用＿＿＿＿压缩或者不压缩，如果是网络播放或者传输的，一般采用＿＿＿＿压缩。

45．声音是物理信号，是一种＿＿＿＿信号，其频率为 20～20000 Hz。音频数据通常包括语音和音乐。声音信号必须经过＿＿＿＿转换为计算机采用的＿＿＿＿的数据。

46．模拟信号需要经过采样、＿＿＿＿、＿＿＿＿来得到数字信号，这个过程称为模拟到数字的转换。CD音质的采样频率是 44100 Hz，如果每个声道采用 16 位二进制位编码，那么 1 分钟的双声道 CD 音质的音频数据量大约是＿＿＿＿MB。

47．采样定理是指采样频率是被采样信号最高频率的＿＿＿＿倍及以上。数据重现为物理信号，需要经过＿＿＿＿。

48．音频数据在网络上传输大多采用＿＿＿＿格式，利用混合压缩编码技术，对音频数据的各频段进行分析，音频数据的＿＿＿＿部分采用高压缩比或者直接舍弃，＿＿＿＿部分采用无损压缩，得到较高的压缩比。这是基于人耳对某些频段的数据不敏感采取的压缩技术。

49．计算机语音处理技术包括＿＿＿＿和＿＿＿＿，前者是计算机说话，后者是计算机听人说话。

50．图像在计算机中保存的是像素数据。图像的每个点位就是一个_____，这些点的数目就是图像_____，每个点采用的二进制位就是图像的_____，两者的乘积就是图像的数据量。

51．_____图像用来表示真实世界，如拍摄的照片。_____多用在画图和艺术创作等方面，也是计算机字符显示采用的主要技术。

52．图像一般都是压缩数据，常用的格式为JPEG、PNG和_____，计算机和网络显示小动画的主要数据格式是_____。

53．如果图像数据不是每个点的颜色，而是通过_____画出来的，这种技术叫做矢量图。现在计算机显示字符就是采用的这种技术，它是基于图形学技术的。

54．3D技术是从_____创建三维图像。3D打印采用的是各种材料，最终打印出来的是_____。

55．视频数据需要经过编译码器CODEC。其中，编码器主要对视频数据进行_____，译码器将_____的视频数据转换为可播放的视频数据。

56．现在的视频压缩主要采用时间压缩的技术，是压缩其两帧图像之间的_____。

57．计算机动画是指通过计算机_____技术来生成和呈现运动的图像，也就是让计算机画出一幅幅图，从而得到动画数据。每幅图片为1帧，通常，动画和电影的播放速度为每秒_____帧。

第 4 章　算法基础

计算机科学的另一个重要方面就是算法（Algorithm），算法也是计算的核心。简单地说，算法就是将问题分解为计算机可以进行处理的步骤。这也是程序设计的重要内容。本章将介绍算法的概念、分类、特性以及算法的表示，并介绍基本算法方面的知识，还将介绍抽象数据表达的基本知识。

4.1　算法概述

在斯坦福大学，计算机图灵奖获得者 Donald E. Knuth 将"具体数学"作为计算机的科学基础课程，他也是《具体数学》一书的作者之一。用作者的话说，具体数学就是"运用问题求解技术对数学公式进行有控制的操作"。也就是说，要通过计算手段，"发现数据中隐藏的精妙规律"。Knuth 是计算机算法和程序设计的先驱者，他的《计算机编程的艺术》（*The Art Of Computer Programming*）一书（计划为 7 卷）就是围绕各种算法而编写的。

计算机发明之前，算法属于数学范畴，现在提到算法主要是指计算机的算法。数学家和计算机科学家都在研究算法，致力于找到解决各种复杂问题的算法。算法的质量直接影响程序运行的效率，因此从算法实现的角度看，程序就是算法的实现。

算法的著名的例子就是古希腊数学家欧几里得（Euclid）发现的求两个正整数 A 和 B 的最大公约数（Greatest Common Divisor，GCD）问题。

第 1 步：比较 A 和 B 这两个数，将 A 设置为较大的数，B 为较小的数。

第 2 步：A 除以 B，得到余数 R（Remainder）。

第 3 步：如果 $R=0$，则最大公约数就是 B；否则将 B 赋值给 A，R 赋值给 B，重复进行前两步。

欧几里得算法也被称为辗转相除法。在计算机领域，算法的描述主要是将算法表示为能够用计算机语言来实现的代码。前几章中介绍的各种数据表示、数据编码、压缩等都有相应的算法。

图灵理论指出，只要能够被分解为有限步骤的问题就可以被计算机执行。因此我们可以简单地给算法下个定义：算法是求解问题步骤的有序集合，能够产生结果并在有限时间内结束。可以推而知之：并非所有问题都有算法（更多的内容请参见本书 9.5 节）。有些问题可能现在还没有算法，但不意味着是不可计算的，因此算法的研究就是探索计算科学的未来。

1. 算法的特性

Donald 归纳了算法应具有以下特性：

① 确定性。算法中的每个步骤都应是确定的。例如，"把 m 乘以一个数，将结果放入 sum 中"，这是不确定的，因为不知将 m 与哪个数相乘。

② 有穷性。算法中的步骤应是有限的且在有限的时间内能够执行完毕。如果执行一个

计算任务要数年才能做完，它就不是一个算法。

③ 有效性。算法中的每个步骤都应该被有效地执行，并能得到一个明确的结果。

④ 可有零个或多个输入。输入取决于问题，有时是不需输入的，如计算 π 的算法。

⑤ 有一个或多个输出。要看到问题是否被解决，算法必须有输出，没有输出的算法是没有意义的。

2．算法的分类

算法涉及的对象是数据，数据有数和码之分，因此算法也有两类：数值算法和非数值算法。

数值算法是对数值进行求解，是传统意义上的计算。由于数值运算的模型比较成熟，因此对数值算法的研究是比较深入的。非数值运算包含的面很广，如图书管理、物流管理、信息系统等，其计算问题涉及更多的是"处理"，包括排序、检索、变换、存储、分析和传输等，非数值运算是整个计算任务的主要部分。

设计或寻找算法需要对这个算法进行描述，算法的描述方法有多种。算法的描述也叫算法的表示。例如，上述欧几里得算法是用普通语言描述的。在算法设计出来后，需要使用计算机语言实现算法。算法的实现也有大量的可替代方案，也就是说，不同的计算机语言的算法实现可能有不同的方法，这些方法被称为程序设计范型（Paradigm）。

4.2 算法的三种基本结构

算法的描述或者表示最终是通过程序实现的。因此，研究算法的结构也就是研究程序的结构。20 世纪 70 年代，荷兰科学家 Dijkstra 提出了结构化程序设计思想，可以归纳为：一是程序由三种基本结构组成，二是程序设计自顶向下进行。

Dijkstra 提出的三种基本结构为顺序、分支和循环。已经有证明，其他结构都是不必要的，这三种基本结构能够使程序或算法被表示，且易被理解。因为程序是算法最终表现形式，所以程序的结构也是算法的结构。在算法研究和程序设计中，这三种基本结构被视为基本形态。因为这个结构是表示算法的逻辑过程，所以也被称为算法的逻辑结构。实现这种结构的程序设计方法注重程序的过程，因此被称为"面向过程的程序设计"，也叫结构化程序设计。

1．顺序结构

顺序结构（Sequence）是算法中最简单的一种结构，表示问题求解过程按照顺序由上至下执行，如图 4-1 所示，其中 A、B 代表算法的步骤，执行 A 后，再执行 B。事实上，程序的主结构都是顺序的：从一个入口开始，到一个出口结束。中间过程是否顺序执行则是另一回事。

2．分支结构

分支结构（Alteration）包括条件结构、判断结构、选择结构，如图 4-2 所示，若条件成立，则执行分支 A，否则执行 B。如果没有步骤 B，那么这个结果就是条件结构：满足条件就执行 A，否则不执行。如果在 A 或 B 中也有分支结构，就会构成多分支结构。

菱形框中的"条件"是一个逻辑运算，因此其判断结果是逻辑值：是（Yes/True/1），否（No/False/0）。

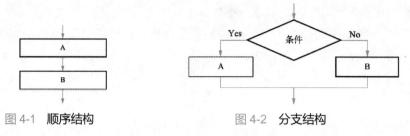

图 4-1　顺序结构　　　　　　　　　图 4-2　分支结构

3．循环结构

算法中的重复操作通过循环（Loop）结构表示。循环有两种结构：while 结构和 do-while 结构，如图 4-3 所示，A 是循环体（Loop Body），即重复操作的那部分。

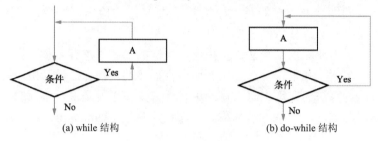

(a) while 结构　　　　　　　　　　(b) do-while 结构

图 4-3　循环结构

这两种循环结构的区别在于循环体 A 的执行顺序：对 while 结构，如果开始时的循环条件不成立，则 A 不会被执行；对 do-while 结构，无论开始时的循环条件是或否，A 至少会被执行一次。

尽管只有三种逻辑结构，但是每个结构中的算法步骤（A、B）都可以是三种结构中的任何一种，如顺序结构中有分支、分支中有循环、循环中又有分支或循环等，其算法结构将是复杂的。也就是说，这种看似简单的基本逻辑结构可以用来描述各种复杂问题的解决方案（算法）。

4.3　算法的表示和发现

20 世纪 50 年代的研究结果就已经证明：一个人的大脑每次只能记忆和处理大约 7 个细节。所以，算法设计需要有一种记录和重现算法步骤的方法，这就是算法的描述或算法的表示。当然，在表示之前必须先"找到算法"。

1．算法的表示

算法的表示是指需要某种形式去表达算法，方法有多种，常用的有自然语言、流程图、伪代码等。4.1 节中介绍的欧几里得算法就是自然语言表达。自然语言表示通俗易懂，但其文字容易出现"歧义性"，除非简单问题，一般不用自然语言描述算法。

伪代码（Pseudo-code）定义为"表示算法的符号系统"，但大多数人专业人员使用自己喜爱的或准备用于编程的计算机语言，加上英文描述混合而成。注意，尽管伪代码中很多表达与程序语言相同或类似，但它不是计算机语言，不能被计算机执行。

例如，表示欧几里得算法的伪代码如下：

```
Start
    input positive integer a, b
    if a<b then
        a ↔ b
    while (r = a module b)≠ 0
        a ← b
        b ← r
    end while
    output "Greatest Common Divisor is" b
End
```

其中，"←"代表赋值（Assignment）操作，其意是将右侧的值赋给左边的变量，也常使用"="表示赋值操作。

对非专业人员或者刚开始接触算法或编程的人而言，流程图（Flow Chart）是比较容易理解的一种方法。流程图使用几何图形表示算法开始到结束的过程，如图 4-4 所示。

4.2 节中介绍算法基本逻辑结构使用的就是流程图。还是以欧几里得算法为例，通过流程图表示其算法，如图 4-5 所示。给出的求最大公约数的三种表示方法的算法是相同的，最接近计算机语言的表达是伪代码。

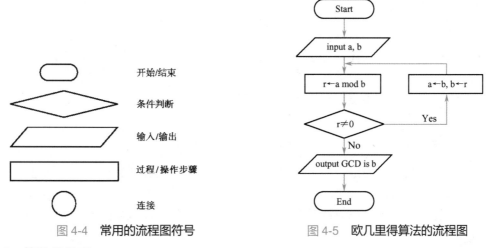

图 4-4　常用的流程图符号　　　　图 4-5　欧几里得算法的流程图

2. 算法的发现

发现算法，即寻找问题的算法，应该是最先被关注的。算法的研究就是致力于找到问题的算法，以期问题可以通过计算机来处理。一个成功的新算法可能开辟计算机的某个新的应用领域。在寻找算法的过程中，数学家 G. Polya 于 1945 年提出了 4 个步骤，到今天还是被当成解决问题技能的基本原理：① 理解问题（Understanding the Problem）；② 设计一个解决问题的方案（Devising a Plan）；③ 执行这个方案（Carrying Out the Plan）；④ 检验这个方案（Looking Back）。

这 4 个步骤强调的是重视过程，不仅是结果。因此，解决问题首先是理解问题，理解算法最重要的是理解问题的求解过程。算法并非一定存在，如至今还没有找到算法的"最短路径问题"。

平面图测试算法是算法教科书中的经典，也被用来衡量其他算法的效率。这个算法有点复杂，我们不具体解释，仅以此为例解释算法的发现。平面图测试算法是"深度优先搜索算法"（有兴趣的读者请参见有关算法的文献）的一种运用和改进。

一个节点图，如果连接点之间的各边互不相交，如三角形、矩形，它就是一个平面图（Planer）。1930 年，波兰数学家库托拉夫斯基（Kazimierz Kuratowski）给出了平面图的证明条件。问题是，这个证明转化为算法后，n 个点的图大约需要判断的步骤是 n^6。

1970 年，斯坦福大学的研究生陶尔扬（Robert Tarjan）和康奈尔大学的霍普克洛夫特（John E. Hopcroft）合作，提出了一个新的平面图测试算法，其思路是将图的一系列节点划为子图，子图内的任何两点都存在一个路径（边），因此移走集合内的任何一个节点，该两点仍然存在连通的路径。简单地做个比喻：如果城里修路，肯定可以有其他道路可以让你绕道而行的。划分子图和测试子图是一个递归（4.4.3 节）过程。与之前各种平面算法不同，陶尔扬算法的运行时间是线性的：图的节点数增加 1 倍，算法花费的时间也只增加 1 倍。这个算法在线路设计问题中起到了重要作用，如网络布局、集成电路设计等，在导航线路规划中也有很好的应用。

平面图算法有多种，陶尔扬算法是目前已知最优的。因此算法的发现不仅是寻找算法，也需要找到更好的算法。许多问题并非一下子就能够找到算法，更别提找到最佳算法了。

4.4 算法举例

理解常用的算法进而去体会算法的发现、设计，是大多数学习计算机的人所采用的学习方法。因此本节介绍几个典型算法的例子，这是最常见的也是最简单的几种算法。本节讨论其一般的概念，以帮助读者理解算法，它们的具体实现则需要借助具体的程序设计语言。

4.4.1 基本算法

算法有很多，同一个问题也有多种算法，如最常见的排序算法有选择法、冒泡法、快速排序、堆排序、希尔排序、桶排序、合并排序、计数排序、基数排序等。其原因是，对不同的数据类型及数据表达，一种方法是有效的，但另一种方法可能效果不佳。

1. 累加

累加是一个简单的算法问题。两个数求和不需要算法，需要算法的是一组数的求和，如计算一个数列之和等。求累加和的算法是在循环中使用加法求和，如计算 $n\sim m$ 之间的整数之和。

假设使用 sum 存放和数，使用 i 作为循环控制变量，则有以下伪代码表示的算法，每行代码 "//" 后的文字为注释。

```
Start
set  sum = 0                    // 使用 set 代替赋值操作的 "←"
set i = n                       // i 从 n 开始
   while i<=m
     sum = sum + i              // 求和，"=" 是赋值操作
```

```
    i = i+1                          // 准备下一个次求和运算
  end while                          // 直到 i 大于 m，循环结束
  output  sum
End
```

这个算法在的循环过程完成两个操作：将一个整数 i 加到 sum 中，并准备下一次循环操作。其中，i 既是加数也是循环控制变量。注意，在算法中，"sum=sum+i" 不是数学上的"加"运算，其意义是将 sum 与 i 求和，结果再存放到 sum 中（见 5.5 节中有关变量的解释）。

2．累积

一组数连续相乘即求累积也是基本算法。不过读者可以思考，参照求累加的算法，计算整数 $n \sim m$ 的累积，算法该如何设计呢？

3．求最大值和最小值

求最大值或最小值的算法通常使用分支结构，下面以求最大值为例。

```
Start
  input  a, b
  if a>b then
    max = a
  else
    max = b
  output  max
End
```

算法还可以如下所示：

```
Start
  input  a, b
  max = a
  if max < b
    max = b
  output  max
End
```

读者可以比较这两种算法。判断两个数的大小的算法是许多算法的基础，如从一组数中找出其最大值或最小值。这需要使用循环结构，也需要考虑数据结构问题，如使用数组。读者可以在了解了第 5 章有关数据的组织和类型的相关内容后，回头来设计其算法。

4．求数的位数

给定一个数整数 n，求它的位数的算法是，循环除以 10，直到余数为 0 为止，循环次数就是这个数的位数。

```
Start
  set  count = 0                    // count 记录循环次数，结果为数的位数
  input  n
  do
    count = count + 1
    n = n/10                        // 将 n 除以 10 的结果重新赋值给 n
  while n ≠ 0
  end do                            // 循环结束
```

```
      output  count                    // 输出 n 的位数
   End
```

注意，使用 do-while 是为了保证 n 是 0 或者个位数的时候，计算结果也是正确的：该循环先执行循环体，再判断 n 是否为 0 而结束循环。同时，这个算法对数 n 是破坏性操作，即经过这个算法后，n 的值已经变为 0 了。如果程序或者算法还需要这个数，则应考虑使用 n 的一个副本进行操作。该算法的另一个问题是，它不能计算小数的位数，读者不妨考虑，如何计算小数的位数。

以上给出的几个简单算法都采用了 4.2 节所述的三种基本结构而实现的。更多的常用算法，如交换数、计算 π 或 e 的值的多项式算法等，读者可以参考有关算法的书籍。

4.4.2　迭代

迭代（Iteration）是一种建立在循环基础上的算法，是不断用旧值递推新值的过程。迭代经常被用来进行数值计算，如计算方程的解。迭代通常是通过循环结构实现的。前述累加和就是一个迭代的例子。这里介绍"判断一个整数是否为素数（Prime number）"的迭代算法。

素数是指只能被 1 和它本身整除的整数。判断方法为：设 n 是要被判断的整数，将 n 作为被除数，用 2 到 $n\text{-}1$ 的各整数去除，只要有一个能够整除（余数为 0），则 n 就不是素数，否则 n 是素数。

```
   Start
      input integer n                    // 输入 n，要求 n 不小于 0
      set  i =2
      while i <n
        if (n mod i) = 0  then           // 判断 n 是否可以被 i 整除
           output n is not the prime
           exit                          // n 不是素数，结束循环
        else
           i = i+1
      end while
      output  n is the prime
   End
```

在上述算法中，如果 n 是素数，则 i 从 2 一直到 $n\text{-}1$ 需要循环 $n\text{-}3$ 次。实际上，可以改进这个算法，判断 n 是不是素数并不需要如此多的迭代次数。

请读者分析并改进这个算法，使迭代次数变得较少。

4.4.3　递归

计算理论中并不区分递归和迭代，但在算法和程序中是把它们区分开来的，主要是这样更适合设计的需要。在介绍递归之前，本节先介绍算法中"函数"（Function）的概念。

早在 17 世纪，英国数学家 Charles Babbage（巴贝奇）发明了分析机，是今天计算机的最早的样机。与巴贝奇一起工作的 Augusta Ada Byron（奥古斯塔·艾塔·艾伦）被称为"世界上第一个程序员"，而循环和子程序（Sub-program）的概念就是艾塔提出的。我们已经知道循环，而子程序的概念有点像数学中的函数，在算法和程序中也被称为函数。

子程序（或者函数）可以被反复调用，且每次调用将返回一个值。一个算法可能由多个子算法构成，因此一个（子）算法也可以被看成一个（子）函数。如果一个算法中有对自身的调用，那么这个算法就是递归（Recursion）。

下面以计算阶乘为例来介绍递归算法。设 $n!$ 的定义如下：

$$Factorial(n) = \begin{cases} 1 & n = 0 \\ n \times Factorial(n-1) & n > 0 \end{cases}$$

这个公式就是阶乘的递归公式。$n=0$ 时，Factorial(1)=1 是"递归出口"。在这个函数中，要计算 Factorial(n)，就必须先计算 Factorial(n-1)……直到计算 Factorial(0)，而 Factorial(0)的函数值为 1。再将 Factorial(0)的值返回，得到 Factorial(1)……一直到 Factorial(n)，如图 4-6 所示，设 n=5。

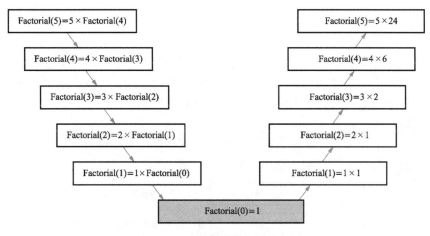

图 4-6　计算阶乘的递归步骤

用伪代码表示这个算法，假设函数名就是 Factorial(n)，n 就是参数，即将 n 作为参数调用 Factorial()，返回的结果为所求值。

```
Start
    Factorial(n)                          // 函数名，将 n 带入函数
    if n=0  then
        return 1
    else
        return n* Factorial(n-1)          // 递归
End
```

尽管看上去图 4-6 的算法有点复杂，但使用算法或程序表示却非常简单。递归算法最关键的是找到递归公式和递归出口。上述求解 $n!$ 的公式中，公式第一行就是递归出口，第二行就是递归公式。

另一个经常用于讲解递归算法的例子是斐波那契数列（Fibonacci Sequence）：1，1，2，3，5，8，13，21，…数列中的数被称为斐波那契数。它从第 3 个数开始，每个数都是前两个数之和，而前 2 个数都是 1。因此，可以得到计算第 n 个斐波那契数的递归公式如下：

$$Fibonacci(n) = \begin{cases} 1 & n = 1, 2 \\ Fibonacci(n-1) + Fibonacci(n-2) & n > 2 \end{cases}$$

读者可以参考上述求阶乘的伪代码，写出计算第 n 个斐波那契数的算法的伪代码。

递归是著名的计算机科学家 John McCarthy（麦卡锡）发明的算法。麦卡锡对计算机科学有许多杰出的、开创性的贡献，他被誉为"人工智能之父"。

经常被拿来比喻递归的例子是一个祖传的宝物：儿子从父亲那里得到的，父亲是从父亲的父亲那里得到的……一直可以推算到老祖宗那里；老祖宗给了他的儿子，儿子也给了儿子……一直到现在的继承人。不过，大多数祖传的只是姓氏。

递归作为一个重复过程，计算机实现容易。对自身的调用可以被看成产生一个副本，每次调用都有一个副本产生，因此容易使人迷惑：究竟是哪个副本在运行？从算法设计角度，这并不重要，重要的是递归必须有结束条件，且进入到反向的传递过程，最后得到运算结果。

从表面上看，这个过程需要花费时间或者更难。但通过计算机处理，这个过程相对简单。另外，递归使得程序员更容易理解算法。

4.4.4 排序

排序是迭代的一种应用，是将一组原始数据按照递增或递减的规律进行重新排列的算法。常用的方法有选择法排序和冒泡法排序。选择法排序（如果是从小到大排序的话）的原理是，把表中最小的数找到并放入第一个位置，然后比较剩余的，找到次小的放到第二个位置……直到对所有数据扫描过。

由于对一组数的排序的算法涉及数据形式和表示结构，为简单起见，我们举例说明。假设有一组 6 个数：2，12，5，56，34，78，算法如图 4-7 所示。

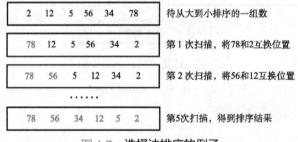

图 4-7　选择法排序的例子

图 4-7 所示的是 6 个数的排序（从大到小），扫描次数为 5 次。那么，对 n 个数的排序需要 $n-1$ 次扫描过程：第一次扫描过程将比较 n 个数，得到最大的那个数的位置，与第一个数的位置互换，比较次数为 $n-1$ 次；第二次扫描将从第二个数开始，得到次大的数与第二个数的位置互换，比较次数为 $n-2$ 次；最后一次比较最后的两个数，比较次数为 1 次。我们可以得到对 n 个数选择法排序的比较次数为 $(n-1)+(n-2)+\cdots+2+1$，即 $n(n-1)/2$ 次，如 6 个数的排序的比较次数为 15 次。

以算法的概念，扫描过程为外循环，扫描次数为 $n-1$ 次，每次扫描的过程为内循环，每次扫描中进行比较的次数为 $n-i$ 次，i 为外循环的次数。每次比较得到的结果是记录较大的那个数的位置，内循环结束，再进行位置的互换。

从图 4-7 中可以看出，排序的算法是将已经被排序的数和未排序的数分成两部分，已经被排序过的数将不再对其扫描。

排序的另一种算法是冒泡排序，也是将列表分为两部分：排序的和未排序的。冒泡法是从列表的最后开始比较相邻的两个数，将较小的向前移动，再与前一个相邻的数据比较，同样按照较小的数向前移动的原则，直到列表的开始。接着继续这个过程，找到的次小的数排到列表的第二个位置，以此类推，直到结束。看上去就像一个小水泡（未排序中最小的数）从底下"冒"上来，得名"冒泡排序法"。冒泡排序也可以从列表的起始位置开始。

冒泡法的算法也是两个循环，外循环每次扫描迭代一次，而内循环将较小的数据"冒"上来。同样，在排序列表中，每次扫描就增一，未排序的数据列表则相应减一。

在计算机科学中，排序算法是常用算法，但仍然有大量的新的排序算法出现。例如，20世纪 50 年代人们就研究出了冒泡算法，但"图书馆排序"是在 2004 年被发明的。图书馆排序的思路是在插入排序的基础上，在"书"之间留出一定的空隙，减少排序数据插入的时间。

排序不仅用于数值计算，也用于文本处理。

4.4.5 查找

计算机科学中另一种常用的算法是查找，是把一个特定的数据从列表中找到并提供它所在的位置（即索引），如图 4-8 所示。

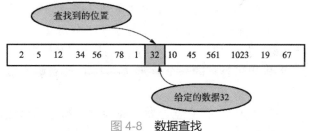

图 4-8　**数据查找**

对于列表数据的查找有两种基本方法：顺序查找和折半查找。无论列表数据是有序或无序，顺序查找都可实现，而折半查找必须使用在已经排序的列表中。

顺序查找是从列表的第一个数据（或叫做元素）开始，当给定的数据和表中的数据匹配时，查找过程结束，给出这个数据所在表中的位置。

对数据量较小的列表，顺序查找是没有什么问题的。对大量数据的列表，这个算法就变得非常低效了。如果列表是无序的，则顺序查找是唯一的算法，对已经排序了的列表可以使用折半查找。当然，无序的列表也可以先进行排序，再使用折半查找算法。

折半查找是从列表的一半开始，比较列表处于一半（中间）位置的数据，判断是在前半部分还是后半部分（根据列表的排序确定的）。无论是在前或后的那部分，仍然从这部分的一半开始查找，再确定是在这个部分的前或后，以此类推，直到找到或者没有找到为止。读者可以根据这个过程设计算法，并确定折半查找算法的查找次数。

折半查找是从一半开始的，将数据列表分为两部分，因此也叫做二分法。

4.5　算法的方法学

算法的发现问题、分析问题以及解决问题的思路、步骤与其他自然科学以及某些人文学科中的方法是一致的。我们需要关心算法的结果，更要注重过程，特别是算法的普遍意义，以及为其他问题解决所提供的支持。尽管科学家们认为算法不能有"方法学"，但仍然有一些可资借鉴的方法，能够帮助我们较快地找到算法。这里介绍几种算法的方法。

4.5.1 贪心法

贪心法（Greedy Algorithm）的基本思想是从小的方案推广到大的解决方法。贪心法分阶段工作，在每个阶段选择最好的方案，而不考虑其后的结果如何。"眼下能拿到的就先拿到"的策略就是这个算法名称的来历。

下面举例说明贪心法的设计思路：将一个真分数表现为埃及分数之和的形式。所谓埃及分数，是指分子为 1 的形式，如 7/8=1/2+1/3+1/24。

埃及分数有多种算法，著名数学家菲波那契（Fibonacci）提出的算法即贪心法，其思路如下。设一个分数为 a/b：

① 用 b 除以 a 的商的整数部分加上 1 的值作为埃及分数的某一个分母 c。
② 将 a 乘以 c 减去 b 作为新的 a。
③ 将 b 乘以 c 作为新的 b。
④ 如果 a 大于 1 且能够整除 b，则最后一个分母为 b/a。
⑤ 如果 a 等于 1，则最后一个分母为 b，否则转①继续。

读者可以随意给出一个分数按照上述过程尝试得到其埃及分数之和，如 15/16，其结果应该为：1/2+1/3+1/10+1/240。注意，真分数要求分子小于分母。

贪心法的算法用自然语言描述如下：① 从问题的某一初始解出发；② while（直到）能朝着总目标前进一步；③ 求出可行解的一个解元素；④ 由所有解元素组合成问题的一个可行解。

贪心法主要用于求解最优问题，但它已经发展成为一种通用的算法设计技术：对问题进行分解以及实现。其核心如下：

❖ 可行性：每一步选择必须满足问题的约束。
❖ 局部最优：它是当前可选择的方案中最优的。
❖ 不可取消性：选择一旦做出，在算法的其后步骤中不能被取消。

尽管它被用于求解最优问题，但是它并不能确定得到的最后解是最优的，也不能用于求解最大或最小问题。在算法的效率上，贪心法快速，程序实现需要的内存开销也较小。但遗憾的是，它们往往是不正确的，然而一旦被证明是正确的，其执行效率和速度有很大的优势。

贪心法作为一个通用的算法设计技术，一系列局部求解的最优选择的确能够对一些问题产生最优的求解，因此我们关心的是，即使这个算法的结果不是最优的，只要它能够满足设计目标，仍然具有价值。

4.5.2 分治法

任何一个算法的优劣都与效率和速度相关。问题的规模越小，求解问题所需时间和系统开销往往越少，但求解一个较大规模的问题的往往难度变得很大。分治法（Divide and Conquer）的基本思想就是将一个较大规模的问题分解为若干个较小规模的子问题，找出子问题的解，然后把各子问题的解合并成整个问题的解。

分治法的分（Divide）是指划分较大问题为若干个较小问题的，递归求解子问题。分治法的治（Conquer）就是从小问题的解构建大问题的解。

传统上，在分治法算法中至少包括两个递归算法，虽然只有一个递归过程的算法不能算是严格意义上的分治算法，换句话说，求解 $n!$ 的递归不能视为分治法，但是如果一个问题求解包含了类似计算 $n!$ 的递归算法，就可以使用分治法。

在排序算法中，快速排序（Quick Sorting）就是运用了分治法思想：在一组待排序的数中，设一个基准数，然后待排序的数分为比基准数大的和比基准数小的两组，分别对两组进行排序，最后合并为排序结果。如果将待排序的数分成相等的两组，分别排序后再合并，这就是归并排序法（Merge Sorting）。

讨论这些排序问题需要一系列的证明和推导，这里还是通过举例说明分治法的算法设计，即金块问题：某老板有一袋金块，n 块（$n>2$），老板宣布奖励最优秀的两名雇员，最优秀的雇员得到最大的一块，第二名优秀雇员得到最小的那一块。如果有一台可以用来进行称重的仪器，如天平，如何用最少的比较次数得到最重和最轻的金块。

4.4 节介绍了排序问题，金块问题可以使用排序算法，将所有金块排序，就可以得到最重和最轻的金块。显然，排序不是我们需要的算法，因为求最大或最小值算法使用排序的开销过大。当然，使用求最大或最小值问题是金块问题的本质，但问题的解是需要得到最少的比较次数。

到此，读者就能明白分治法的好处了：n 个金块得到最大值至少需要比较 $n-1$ 次，再得到最小值需要比较 $n-2$ 次，因此一共需要比较的次数为 $2n-3$ 次。如果将金块分成两袋，每袋的数量为 $n/2$，通过对两袋同时扫描，得到最大的，需要的比较次数为 $n/2-1$。再将这两个最大值比较一次，就得到所有金块中最大的，那么比较的次数为 $n/2$；加上求最小的，比较的次数最多为 $n-1$ 次，远比在一袋金块中比较最大、最小的次数要少。

使用分治法的核心是递归算法。不过分治法有不同实现的差异研究，如何分解两部分、分解为两个以上部分、分解成重叠的部分，以及在递归过程中完成不同的处理等。

4.5.3 动态规划

如果子问题是完整的，则可使用分治法。如果子问题不是完整的，使用分治法反而使得算法变得复杂。例如，计算第 n 项 Fibonacci 时，需要计算从第 3～$n-1$ 项。随着 n 值的增大，执行时间按几何级数增长，因而这种算法的效率是低下的。

这类问题的关键是子问题有重叠，如计算 Fibonacci(n)需要再次计算 Fibonacci($n-1$)和 Fibonacci($n-2$)，而这两个是被重复计算了的，因此不适合使用分治法。动态规划则适合这类问题的求解。动态规划（Dynamic Programming）被描述为：如果一个较大问题可以被分解为若干个子问题，且子问题具有重叠，可以将每个子问题的解存放到一个表中，这样就可以通过查表解决问题。动态规划是在 20 世纪 50 年代由美国数学家 Richard Bellman 提出的，"Programming"不是编程的意思，而是规划和设计。

下面举一个经典的"背包问题"解释动态规划的设计方法。这个问题的来由是，有个小偷带了一个容积为 t 的背包，如何能够在 m 个不同价值和体积的物品中，选择使得背包装下最大价值的物品 n 个，如表 4-1 所示。

表 4-1 背包问题

物品	A	B	C	D	E
体积	3	4	7	8	9
价值	4	5	10	11	13

假设背包的体积为 17，可以取 5 件 A 物品，其价值为 20，体积为 15；也可以取 D、E 各一件，体积为 17，价值为 24，这是表 4-1 的背包问题的解。当然，也可以取其他物品。因此，任意物品类型和价值的组合，只要能够被其背包的

所能容纳，并得到组合的最大值，就是背包问题的解。

寻找一个被解决问题中的具有指定特性的元素是算法设计的关键，就是找到算法的关键点。在背包问题中，计算最有价值物品的子集是求解问题的关键，而不是将所有物品的组合全部枚举出来。如果枚举所有可能的方法，这种算法叫做穷举查找，也叫蛮力法。

背包问题的实用意义很大，如运输公司运送货物的车辆调度、仓库货架怎样存放更多的货物等。当然，使用分治法的递归能够找到最佳组合，但问题是一旦问题发生了变化或者其得到的选择不是合适的，就需要推倒重来。对此类问题，递归算法将产生大量的、重复的、未必是合适求解的结果，这是递归算法不是此类问题最好算法的原因。

要消除重复计算，动态规划是较好的选择。限于这类算法对数据表达的要求，本书无法展开讨论，但是基于动态规划的改进算法，如自顶向下（Top-Down Dynamic Programming）的方法也是类似分治法的问题分解，从一般发展到特殊。相反，自底向上的方法是从特殊到一般。理论上，这两种思路是相反的，但在实际算法应用设计中互为补充。

4.5.4 回溯法

以上算法设计遇到的另一个问题是相同的：如果问题的规模（数量）按指数速度增加，那么这些算法的能力就受到了限制。在这种情况下，也许回溯法（Backtracking）是一个好的选择。

回溯法典型的例子是 n 皇后问题，这个问题在各种数据结构和算法的教科书中被引用：将 n 个皇后放到 $n \times n$ 的棋盘上，使得任何两个皇后不能互相攻击，也就是说，任何两个皇后不能在同一行、同一列或者同一条对角线上。下面以 $n=4$ 为例解释，如图 4-9 所示。

(a) 4×4 棋盘

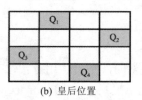
(b) 皇后位置

图 4-9　皇后问题

假设 4 个皇后为 $Q_1 \sim Q_4$，从空棋盘开始，让每个皇后占据一行，然后考虑给其分配一个列。

<1> Q_1 放到 $(1, 1)$ 位置，即第 1 行第 1 列。

<2> Q_2 放到 $(2, 1)$ 和 $(2, 2)$ 失败，放到 $(2, 3)$ 位置，与 Q_1 不能互相攻击。

<3> Q_3 在第 3 行上已经没有位置可放，算法开始"回溯"到 Q_2，即倒退到第 2 行，将 Q_2 放到 $(2, 4)$ 位置。

<4> 再考虑 Q_3，可以放到位置 $(3, 2)$ 上。

<5> 现在考虑放置 Q_4，无处可放，因此一直回溯到 Q_1，即重新开始。

仍然从 Q_1 开始，排除原来的选择，因此有：Q_1 放到 $(1, 2)$，Q_2 放到 $(2, 4)$，Q_3 放到 $(3, 1)$，Q_4 放到 $(4, 3)$。

显然，这是 4 皇后问题的第一个解，如图 4-9(b) 所示。可以继续计算尝试获取其他解。上述过程可以简单归纳为"向前走，碰壁就回头，换一条路走"。如果 $n=1$，答案是明显的；而 $n=2$ 或 $n=3$ 时，无解；$n>4$ 需要考虑各种可能，最后得到解（有时并不需要给出所有解）。

为表述方便起见，假设皇后为 Q_i，i 从 1 到 n，考虑到第 i 个皇后已经被分配在第 i 行上，因此只考虑其所在的列和对角线位置。回溯法求解 n 皇后问题的步骤如下：

<1> 对 Q_i 分配其在第 i 行位置。

<2> 判断 Q_i 和 Q_{i-1} 是否在同一行或同一条对角线上。

① 判断的结果为否，则表明 Q_i 和 Q_{i-1} 之间不存在互相攻击的条件，从而 $i+1$，进行下一个皇后的尝试。

② 判断的结果为是，则表明 Q_i 和 Q_{i-1} 存在互相攻击的条件，第 i 个皇后右移，重新执行<2>。

③ 如果列数 $i>n$，则表示已经没有位置放该行的皇后了，退回到第 $i-1$ 行，考虑第 $i-1$ 行的皇后与前面的行的皇后互相不攻击的位置，如果已经退回到第 1 行，则表明重新开始。

<3> 如果当前皇后位置是最后一行，说明已经找到了 n 个皇后在棋盘上互不攻击的位置，输出布局。

将 Q_1 位置右移，重复步骤<2>，找到其他可能的布局。

事实上，我们最熟悉的计算机文件目录结构为树型结构，遍历整个目录，以便找到所需的文件，就需要使用回溯法对文件系统进行搜索。

回溯法也叫穷尽搜索法（Brute-force search），尝试分步去解决一个问题。在分步解决问题的过程中，通过尝试现有的分步答案不能得到有效的正确的解答的时候，它将取消上一步甚至是上几步的计算，通过其他可能的分步解答再次尝试寻找问题的答案。通常，回溯法使用递归实现。

本节介绍的只是几种算法的设计思想，并没有深入讨论其相关理论问题。注意，不同的问题需要不同的算法，即不同的求解问题的方法，并不存在一个万能的算法解决所有问题，同一个问题也有多种可选择的算法，如排序问题。

在计算机科学中，算法涵盖了各种问题，但归纳起来主要有：排序问题，查找即搜索问题，文本处理，图问题，组合问题，几何问题，数值问题。

实现算法的技术也有大量的算法，如贪心法求解 Prim 问题（求无向图的最小生成树）、Dijkstra 算法（典型最短路算法），或者分治法求解大整数乘法、矩阵除法、最近对问题（在平面上 n 点组成的集合中寻找最近的点对）和凸包问题（平面点集中封闭所有顶点的凸多边形）。各种问题有不同的算法，不同算法有不同的效率，相关讨论将在第 9 章介绍可计算理论时有所涉及。

4.6　抽象数据表达

算法需要通过适当的数据表达，以便能够被计算机所处理。第 2、3 章所述的计算机中的各种数和编码，关注的是数据的存储特性，如采用多少位二进制、每个二进制位代表何种含义等，这种数据表达是具体化的。另一种数据的表达则不考虑数据存储的细节，关注数据相互之间各种关系，这就是数据的抽象表达（Abstract Representation），也叫数据结构。抽象表达的优点是：一方面具有良好的普适性，另一方面使程序员可以不用关心细节而专注于算法的设计。

数据结构是计算科学中很重要的内容，许多算法的著作都与数据结构相关，其中最经典的就是 Knuth 所著的《计算机编程的艺术》。

数据结构的定义虽然没有标准，但是包括 3 方面内容：逻辑结构、存储结构和对数据的操作。逻辑结构是数据间的关联，逻辑结构在程序中的实现就是数据的物理结构，又称存储结构，对逻辑结构的操作就是算法。按照数据的逻辑结构，抽象数据表达可以分为链、表、堆、队、树等。

数据元素是数据的基本单位，也就是单个数据。数据元素之间存在关联，其关联形式即数据结构有 3 类，如图 4-10 所示。

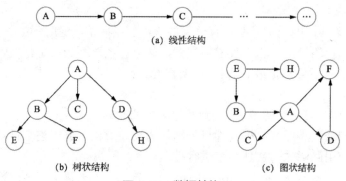

(a) 线性结构

(b) 树状结构　　　　　　　　　(c) 图状结构

图 4-10　数据结构

① 线性结构（Linear Structure）：其中的元素存在一对一关系，即每个元素只唯一地与另一个元素有关系，数据元素形成了一个有序的线性序列，如图 4-10(a)所示。

② 树状结构（Tree Structure）：其中的元素存在一对多关系，但不存在多对多的关系，形状像一棵倒置的树，如图 4-10(b)所示。

③ 图状或网状结构（Graph Structure）：其中的元素存在多对多关系，如图 4-10(c)所示。

数据抽象表达式是对客观世界中各种数据的描述方法。数据的逻辑结构数据是静态的，而作用于数据上的操作是动态的，两者结合起来就构成了数据类型。

数据类型的概念最早出现在程序设计高级语言中，用来刻画（程序）操作对象的特性。在高级语言中，每个变量、常量或表达式都有一个所属的确定的数据类型，如整型、浮点型和字符型等（进一步的介绍见 5.2 节）。

总之，抽象数据类型（Abstract Data Type，ADT）是指一个数学模型（对象）以及定义在该模型上的一组操作，如整数类型的对象是整数，对象的操作是+、−、×、÷等。有了抽象数据类型后，程序设计者不用再关心数据是如何存储的、任务是如何完成的，而是关心哪些数据能够完成哪些任务。

下面以队（Queue，也叫队列）为例进一步解释抽象数据类型。许多应用中都会涉及队列，如银行、车站等排队分析。然而，一般编程语言不提供队列类型，所以有两种解决方法：① 针对每种应用编写相应的队列处理程序；② 编写一个队列的抽象类型，可以解决任何队列问题。显然，第二种才是好的做法。

无论是哪种队列，其本质是一样的。首先，队列是一个线性的结构。其次，队列的操作最主要是数据入队和出队如图 4-11 所示，队列的操作为先进先出（First In and Fist Out，FIFO），也就是说，最先进队列的数据将最先出队列。由此可以给出"队列"抽象数据类型如下。

```
ADT  Q              // 定义 Q 为队列抽象数据类型
数据元素             // 可以是同类型数据
```

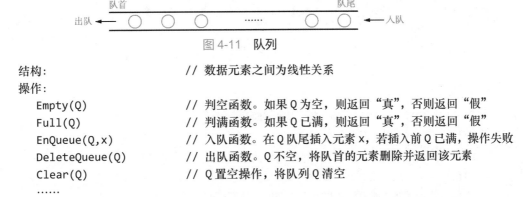

图 4-11　队列

结构:	// 数据元素之间为线性关系
操作:	
Empty(Q)	// 判空函数。如果 Q 为空，则返回"真"，否则返回"假"
Full(Q)	// 判满函数。如果 Q 已满，则返回"真"，否则返回"假"
EnQueue(Q,x)	// 入队函数。在 Q 队尾插入元素 x，若插入前 Q 已满，操作失败
DeleteQueue(Q)	// 出队函数。Q 不空，将队首的元素删除并返回该元素
Clear(Q)	// Q 置空操作，将队列 Q 清空
……	

上述有关队列的抽象数据类型可以应用于许多需要队列应用的系统中，而不用为每个队列应用都专门设计队列程序。

归结一点，数据结构的重要问题是如何应用程序设计语言实现相应的抽象数据类型，也就是：① 对象如何用程序设计语言来表示，即对象逻辑结构的具体实现；② 对象的操作如何实现，即编写相应的函数（程序）。进一步的解释已经超出本书的范围，读者有兴趣的话，可以参考有关数据结构和算法的书籍和资料。

本章小结

算法是求解问题的有限步骤，能够产生结果并在有限时间内结束。程序是算法的实现。

算法的 5 个特性为：确定性，有穷性，有效性，零到多个输入，至少一个输出。

算法可分成两大类：数值算法和非数值算法。

算法有三种基本结构，也是程序的三种基本结构：顺序、分支和循环。实现这种结构的程序设计方法叫做"面向过程的程序设计"或结构化程序设计。这三种基本结构的组合可以表达复杂问题的算法。

程序的主结构是顺序结构。分支结构是根据给定的条件运算的结果，决定执行哪个分支。条件运算的结果为逻辑值（True/False）。循环结构是重复计算过程的结构，有 while 和 do-while 两种基本形式。

算法的表示是把算法以某种形式加以表达，如自然语言、流程图、伪代码等。伪代码是用英语和计算机语言混合描述的算法表示。流程图使用几何图形表示算法从开始到结束的过程。

算法的发现是指寻找问题的算法，可以按照理解问题、设计解决方案、执行并检验这个方案 4 个步骤进行。算法的发现不仅是寻找算法，也需要找到更好的算法。

基本算法包括求和、求积、求最大或最小值、求数位等。迭代和递归都属于基本算法。迭代是使用旧值递推新值的过程，而递归是算法的自我调用。

排序问题是迭代的应用，是将一组原始数据按照递增或递减的规律进行重新排列的算法。选择法和冒泡法是常用的排序方法。

查找算法是把一个特定的数据从列表中找到并提供它所在的位置。

算法的常用方法有贪心法、分治法、动态规划和回溯法等。

算法需要适当的数据表达，以便能够被计算机所处理。抽象数据表达即数据结构，包括逻辑结构、存储结构和对数据的操作；按照结构形式，也可以分为链、表、堆、队列、树等。

抽象（Abstract）就是抽取问题本质，屏蔽细节。抽象具有普适性。

习题 4

一、综合题

1. 请从求解问题、理解问题和程序实现等方面解释算法的意义。

2. 算法的三种基本结构是什么？尝试把图 4-2 和图 4-3 的流程图用伪代码表示。

3. 什么是算法的表示？有哪几种表示方法？伪代码与算法有什么关系？

4. 给出计算一个纯小数位数的算法。

5. 数值计算也需要通过算法加以实现。例如，计算π的公式之一为：

$$6\pi^2 = 1 + \frac{1}{2 \times 2} + \frac{1}{3 \times 3} + \cdots$$

试着用伪代码或者流程图表达这个公式的算法。（提示：可以设定一个精度值作为算法的结束条件。）

6. 给出一个递归算法的例子。

7. 计算 n 个自然数的累加和累积，也可以使用递归方法，请给出累加、累积的递归表达式。

8. 给出一个区分 ASCII 数字和字母的算法（见附录 A）。

9. 给定一个十进制正整数 n，给出计算 n 的各位数之和的算法。例如 $n=123$，它的各位数之和是 6。

10. 给出 4.4.2 节中判断素数的改进算法，使之迭代的次数较少。

11. 给出选择法排序的流程图。

12. 使用伪代码表示冒泡法排序。

13. 计算整数 $n \sim m$ 之间的能够被 3 整除的那些数的乘积，那么算法该如何设计？

14. 使用伪代码表示求 1～1000 之间的偶数之和。

15. 使用伪代码表示求 1～1000 之间的奇数之和。

16. 对下列数据，给出选择法排序每次扫描得到的数据排列结果。

    2　34　7　-1　-100　15　89

17. 对下列数据，给出冒泡法排序每次扫描得到的数据排列结果。

    2　34　7　-1　-100　15　89

18. 对下列数据，给出查找-1 的操作步骤。数据中有两个-1，那么应该如何确定有关算法过程？

    2　34　7　-1　-100　15　89　-1　3

19. 对下列数据，给出折半查找数据 89 的操作步骤。

    -100　-1　2　3　7　15　89

20. 如果有一组数据，包含 100 个数据，比较顺序查找和排序后折半查找过程的效率。如果这组数据有 10^{10} 个数据呢？

21. 求两个正整数 m、n 最大公约数，可以使用下列公式：

$$GCD(m,n) = \begin{cases} GCD(n,m) & m < n \\ m & n = 0 \\ GCD(m, m \bmod n) & m > n \end{cases}$$

其中，mod 是取余数。试着使用伪代码的递归算法实现上述公式。

22. 计算 1+1/2+1/3+……+1/n 可以使用迭代算法，尝试使用伪代码表示的迭代算法实现。

23. 下列循环结构的伪代码如下：

```
Start
    set  count =1
```

```
        while count ≠ 7
            count = count + 3
        end while
        output   count
    End
```
程序输出是多少？试将其改写为 do-while 循环结构，必须确保运行结果完全相同。

23. 比较两个数的大小的伪代码如下：

```
    Start
        input  x, y
        set  dif = x-y
        if dif > 0  then
            output  x
        else
            output  y
    End
```
程序是否能够正确得到输出？如果不能，请改正之。

24. 设等比数列 $s(n)$=1, 3, 6, 9, …

（1）设计一个循环算法，计算数列的第 n 个数。

（2）使用递归算法，计算数列的第 n 个数。

25. 试给出求埃及分数的伪代码表示的算法。

26. 试给出用分治法求金块问题（4.5.2 节）的伪代码表示的算法。

27. 给出表 4-1 所示背包问题的求解算法。

28. 试给出 Fibonacci 级数的动态规划算法。

29. 给出"8 皇后问题"（4.5.4 节）的算法。

二、选择题

30. 算法就是如何将问题分解为计算机可以进行处理的_____。

A. 过程　　　　　　B. 代码　　　　　　C. 语言　　　　　　D. 步骤

31. 从算法实现的角度看，_____就是算法的实现。

A. 算法　　　　　　B. 代码　　　　　　C. 语言　　　　　　D. 程序

32. 算法的_____主要是为了将算法表示为能够用计算机语言来实现的代码。

A. 表示　　　　　　B. 代码　　　　　　C. 语言　　　　　　D. 描述

33. 算法是求解问题步骤的有序集合，能够产生_____并在有限时间内结束。

A. 显示　　　　　　B. 代码　　　　　　C. 过程　　　　　　D. 结果

34. 按照算法涉及的对象，算法可分成两大类，即_____。

A. 逻辑算法和算术算法　　　　　　B. 数值算法和非数值算法

C. 递归算法和迭代算法　　　　　　D. 排序算法和查找算法

35. 算法可以有 0～n（n 为正整数）个输入，有_____个输出。

A. 0～n　　　　　　B. 0　　　　　　C. 1～n　　　　　　D. 1

36. 算法的有穷性是指_____。

A. 算法的步骤　　　　　　　　　　B. 算法的复杂度

C. 算法执行的时间　　　　　　　　D. 算法的结果

37. 算法包括三种结构：_____，也是程序的三种逻辑结构。

A. 顺序、条件、分支　　　　　　　B. 顺序、分支、循环

C. 顺序、条件、递归　　　　　　D. 顺序、分支、迭代

38. 以前一个值为基础计算下一个值的算法称为_____。

A. 递归　　　　　B. 迭代　　　　　C. 排序　　　　　D. 查找

39. 将一组数据按照大小进行顺序排列的算法称为_____。

A. 递归　　　　　B. 迭代　　　　　C. 排序　　　　　D. 查找

40. 在一组数据中找出其最小值的算法是_____。

A. 求最大值　　　B. 查找　　　　　C. 排序　　　　　D. 求最小值

41. 在一组数据中得到某一个值的算法是_____。

A. 求最大值　　　B. 查找　　　　　C. 排序　　　　　D. 求最小值

42. 计算自然数序列的算法可以使用迭代，也可以使用_____。

A. 递归　　　　　B. 插入　　　　　C. 排序　　　　　D. 查找

43. 使用循环结构实现计算 $n!$ 的算法是_____。

A. 递归　　　　　B. 迭代　　　　　C. 排序　　　　　D. 查找

44. 一组无序的数据中确定某一个数据的位置，只能使用_____算法。

A. 递归查找　　　B. 迭代查找　　　C. 顺序查找　　　D. 折半查找

45. 一组已经排序的数据中确定某一数据的位置，最佳的算法是_____。

A. 递归查找　　　B. 迭代查找　　　C. 顺序查找　　　D. 折半查找

46. _____是算法的自我调用。

A. 递归　　　　　B. 迭代　　　　　C. 排序　　　　　D. 查找

47. 如果采用从小的方案推广到大的解决方法的算法，被称为_____。

A. 贪心法　　　　B. 分治法　　　　C. 动态规划　　　D. 回溯法

48. 将一个较大规模的问题分解为较小规模的子问题，求解子问题、合并子问题的解，得到整个问题的解的算法是_____。

A. 贪心法　　　　B. 分治法　　　　C. 动态规划　　　D. 回溯法

49. 分解子问题且子问题有重合的问题求解，较好的算法是_____。

A. 贪心法　　　　B. 分治法　　　　C. 动态规划　　　D. 回溯法

50. 简单归纳为"向前走，碰壁就回头，换一条路走"的算法叫做_____。

A. 贪心法　　　　B. 分治法　　　　C. 动态规划　　　D. 回溯法

51. 通常，回溯法使用_____方法实现。

A. 递归　　　　　B. 迭代　　　　　C. 排序　　　　　D. 查找

52. 具体化的数据表达主要考虑数据的_____。

A. 符号化　　　　B. 数值化　　　　C. 存储　　　　　D. 操作

53. 数据结构包括_____、存储结构和对数据的操作。

A. 循环结构　　　B. 分支结构　　　C. 物理结构　　　D. 逻辑结构

54. 数据结构的目的是提供给用户方便访问数据的途径，实现这个目标的最主要的方式是_____。

A. 循环　　　　　B. 分支　　　　　C. 抽象　　　　　D. 对象

第5章 计算机语言和程序

算法是设计计算过程，程序是算法的实现，因此，计算任务是通过程序完成的。程序用计算机语言编写。第 1 章介绍计算系统时已经简单介绍了有关程序的基本概念，但是程序及其构造程序的计算机语言是复杂的。计算机有很多通用语言，它们都能够编写程序。构成一个复杂的系统需要选择合适的语言。本章介绍介绍计算机语言、程序和程序设计等方面的基础知识。

5.1 概述

编辑文档常用的 Word 的一种叫法是 Word 程序，另一种叫法是 Word 字处理软件。就此而论，程序和软件没什么差别，它们所指是相同的。如同第 1 章中介绍的，现在，在大多数普通用户看来，软件就是程序，程序就是软件。但在专业人员看来，程序和软件是不同的。软件的概念要比程序更宽泛，软件是基于程序以及数据和相关文档的。通常认为，编写程序只是软件开发的一部分工作。当然，软件开发的最终产品是程序。

软件开发是一个过程，软件设计的任务之一就是选择计算机"语言"，以及使用这个语言编写完成任务的"代码"。因此，编写程序（Programming）也被称为写代码（Coding）。

1.2.2 节中介绍了计算机软件的进化，编写程序的语言是从最初二进制码的机器语言进化到今天使用的用接近英语表达的高级编程语言。随着计算机性能的提升和具有的超大存储空间，硬件资源对编程不再有苛刻的限制，使得编程效率大大提高，程序更新的速度很快。

今天的程序是可视化（Visible）的，程序的执行过程、执行结果都可以以图形方式显示，并实现与用户的交互。例如，文件是用大家熟悉的图形、图标来表示，程序运行的界面也相似，菜单、工具、按钮以及对话框都是相同的形状，用户很容易辨识；人类工程学和人类行为学的研究，使得程序越加贴近人的习惯，操作计算机再也不是什么难事了。

为了在计算机中完成某种任务，需要有针对性的软件。对一般性的工作，如写论文需要字处理软件，统计、分析数据需要电子表格软件等。但对特殊用途，通用软件很难满足需要，必须另行开发。因此，世界上有数百万人从事程序编写或叫做软件开发的工作。如果你是普通用户，也许不需要理解程序是如何设计的。因为你不会、也不必自己动手去写程序代码，但你可能需要找人编写自己所从事的工作相关的专门软件，那就应该知道如何给专业人员提出设计要求：这也是程序设计的工作之一。

理解软件、程序和计算机语言比硬件更难。硬件总还有个实物在那儿，而软件的形态则完全是抽象的：无论你看到了什么，绝不是"眼见为实"，它们是"虚"的。因此，"抽象"是软件、程序、语言的共同特点。

5.2 编程语言

程序是被设计出来的。早先的程序员需要很好地理解计算机，尤其是计算机的结构和完成各种基本操作的"计算机指令"，因此被认为是被动的设计，以机器为主。今天的设计思路则完全相反，程序员把注意力集中到求解问题上，并不需要考虑机器的类型和指令，因此这种设计是主动设计，以人为主。这是两种不同的程序设计风格，也叫程序设计范式（Programming Paradigm），更准确地说它是"软件开发范式"。也可以把程序设计范式看成编程的风格和模式。通常，程序设计范式是由选择的计算机编程语言决定的。

程序是计算机进行某种任务操作的一系列操作步骤，这个说法与算法类似。算法是抽象于语言的，是一个通用表达，程序则与具体语言结合，因此在一些专业文献中也将程序解释为"算法+语言"。例如，计算机做一个加法运算，步骤为：输入被加数和加数 → 进行加法运算 → 将加法运算得到的结果，即和数输出。这三个操作步骤可以完成一个加法运算。程序需要与用户交互，因此程序还可以友好地询问用户，是继续运算还是结束。

进一步，选择一种计算机语言并用它实现算法，这是程序设计的一部分工作，另一部分工作是将算法的过程、结果以用户能够理解的方式呈现出来，并实现与用户的交互。用户交互（User Interface）是程序设计研究的重要内容。程序设计需要严格缜密的技术，也需要丰富的想象，要有很好的用户体验。程序设计是一项具有创新性、创造性的工作。

5.2.1 机器语言

CPU 是计算机执行程序的部件，第 2 章中介绍的计算机硬件基础就是基于逻辑电路的状态，通过逻辑电路器件实现算术运行、逻辑判断以及数据传输和控制各种操作的电路信号。这些电路状态又被抽象为二进制码序列，那么 CPU 完成各种操作任务的二进制码序列的集合就是计算机的机器语言。

这些二进制代码序列就是计算指令（Instruction）。指令是处理器硬件完成操作的逻辑形态，又是程序的基础。指令由 CPU 执行，CPU 执行的全部指令就是指令系统，换句话说，指令系统（Instruction Set）是所有指令的集合。程序的最终形态就是二进制代码序列的指令。

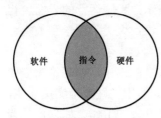

图 5-1　指令作为计算机软件和硬件的接口

指令是计算机硬件和软件的接口，是软件和硬件通过指令交汇，如图 5-1 所示。指令是计算机处理器中的逻辑电路实现的，又是整个程序的最终形态。最早的计算机程序就是由指令的二进制码组成的。

指令与机器的硬件直接相关。不同公司生产的 CPU 的指令系统是不同的，即使同一个公司的系列处理器，其指令系统也不尽相同。例如，Intel 处理器的指令系统以早期的 8086 CPU 的指令系统为基础，统称为 x86 系列。其后，Intel 的 64 位处理器架构技术与 x86 差别较大，称为 x64。不管是哪一种处理器，其功能都是类似的，指令主要有以下几种。

1. 数据传输类指令

数据传输类指令的主要作用是将数据从一个地方（源）传输到另一个地方（目的）。传输的数据长度一般为字节或字节的倍数，如 16 位、32 位、64 位等。数据传输在计算机的各子系统内、子系统之间进行。

2．算术逻辑类指令

算术指令有加、减、乘、除等。有的 CPU 还有浮点运算的指令。逻辑指令有与、或、非、异或等。另一类逻辑操作是移位，如左移、右移等。

还有实现比较运算的指令，如判断两个操作数是否相等、大于、小于等操作。比较操作不改变数据，只是产生一个比较结果。显然，这是程序的分支结构的基础。

3．控制操作类指令

控制操作类指令用于改变程序的执行顺序，有两种：无条件转移和条件转移。条件转移是根据前一个指令的执行状态决定是否转移到新的地址执行，这是循环的基础。

指令系统的复杂程度决定了程序设计的难易。一个用于控制微波炉的微处理器所需要的指令系统可能是简单的，而一个需要进行科学计算的计算机则可能需要像浮点运算这样复杂的指令系统。

显然，机器语言是命令型的，一条指令完成一个基本操作。使用机器语言进行程序设计就是设计一个特定的指令序列，这个序列能够完成解决问题的算法。因此，机器语言编程就是命令型的程序设计范式（Imperative Paradigm）。

机器语言叫做"低级语言"。除非对二进制有着特别嗜好，否则没有人愿意使用机器语言编写程序，哪怕是简单的程序。

5.2.2　汇编语言

机器语言程序是二进制，很难被阅读和记忆。为此计算机科学家用比较容易记忆的文字符号来表示指令，这种符号叫助记符，一般为英文单词或缩写。所有指令助记符的集合以及使用规则构成了汇编语言（Assemble Language）。以下是汇编加法指令的助记符。

```
ADD  A, B
```

其中，ADD 代表加操作码，A、B 分别表示加法的两个操作数，它可以表示为 A←A+B。

用汇编语言编写的程序叫做"汇编语言源程序"。源程序需要翻译为机器码程序，这个过程叫做汇编。最直接的汇编方法是查指令表，指令表列出了指令的机器码和汇编语句之间的一一对应关系，这种方法叫做"手工汇编"。早期的程序员写完程序得自己动手汇编，可见当时的程序设计并不是一件轻松愉快的工作。现在的汇编方式是把源程序交给另一个程序去完成翻译的过程，这个程序就是汇编程序。因此，汇编程序是把汇编语言源程序转换为机器语言程序的程序（读起来有些拗口）。

相比指令码，使用助记符的汇编语言可读性好，但仍然是与硬件密切相关的语言，因此程序移植性也较差：一种 CPU 的汇编语言程序不能在另一种 CPU 的计算机上执行。

汇编语言适合于编写直接控制硬件或要求执行速度快的程序，所以也叫硬件语言。本质上，汇编语言只是将指令的二进制代码使用助记符表示，仍然是一个命令型的程序设计范式。

机器语言和汇编语言使用的是具体的数据表达。这需要设计者很好地理解计算机硬件、计算机存储和指令系统，程序设计的工作效率不高。20 世纪 60 年代出现了高级语言（Higher-level Language），是一种与机器指令系统无关、表达形式更接近被描述问题的语言。正是由于高级语言，程序设计不再是计算机专业人员的"专利"了，程序员只要熟悉高级语言的规则就可以写程序。

5.2.3 面向过程的程序设计语言

高级语言分为面向过程和面向对象两类，面向过程的语言也叫做"强制性语言"或者命令型语言，它的每条语句都是为完成一个特定的任务而对计算机发出执行的命令。编程时，程序员必须知道要遵循的"过程"，过程是由 4.2 节中介绍的顺序、分支和循环结构构成的。

高级语言使用抽象数据表达的数据类型，数据不再与机器和指令密切关联，因此编程者可以专注于算法设计和程序的结构，而不需要考虑它们在机器中是如果存储的。

世界上第一个高级语言就是面向过程的，因此结构化程序设计理论也是因此而生，而程序设计范式的研究也从此开始。常用的面向过程的高级语言有如下几种。

1. BASIC 语言

BASIC（Beginner All-purpose Symbolic Instruction Code）是一种曾经应用很广泛的语言，其设计目的是初学者编程。微软公司就是从 BASIC 语言起步的。

2. Pascal 语言

Pascal 语言以计算机的先驱 Pascal 的名字命名的高级语言。Pascal 语言曾得到计算机学界的好评，但它在工业界从没有得到流行。结构化程序设计思想的起源应归功于它。

3. FORTRAN 语言

FORTRAN（Formula Translation）是 IBM 公司在 1957 年开发的，是第一个计算机高级语言，也是生命力最强的语言，具有高精度、处理复杂数据的能力，至今仍然被用于科学计算和应用工程领域。FORTRAN 有数十个版本，如著名的 FORTRAN77。

4. COBOL 语言

COBOL（Common Business-Oriented Language）于 1960 年问世，其设计目标是商业编程语言。随着技术发展，现在商业程序都使用数据库系统。

5. C 语言

2.2 节中介绍了与 UNIX 同时被发明的还有 C 语言。1989 年，美国国家标准局发布了 ANSI C，这是 C 语言的基础版，也被称为 C89 或 C90。国际标准化组织将其命名为 ISO C，且于 1999 年发布了扩展版的 C99。

C 语言是高级语言，有接近汇编语言的效率，因此被称为"中级语言"。C 语言多被用于系统软件，如操作系统的 Kernel 就是用 C 语言编写的。C 语言多用于编写硬件相关的程序
目前使用广泛的 C++、Java 等语言都是在 C 语言的基础上发展起来的。

6. Ada 语言

Ada 语言是以奥古斯塔·艾塔·拜伦的名字命名的，为美国国防部（DoD）设计的、承包美国军方工程必须使用的语言。Ada 具有实时处理和并行处理能力。

计算机程序设计发展史上有数以百计的各种语言，其中大多数是过程性的。过程语言的程序设计需要分解每步操作，然后选用合适的代码去实现。今天的程序设计技术主流是面向对象。

5.2.4　面向对象的程序设计语言

命令型程序设计范式在很长一段时间内是程序设计的主要方法。20世纪80年代后期，另一种程序设计范式被提出并逐步成为设计设计的主流，即面向对象（Object-Oriented Programming，OOP）的编程方法，也叫面向对象范式（Object-Oriented Paradigm）。OOP带来的最大变化是，计算机界不必为解决应用问题再去发明更多新的语言：近20年来，计算机应用的发展几乎依靠C++、Java等OOP语言，近年来流行的Python语言也是面向对象的。

简单地说，编程就是定义数据，并对数据进行操作得到期望的结果。在OOP中，对象（Object）是一种程序的实例，包含了数据（对象属性，Properties），又包含了处理这些数据的操作（对象行为，Active）。编程者使用对象的属性和行为构造程序，而不需知道对象的细节。例如，我们知道汽车的性能（属性）、汽车的操作（行为）就可以开车了，也就是说，开汽车（对象）不需要知道汽车是如何造的。

面向对象编程运用了类似现实世界的某些规则来构建计算机的程序。OOP使用类（Class）作为程序的基本形态，类中有数据和对数据的操作，对象是类的实例。面向对象编程有如下特点。

① 封装（Encapsulation）：类把对象的属性和操作结合在一起，构成一个独立体。

② 继承（Inheritance）：新建的类可以继承已经存在的类。如果已经有了某个类，其中有我们需要的功能，那么我们不必重新编写，通过"继承"就可以自动获得这个已有类的功能。如果这个类有我们需要的部分功能，继承之后再增加需要的功能即可。现在，每种面向对象语言都有丰富的类库，编程者并不需要为每个功能编写代码，因此继承提高了软件代码的复用性。

③ 多态性（Polymorphism）：指某些对象可以有多种操作行为。简单地说，对象的行为可以同名，面向对象可以根据使用环境加以区分。例如，运算符"-"既有减法功能，也是取负操作，究竟是减法还是取负取决于它的操作数：单个操作数是取负，两个操作数是减。多态性提高了软件的可扩展性。

面向对象的许多概念在1967年的Simula67语言中已有体现，20世纪90年代以来成为图形界面程序的首选。常见的面向对象语言有如下几种。

1. Visual Basic 语言

Visual Basic（VB）是BASIC中引入了面向对象的设计方法，专门为开发Windows应用程序而设计的。2008年，微软宣布结束对VB的支持，主推Visual Studio，支持包括PC、iOS和Android的应用程序开发。

2. C++语言

C++语言是一种对传统的C语言进行面向对象的扩展而成的语言，在C语言的基础上增加了面向对象程序设计的支持。在同类型语言中，C++程序的运行效率最高。

3. Java 语言

Java语言是由Sun Microsystems公司（2010年被数据库软件公司Oracle收购）推出的。Java语言是在C语言的基础上改进而成的，是第一个被市场广泛接受的面向对象语言。

由于平台（操作系统）无关性，Java语言解决了一直困扰软件界的软件移植问题。Java

语言已扩展到各应用领域，能满足产品快速开发的需要，已成为网络程序开发的首选语言，也是目前最多程序员使用的编程语言。Java 语言有多个版本，支持包括 PC、iOS 和 Android 的应用程序开发。

4．Python 语言

前述几种面向对象语言，编程之后经过翻译，就成为了计算机可以执行的程序。Python 语言也可以通过发出命令执行程序任务。Python 语言是 1991 年发布的，也是目前业界最重视的面向对象编程语言，它的最重要的特点是能够把用其他语言编写的程序（如 C/C++）连接在一起（形象地被称为胶水语言）。其简洁性、可扩展性使得 Python 语言在系统任务管理和网络程序中得到应用。Python 语言也提供了大数据处理的许多功能。

5．其他

其他面向对象语言还有很多，如 Delphi、Power Build 等。Delphi 是在 Pascal 基础上发展而来的，也是开发 GUI 应用程序很好的工具。Power Build（PB）具有快速开发程序的特点。严格意义上讲，它们是"面向对象工具语言"。

5.2.5　其他语言

除前述命令型程序设计范式和面向对象程序设计范式外，其相关的编程语言都是通用语言。还有两种程序设计范式：函数型、说明型，它们相关的编程语言也叫做函数型语言和说明型语言，都有专用性。

1．函数型语言

4.4.3 节中介绍了函数（Function）的概念。函数也被认为是一种程序设计方法：函数接受输入，执行函数任务后输出函数结果。函数的输出是可以是另一个函数的输入，通过这种结构，就可以构成设计者期望的整体的输入-输出关系。这种类型的程序设计过程就是构造函数的嵌套，没有通常的变量和赋值一类操作，也没有程序的循环结构，通过递归实现函数的重复调用。

函数型语言主要有 ML、LISP 和 Scheme 等。ML 语言取自 programMming Language，它不是纯函数型语言，允许指令编程。LISP（LISt Processing）语言是人工智能研究先驱 MIT 的 John McCarthy（麦卡锡）主导开发的，是一种表处理格式的函数型语言，适用于符号处理、自动推理、硬件描述和超大规模集成电路设计等。LISP 语言已成为最有影响，使用十分广泛的人工智能语言。Scheme 由 LISP 派生而来，曾是 MIT 的计算机编程入门语言。

目前，在大数据处理中广泛使用的 MapReduce 就是函数型语言。本书将在 8.6 节中介绍。

2．说明型语言

说明型程序设计范式（Declarative Paradigm）也叫逻辑程序设计范式（Logic Paradigm）。说明型语言也叫逻辑语言，被用于根据逻辑推理的原则回答问题。例如：

结论：　中国人说汉语 → 真（True）
　　　　张先生是中国人 → 真（True）

推论:　　　张先生说汉语 → 真 (True)

张先生说英语 → 假 (False)

分析发现,这个推论应受质疑:如果张先生是在国外出生的,他未必会说汉语。因此,被推理的事实的正确性还不足以使它的推论也正确,推论还取决于被推理的事实的完整性。

最著名的逻辑语言是 PROLOG(PROgramming in LOGic),它也是人工智能应用程序的编程语言之一。PROLOG 语言编写的程序并不是由编程者决定程序的执行顺序,而是由执行程序的计算机决定,是一种说明型的程序,给出问题的描述,计算机根据问题寻找合适的答案。因此,PROLOG 语言中没有算法的逻辑结构,编程者关心的不是算法,而是对问题的描述是否准确。

3. 超文本链接标记语言 HTML 和 XML

1.6 节中提到过超文本链接标记语言(HyperText Markup Language,HTML),也叫网络编程语言。与传统的编程语言不同,HTML 是一种格式化的指令,浏览器解释这些特殊格式从网络获取信息。因此,浏览器是 HTML 的解释器。

XML 叫做可扩展标记语言(eXtensible ML),由微软提出,用于网络系统间的交换数据。XML 已成为了公共标准。更多的相关内容请参见本书 7.4 节。

4. 数据库编程语言 SQL

SQL(Structured Query Language)在关系型数据库编程方面成为标准,它是一种结构化查询的语言,本书将在本书 6.3.3 节中介绍。

5. 基于组件的程序设计

COM(Component Object Model,组件对象模型,简称组件)概念是微软提出的,从本质上讲,组件技术属于面向对象的程序设计技术。

COM 也称为中间件,有专业公司从事中间件的开发、销售。一个新的应用系统的开发不必按照传统的方法进行所有代码的编写,可以通过组件进行"组装"软件。COM 技术有利于快速开发、降低成本、增加程序灵活性。

5.3　程序的程序:翻译系统

计算机只能执行机器语言程序,所以必须将其他语言的程序"翻译"为机器指令程序。语言翻译程序和操作系统一样,是系统软件的重要部分,也是最早形成市场的软件产品。

计算机语言是一种符号系统的规则,各种符号构成了表达式和语句,需要翻译系统解释这些符号。因此,某种语言实际上是指这个语言的翻译系统。有意思的是,"翻译程序"本身也是程序,它的任务是把其他语言程序翻译为机器语言程序,因此翻译系统被称为"程序的程序"。本节所述的语言翻译系统是指针对高级语言的。

用高级语言编写的程序通称为源程序(Resource Program),翻译后的机器语言程序叫做目标程序(Object Program),如图 5-2 所示。

图 5-2　　程序的翻译系统

翻译程序包括编译程序（Compiler，也叫做编译器）和解释程序（Interpreter，也叫做解释器）。

1．解释程序

解释程序对源代码中的程序进行逐句翻译，翻译一句执行一句。这与"同声翻译"的过程类似。问题是，重新执行这个程序就必须重新解释。另外，因为是逐句翻译，语句执行需要等待翻译过程，所以程序运行速度较慢。

解释程序每次翻译的语句少，所以对计算机的硬件环境如内部存储器要求不高，在早期的计算机存储器容量很小的背景下，解释系统被广泛使用。

Java、Python 语言都使用解释系统。不过，很多计算机语言的编程环境也是使用解释系统的。几乎所有的语言系统都支持生成可执行文件。

2．编译程序

如果翻译的结果是生成可执行文件，那么这个系统是编译型。一旦编译完成，所生成的可执行文件（大多是 EXE 文件）就可以被单独执行，与翻译程序无关。编译模式有点像把一本外文书翻译为中文版，读者可直接阅读中文书，这已经与翻译者没什么关系了。

使用编译系统的程序执行效率较高。

翻译系统是一个十分复杂的程序系统，它就是程序设计语言，是一个语言加工流水线，被加工的是源程序，最终产品是目标程序。

今天程序员都使用 IDE（Integrated Developed Environment，集成开发环境）编写程序。IDE 把编写代码、程序翻译、调试等功能集成在一个程序中。C/C++、Java 等都有 IDE，如 Eclipse、BlueJ、Turbo C、Dev C++、Visual C++等。

翻译系统有发现错误的功能，但只能发现错误的语句和表达，并不能发现算法错误。前者是语言问题，后者则是逻辑问题。程序逻辑是程序设计者的任务。

计算机科学家们致力于研究"自动生成程序"系统，把问题和期望得到的结果告诉系统，系统就能够自动编写出程序。这是一个很好的理想，目前还只是理想。

5.4　高级编程语言

现代程序设计技术已经使得"编程"的概念被淡化。编程工具以及强大的集成开发环境使得程序员从代码编写中被解放出来，进而更关注程序逻辑。尽管如此，几十年来程序设计技术的发展并没有改变程序设计的基本概念。本节介绍高级语言的基本概念，以便进一步认识计算机程序。

5.4.1　数据类型

数据存放在存储器，因此需要标识数据的存放位置。计算机语言以一种形式化的方式定义数据，即抽象化的数据类型。高级语言通过标识符（Label）表述运算对象的名字（类似于数学中的变量），标识符有其规范，如区分大小写、使用英文单词，使程序代码易于阅读。

如 2.5.3 节所述，计算机存储单元的重要特点之一是它的复制性。除非重新存入，否则存储器的读取操作不会改变原数据。这是理解计算机数据特性的基础。

1. 数据类型

程序设计语言需要给参与运算的各种数据定义其类型，每种数据类型（Data Type）都有固定的存储字节数。一般，高级语言的基本数据类型有 3 种：整型、实型和字符型。

整型即整数类型，通常有整型（Integer）和长整型（Long Integer）两种，也有将字节作为整型的。ANSI C 的整型为 2 字节，长整型是 4 字节，Java 语言则分别为 4 字节和 8 字节。不同版本的编译器对整型数据分配的内存单元长度可能是不同的。

实型，也就是浮点数，有整数和小数两部分。大多数语言有单精度（float）和双精度（double）两种浮点数，C 语言和 Java 语言的单、双精度数分别为 4 字节和 8 字节。

字符型（char，即 character）指 ASCII 字符，C 语言用 1 字节表示。例如，字母 A 的 ASCII 值为 65，而 a 的为 97，与键盘上的数字键 0～9 对应的 ASCII 值为 48～57。Java 语言使用 Unicode16 标准，使用 2 字节表示字符，其值也是 ASCII。

还有一些语言，如 Java 语言，有逻辑数据类型（Boolean），有的还有货币、日期/时间等类型。语法规则要求运算对象的数据类型保持一致，如果不一致，则按规则强制转换。设计者应知道类型转换将带来的精度改变和结果的不同。

2. 常量

常量（Constant）意味着在程序执行过程中，其值将保持不变。这与数学中的"系数"概念差不多。程序中的常量有两种：文字常量、符号常量。文字常量也叫数字常量，如 1、2、12.3 等。符号常量是通过给某个标识符定义为一个固定值，在程序中这个标识符的值是不可改变的。

例如，C 语言中的"const float　PI=3.14"，Java 语言中的"final float　PI=3.14"，都是将标识符 PI 赋值 3.14，程序使用 PI 这个符号就等同于使用常量 3.14。符号常量增加了程序的可读性，也方便对常量进行修改操作。

3. 变量

变量（Variable）就是可以被改变的量。程序使用标识符代表变量的内存位置，程序员只需对这个变量进行赋值、运算即可。如前所述，计算机内存单元是一个容器（Container），它允许变量的运算出现"x=x+y"的形式。

变量在使用之前需要对其先行定义类型。有些语言，如 Java，规定使用变量之前必须先给这个变量赋一个初值，而 C 语言没有这个要求。

4. 字符串

字符串（String）也叫做文本类型，是指一组字符，也是构造类型。C 语言通过字符数组构造字符串，Java 语言则将字符串构造为一个对象。

5. 数组

为了进行复杂运算，需要有更多的数据类型。高级语言都可以将基本类型组合成的新的、复杂的数据类型，一般被称为构造数据类型，或者派生数据类型。

数组是各种编程语言中都有的构造数据类型，使用一个变量名代表一组相同类型的数据，并以下标的形式区分数组中的每个数据元素。在内存中，数组中的数据按顺序存放。例如，C 语言定义一个一维整型数组使用的格式为：

```
        int   a[10];
```

a 是数组的名字，数组中的元素的个数为"[ ]"中的数字，int 表示 a 数组中的所有元素都是整型。多维数组可以通过多个"[ ]"来表示。

虽然数组被整体定义，但程序使用的是数组元素，即由下标（Index）确定数组元素的位置。C、Java 语言的数组下标从 0 开始。例如，10 个元素的数组，它们的下标从 0 开始，最后一个下标是 9。FORTRAN 则规定数组下标从 1 开始。

6. 结构和指针

结构和指针主要是 C 语言中使用的构造数据类型。C 语言通过一个结构名（使用关键字 struct）定义不同类型的数据组合，如学生的数学成绩可以定义为：

```
struct math_ score{               // 结构名 math_score
    int   student_ID;             // 学生学号
    char  name[20];               // 学生姓名
    float  score;                 // 成绩
}
```

结构名 math_score 是新定义的一种数据类型，可以被用于定义一个结构变量，如同使用整型类型去定义一个整型变量。这种表达能够组成更复杂的数据记录。

C 语言中还有一种数据类型为指针，它是一种对变量的间接访问方式，存放的是数据变量的地址。这有点像某种访问安排：如果要访问某人，要么直接找到人（变量访问），要么找到这个人的办公室地址（指针访问）。

指针是 C 语言特色，允许程序直接访问存储器和 I/O 地址，这使得它在系统软件（如操作系统）设计方面具有无可替代的作用。也正是如此，指针也被认为 C 语言具有不安全因素，因此 Java 语言就取消了指针，目的是让程序不能直接对硬件操作，以提升系统的安全性和通用性。

使用基本数据类型和构造数据类型还可以进一步构造更复杂的数据结构，如数据结构中的链表、队列、树等，本书不再进一步讨论。

5.4.2 基本语句

面向对象或过程是程序设计的方法学。无论面向对象还是面向过程，语言的基本要素都是必须的。如上述数据类型、变量、常量和构造数据类型，以及基本语句等，都是构成编程语言的基本要素。计算机高级语言中的语句使用的是英文词汇。

语句（Statement）是使程序执行动作的命令，如输入或输出一个数。语句被翻译程序翻译成一条或几条指令。基本语句并不多，如 C 和 Java 语言的基本语句只有赋值语句、分支语句、循环语句、控制语句、返回语句等几种。通常，每条语句都是单一的，必要时可以使用复合语句或语句块（Statements Block），使用"{}"或者标识符将一组语句定义为一个整体。

1. 赋值语句

变量定义后，就可以使用这些变量。最基本的变量操作就是赋值语句（Assignment Statement），它将一个值赋给一个变量，确切地说，是将这个值存入到这个变量名所代表的存储单元中。在 C、C++、Java 等语言中，使用赋值号"="建立赋值语句，例如：

```
        x=3;
```

而在其他语言中，赋值号有":="（Ada 语言）、"<-"等。

赋值语句看起来很简单，但它的规则很严格。例如，赋值号左边只能是变量，赋值号右边可以是变量、常量、运算表达式或者函数运算等，但其运算结果必须能够被赋值号左边的变量所接受。如果赋值号左边变量类型为整型，而其右边的运算结果类型为浮点型，就会导致错误，除非进行强制转换。

2. 表达式

高级语言有一系列的运算符号用于定义各种运算，如算术运算有加、减、乘、除、求余等，逻辑运算有与、或、非、异或，关系运算有大于、小于、等于，还有二进制位运算等。这些运算符组成了不同结构、不同运算顺序的表达式（Expression），因此表达式也要有运算顺序、运算结果类型等规则。

多种运算符组成的表达式一般按照算术运算、关系运算、逻辑运算的优先级顺序，同时单目运算优先于双目、多目运算。单目运算是指运算符只有一个操作对象，如负号操作，大多数运算都是双目的，如算术运算。

3. 返回语句

如果将重复使用的代码作为函数来构造，通过调用（Invoke/Call）来使用函数。被调用的函数需要将运算结果返回到调用程序，就需要使用返回语句。

4. 输入、输出语句

输入、输出操作的复杂性使得语言并没有输入、输出语句，而输入、输出功能是以"函数"的形式提供给编程者使用的，习惯上也被称为语句。

系统提供的函数是语言开发者编写好的、被经常使用的公共代码。大多数语言提供了很多调用函数，如数学函数、输入/输出函数、文件操作等。这种做法极大地提升了编程的效率，也实现了代码的重用，参见本书 5.4.5 节。

5. 转移语句

转移语句，也就是著名的 goto 语句。goto 语句将改变程序执行的顺序，转移到 goto 语句标记的语句位置。程序设计方法学认为 goto 是有害的，容易使程序陷入混乱而难以找到问题所在。在目前的程序设计中，尽管也有 goto 语句，但往往都很小心地使用。

5.4.3　分支语句

4.3 节中介绍了算法的逻辑结构。通用程序设计语言都有实现这些结构的语句。例如，实现分支结构的语句即为分支语句：根据条件决定程序下一步该执行程序的哪一个语句或语句块。分支语句也叫选择语句，其形式如下：

```
if(expression)
    statement (statements block) 1
else
    statement (statements block) 2
```

分支语句是根据 if 后的表达式的结果决定执行哪一个语句或块。如果表达式的值为真（True），执行 Statement1，表达式的值为假（False），则执行 Statement2（见 5.3 节）。大多数程序设计语言的条件语句有多种形式。if-else 后的语句如果也是条件语句，就会构成多分支语句。

C/C++、Java 语言等都有多分支语句，格式如下：

```
switch(expression) {
    case value 1: statement1;
    case value 2: statement2;
    ……
    case value n: statementn;
    default:        statement;
}
```

用逻辑图表示多分支的条件语句如图 5-3 所示。

图 5-3　多分支语句

程序根据关键字 switch 后的表达式的值决定执行哪一个分支，如果表达式的值与 case 后的值没有相同的，则执行 default 后的语句。这里的表达式的值可以是数，也可以是字符。因此，如果一个表达式的值可能有多个，那么 switch 多分支语句结构就显得很清晰。

注意，不同的语言的分支语句 if 后面的"表达式"有不同的含义，如 C 语言中的 if 表达式可以是任意表达式，而 Java 语言要求 if 表达式的值为逻辑型。

5.4.4　循环语句

实现循环结构的语句为循环语句。大多数高级语言有多种循环语句，如 C、Java 语言有三种基本循环语句，Java 语言还有扩展的循环语句。

1. while 语句

实现 while 循环的是 while 语句，格式如下：

```
while (loop condition) {
    loop body
}
```

loop body（循环体）可以是一条或多条语句，如果是多条语句，应使用复合语句。loop condition（循环条件）是一个判断语句，只有条件满足时执行循环体，否则结束循环。

2. do-while 语句

do-while 实际上是 while 语句的一种改进：

```
do{
    loop body
} while(loop condition)
```

与 while 语句相比，do-while 语句是先执行循环体再判断循环条件，因此循环体总是被执行的，至少会被执行一次。

当循环次数无法确定时，使用 while 或者 do-while 语句，那么循环体必须有改变循环条件的操作，否则会导致循环不能被终止。

3. for 语句

for 循环语句与 while、do-while 是类似的，不同的是，对循环控制使用的变量的初始化和终止条件、修改循环控制变量都设置在一个特定的结构中：

```
for (initial; loop condition; modify){
    loop body
}
```

initial 是循环的初始条件，而 loop condition 作为循环条件，满足条件执行循环体，否则结束循环。每执行一次 loop body，需要修改（modify）循环控制变量。

for 常用于循环次数已经确定的情况。大多数迭代程序、数组操作都与循环有关。

在程序设计学中，通常把分支、循环语句实现的功能称为程序的控制结构。

有意思的是，尽管不同程序设计语言实现控制结构的语句有多有条，但理论上只要很少的语句就可以实现所有程序的结构，这个问题将在本书第 9 章中介绍。

5.4.5 函数和方法

如果程序员需要编写完成任务的所有代码，则意味着有很多人重复做着别人做过、也正在做的工作。显然，这不符合现代工业化生产的效率原则。因此使用公共代码就成为一种自然的选择，这些公共代码就是函数或者方法。大多数语言中使用"函数"（Function）一词，"方法"为 Java 中使用的词汇，其意义同"函数"。

所有语言提供了大量的常用函数，编程者需要使用这些函数时调用即可，如图 5-4 所示。

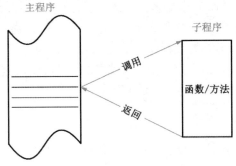

图 5-4 函数/方法的调用过程

函数就是子程序。主程序的调用语句（Call）中包含子程序的名称和参数。子程序执行结束后，通过返回语句回到主程序。图 5-4 所示的主程序、子程序的结构有助于我们理解这种调用过程。

主程序调用中给出的参数被称为"实际参数"（Actual Parameter，简称实参），子程序与之对应的那些参数叫做"形式参数"（Formal Parameter，形参）。语言规范要求实参和形参之间的类型、数量、顺序都要保持一致。

参数的传递在设计调用过程时，需要清楚地知道调用过程对参数的影响。程序中有两种类型的参数传递。一种是值调用（Passed By Value），即调用是把实参的值传送到形参。值调用被认为是最安全的方法，因为主程序、子程序之间不存在互相干扰其变量的变化，程序设计者能够准确把握到变量的变化状态。

另一种类型的参数传递叫做引用调用（Passed By Reference），是将实参地址传递给形式参数。对执行诸如排序操作的调用过程，引用调用返回的是排序的结果，这是程序设计者所希望的。当然，引用调用在主程序和子程序之间对变量产生相互影响，要求程序设计时必须仔细把握。

事实上，图 5-4 所示的子程序也能再去调用其他子程序，这就实现了多重的调用过程，程序按照调用的相反顺序返回上一级调用程序，这种结构被抽象为堆栈（Stack），数据操作是"先进后出"（First In Last Out，FILO）或者"后进先出"（Last In First Out，LIFO），与4.6 节中介绍过的队列的数据结构正好相反。堆栈也是算法、程序设计中最重要的数据结构之一。

如果一个函数（程序）中有调用自己的语句，这个函数就是递归函数。

5.5　怎样编写程序

程序设计不仅是编写程序代码，也是一个系统过程。通常，这个过程分为理解问题、设计方案、编写代码、测试、编写文档以及运行和维护等 6 个步骤。

1．理解问题

理解问题就是程序说明，是对问题的描述：明确、清晰地对需要解决的问题进行定义。这是程序设计的首要的任务。一个组织得好的程序项目，花在这个阶段的时间应该占到整个程序开发设计时间的 25%～30%甚至更多。

理解了问题就知道了这个任务需要的投入，包括人、财、物。很少人只为自己写程序，大型程序也不是凭一人之力可为的。程序设计中有个指标叫做"人月"，是指这个程序需要的人和时间的关系。通常，10 个人月是指一个人 10 个月可以做完。当然，10 个人 1 个月未必能做完，因为人与人之间协调有时间上的开销。

2．设计方案

确定了问题后，就要设计具体的解决方案，一步一步地设计解决问题的过程，并使用合适的算法表达。这就是算法设计。

设计阶段需要考虑将问题具体化。例如，如何得到输入数据，有哪些类型的数据，使用什么文件存储格式，系统如何输出数据，输出的数据类型是哪些等。

这个阶段要确定采用哪一种编程技术，即选择语言。有一个经常被问到的问题是：究竟哪一种语言好，是 C 还是 C++，还是 Java 或其他语言？这是一个没有答案的问题。不同的语言有最适合的应用，但通用语言是适合大多数编程任务的，如果是特殊的应用，则应选择针对性更强的专用语言。选择语言很大程度上取决于编程者对语言的熟悉程度。

3．编写代码

这个阶段就是用所选择的编程语言，按照设计过程中形成的算法具体编写代码。当然，编程者需要对这个语言的规则、语法都很熟悉，这样才能很好地完成任务。

4．测试

程序设计复杂，程序测试也复杂。直到今天，还没有一个没有错误的程序，因此测试是"测试程序中的错误，而不是测试使得程序中没有错误"。

语法测试在编码过程中由编写者完成了，这里的"测试"是对准备交付的程序测试。也有测试用在设计过程中的。在算法的发现中（4.3 节），最后一步是方案检验（Looking Back）。程序是算法的实现，因此测试也是检验设计。如果测试发现程序没有正确地实现算法，就需要找到错误并纠正错误，因此测试和纠正交错进行，直到所有运行正确为止。

常用的测试方法有黑盒、白盒两种。黑盒测试是只看输出是否为预期，也叫 β 测试。白盒测试是专业测试，把一组特意设计的数据让程序执行，测试程序是否按照设计流程要求执行。还有一种是介于黑白之间的"灰盒"测试，读者能够明白它的意思，这里就不再赘述。

5．编写文档

也有观点认为，编写文档不是一个程序设计流程的独立部分，文档是在上述各过程中形成的。但无论如何，文档的重要性不能被低估。现在也许不需要编写使用文档即用户操作手册了，但程序文档还包括设计文档、编程及测试过程中形成的文档。

设想一个有数万行代码的程序，如果没有设计文档，几乎不可能弄清楚它是如何设计出来的。另外，程序测试、后期维护，文档是必需的资料。

程序文档应该做到能够解释程序是如何被设计的，以及程序中使用的方法和各种代码的含义。程序文档有编写要求，这是由软件工程给出的规则。

6．运行和维护

这是程序开发流程中的最后一步。编写程序是为了应用，大型系统需要对编写好的程序在实际运用环境下，进行软件安装、配置系统（软件、硬件），甚至需要大量的时间进行数据准备等。

随着时间的推移，原有软件可能已满足不了需要，这时就要对程序进行修改甚至升级。

5.6 软件工程

软件和程序之间的差异慢慢地被模糊化了。上述编程步骤，如果将程序换成软件，其意义同样可以被理解。因此就编程的角度，软件和程序的差异的确不显著。但是，软件涵盖的范围更广，正如我们在本书的开宗明义所述的那样，计算机除了硬件之外的所有东西都是软件。软件的复杂性还在于它需要解决的问题的复杂性，尤其是越来越多的大型应用系统。20多年前，软件的市场就超过了硬件！因此，庞大、复杂的软件需要工程方法对开发进行管理。本节简要介绍软件工程的观点和方法，以帮助读者理解软件的复杂性。

1．软件生命周期

20 世纪 60 年代开始，计算机开始大规模使用集成电路，硬件成本快速下降。高级语言的广泛使用催生了软件这个产业，且得到了飞速的发展。但是软件的复杂程度被低估，软件开发遇到了危机：当时在美国，有 75% 的软件要么是没有开发完成，要么是开发后不能投入使用。50 年后的今天，这个问题依然存在，不能如期交付的、交付运行后出现错误乃至系统崩溃的例子仍存在。

软件危机表现在：开发成本上升，质量却没有提高；软件错误不但难找，且更难消除；为消除软件错误，不得不进行修补，而修补本身又产生新错误，大约有超过 15% 的错误是修补产生的。作家 Douglas Adams 说过："可能出错和不太可能出错的差别就在于，不太可能出错的事情发生时，事情常常很难补救或挽回。"这话用在软件上非常贴切。

1968 年首次有了"Software Crisis（软件危机）"和"Software Engineering（软件工程）"的概念，人们开始认识到软件开发的复杂性，认为应该像传统的大型工程管理那样，去管理软件开发。此后，软件工程成为计算机学科中一个备受重视的研究领域。

多种软件工程方法被用于软件开发中，典型的有软件生命周期法。与工业产品一样，软件也有一个生产、使用和消亡的过程，这个过程被称为软件的生命周期（Life Cycle）。软件生命周期总体上包括软件分析、设计、实现和维护等过程。当新的系统替代原系统后，原系统的生命周期也就结束了。我们熟悉的 Windows 就不断重复着这个过程。

还有其他多种方法，如软件原型化方法、面向对象建模方法、软件重用和组件连接等。限于篇幅，不再介绍。

2．软件开发模型

模型是工程中最常用的技术。软件开发模型（Software Development Model）是软件开发过程中各项任务的架构，通过一整套的规则、规范，使开发过程能够顺利进行，保证开发获得成功。很多模型被用于开发过程。

（1）瀑布模型

5.5 节介绍的编程步骤就被称为"瀑布模型"（Waterfall Model）模型。软件开发过程从问题描述到运行维护，自上而下，如瀑布流水一般。由于它的线形特点，下一个过程必须在上一个过程结束的基础上，如编写代码前，设计工作必须完成。它的缺点是缺乏灵活性，无法解决软件需求不明确的问题。

（2）增量模型

增量模型（Incremental Model）又称为演化模型（Evolving Model）。软件在该模型中是"逐渐"开发出来的。开发人员先开发出一部分程序，向用户展示，用户提出修改意见，不断完善，最终获得满意的软件产品。增量模型具有较大的灵活性，适合软件需求不明确、设计方案有一定风险的软件项目。增量模型中，软件开发是一个迭代的过程，如图 5-5 所示。

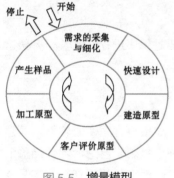

图 5-5　增量模型

（3）RAD 模型

RAD（Rapid Application Development）模型也叫 RAD 方法，强调极快的开发速度，以

较短的开发周期开发软件，主要用于大型信息系统的开发。

其他模型还有许多，如转换模型、喷泉模型、编码－修正模型、智能模型等。无论哪种模型，完成开发任务所需的每个步骤都是必须的，无非是在这几个步骤之间进行科学、合理的安排，使开发工作适合开发项目的特点和要求，提升开发效率。

3. 软件项目管理

不管采用哪种开发模式，使用何种开发模型，按照工程学原理，同样需要管理。统计表明，软件开发失败的主要因素往往不是技术问题，而是管理不当导致的。一个多人参与的开发项目，往往大部分精力花在了彼此的协调上。因此，项目管理不但要保证项目开发的顺利进行，而且要提高开发效率。

项目管理（Project Manage，PM），简单地说，就是"对项目进行的管理"，这也是其最原始的概念。项目管理属于管理范畴，其管理对象是项目。进一步延伸这个概念，可以把项目管理定义为：把各种知识、技能、手段和技术应用于项目之中，以达到完成项目的要求。

软件工程经过多年的发展，已经有了一套较为完善的管理的理论和方法，如项目过程管理和有效管理等。

① 项目过程管理。软件项目管理围绕项目计划、组织、质量、费用、控制、进度等任务展开。项目管理者并不对资源的调配负责，而是通过各职能部门调配并使用资源。

② 有效管理。有效管理指管理人员（People）、产品（Product）、过程（Process）、项目（Project）4 方面，简称 4P 原则或 3P 原则：人员、问题（Problem）和过程。人员管理包括建立有效的开发团队，鼓励充分的沟通交流和积极的团队精神。有效管理能够充分发挥软件人员的创新、创造力。

软件人员的创造力到今天还是一个热点话题，这是程序员职业的特性决定的。

本章小结

软件、程序、语言之间的关系：语言编写程序，程序和文档就是软件。抽象是软件、程序、语言的共同特点。

高级语言已成为程序设计语言的主要选择。

程序是算法的实现。

指令就是计算机执行的最基本的操作，指令系统是所有指令的集合。

指令与机器的硬件直接相关，指令及指令系统是计算机硬件和软件的接口。计算机指令系统中主要有三类指令，分别是数据传输类、算术逻辑运算类和控制转移类。

指令是程序的基础，也是计算机的机器语言，计算机只能够执行机器语言程序。

汇编语言使用助记符表示指令。

高级语言与机器无关，是更接近被描述问题的语言，分为面向过程和面向对象两种。

面向过程的高级语言的语句是对计算机发出执行的命令，C 语言面向过程语言。

对象是一种程序的形式，包含了数据和处理这些数据的操作。面向对象具有封装、继承和多态的特点。常用的面向对象语言有 C++、Java、Python 等。

还有各种其他类型的语言，如函数型语言、说明型语言、超文本语言等。

高级语言源程序需要经过翻译程序翻译为机器语言程序。翻译系统有两种：解释程序和编译程序。

高级语言有变量、常量及各种数据类型。基本数据类型有整型、浮点型和字符型。

常量是程序执行中不变的量，而变量的名字（也叫标识符）代表的是变量的内存位置。

构造数据类型是基本类型和数据结构组成的新的、复杂的数据类型，如数组等。

高级语言有基本语句、分支语句、循环语句。函数或方法是公共代码子程序。函数调用是主程序将参数传递给子程序，参数调用包括值调用和引用调用。

程序设计是一个系统过程，包括理解问题、设计方案、编写代码、测试、编写文档以及运行和维护等 6 个步骤。

软件工程是指运用工程管理的方法和技术管理软件开发。软件的生命周期是指从软件的生产、使用直到消亡的全过程。软件开发已经工程化，因此有各种管理开发的方法和技术用于软件开发，如软件项目管理的方法。

习 题 5

一、问答题

1. 什么是程序和程序设计？

2. 什么是程序设计范式？有几种程序设计范式？

3. 指令、指令系统、程序、机器语言、汇编语言这些名词所指的意义是什么？它们之间有什么关系？

4. 什么是面向过程的程序设计？什么是面向对象的程序设计？

5. 函数型语言有什么特点？

6. 逻辑型语言有什么特点？

7. 解释系统和编译系统各有什么特点？

8. 一般，高级语言有哪几种数据类型？如何理解各种数据类型的表示范围？

9. 什么是常量？有几种常量？

10. 什么是变量？变量的实际意义是什么？如何理解"a=a+b"这样的变量操作？

11. 什么是构造数据类型？程序如何使用数组？

12. 赋值语句的规则是什么？如何确定表达式中的运算符的优先级？

13. 什么是复合语句？什么是返回语句？什么情况下使用返回语句？

14. 什么是分支语句？

15. 循环语句有几种？各有什么特点？

16. 什么是函数或方法？哪种语言使用函数，哪种语言使用方法？函数与方法的意义有什么差别？

17. 程序设计一般需要经过哪些步骤？

18. 叙述软件开发和程序设计之间的差别和相关关系。

19. 软件测试的目的是什么？有几种测试方法？

20. 什么是软件工程？什么是软件的生命周期？有哪几种主要的软件开发模型？

21. 什么是软件项目管理？

二、填空题

22. 可以把程序设计范式看成编程的风格和_____。通常，编程范式是由选择的编程语言决定的。

23. 程序是_____的具体实现。

24. 指令就是计算机执行的最基本的操作，_____是所有指令的集合。

25. 计算机指令系统中主要有三类指令，分别是_____类、_____类和控制转移类。

26. 指令是计算机硬件和软件的_____，也就是说，软件和硬件通过指令交汇。

27. 不管使用何种计算机语言编制的程序，最终在计算机中被执行的那个程序就是_____。

28. 用汇编语言编写的程序叫做_____，是面向计算机硬件的程序。

29. 高级语言分为面向_____和面向_____两种。面向_____语言被称为强制性语言或者命令型语言。

30. 常用的面向对象的高级语言有 BASIC、_____、Pascal。面向对象的高级语言有 VB 和_____、_____、Python 等。

31. 面向对象的程序设计有 3 个主要特点：封装、_____、_____。

32. 面向对象技术是将数据即对象的_____和对数据的操作即对象的_____结合在一起。

33. 如果一个函数的输出是另一个函数的输入，整个程序功能全部由函数实现，这种语言称为_____。

34. 如果程序执行时只需给出问题的描述，由程序寻找最合适答案，这种程序设计的范式称为_____。

35. 高级语言编写的程序通称为_____程序，翻译后的机器语言程序叫做_____程序。

36. 解释程序对源代码中的程序进行_____翻译，翻译过程和执行过程同时进行。而编译程序对源程序是_____翻译为目标程序，产生可执行文件。

37. 编译系统能发现不合法的语句和表达，这是语法和表达性错误，如果是_____，则不能被发现，这属于逻辑问题。

38. 在 C、Java 等高级语言中，通常用标识符表示的_____代表内存位置，而_____是程序执行过程中不会改变的量。

39. 高级语言中常见的基本数据类型有_____、_____、_____。

40. 常量有两种，一种是文字常量，另一种是_____。

41. 在高级语言中，将基本类型组合成的新的、复杂的数据类型称为_____数据类型或派生数据类型，如数组。数组是_____类型元素的集合，程序通过_____使用数组。

42. 高级语言中的语句有_____、表达式语句、_____、转移语句、_____、分支语句、循环语句等。

43. 多种运算符组成的表达式一般按照_____、关系运算、逻辑运算的优先级顺序。

44. _____是一段独立的程序代码，是语言开发者编写好的、被经常使用的公共代码。

45. 一种多分支语句使用的关键词是_____。

46. 循环语句常用的有 3 种，分别是_____、do-while 和_____。通常，如果循环次数能够确定，使用_____语句。

47. while 和 do-while 语句对循环体的执行有所不同，不管循环条件如何，循环体至少有一次被执行的循环语句是_____。

48. 程序设计过程通常分为理解问题、_____、_____、测试、编写文档以及_____等 6 个步骤。

49. 测试是寻找程序中的错误，常用的方法有_____测试和_____测试。

50. 软件工程的开发模型主要有_____模型、增量模型、_____模型和 RAD 模型等。

51. 软件生命周期是指软件开发、_____直到消亡的全过程。

三、选择题

52. 不需要了解计算机硬件构造的编程语言是_____。

A. 机器语言　　　　　B. 汇编语言　　　　　C. 伪代码语言　　　　D. 高级语言

53. 能够把由高级语言编写的源程序翻译成目标程序的系统软件叫_____。

A. 解释程序　　　　　B. 汇编程序　　　　　C. 翻译系统　　　　　D. 编译程序

54. _____不属于结构化程序设计。

A. 顺序结构　　　　　B. 循环结构　　　　　C. goto 结构　　　　　D. 选择结构

55. 一个指令代码通过助记符号表示的语言叫做_____。

A. 机器语言　　　　　B. 汇编语言　　　　　C. 目标语言　　　　　D. 中级语言

56. 面向对象的程序设计具有_____特点。

A. 封装、继承、多态　B. 顺序、循环和分支　C. 多分支、循环和函数　D. 函数、方法和过程

57. 高级语言的基本数据类型是_____。

A. 变量、常量和标识符　B. 顺序、循环和分支　C. 数组、链表和堆栈　D. 整型、实型和字符

58. 程序设计中常用的运算类型有算术、逻辑和_____。

A. 赋值　　　　　　　B. 复合　　　　　　　C. 关系　　　　　　　D. 对象

59. HTML 是一种_____语言。

A. 面向过程　　　　　B. 面向对象　　　　　C. 网页编程　　　　　D. 文字处理

60. 通常，for 循环语句用于循环次数_____的程序中。

A. 由循环体决定　　　B. 在循环体外决定　　C. 确定　　　　　　　D. 不确定

61. 方法也是一段独立的程序代码，也是可以被程序设计者调用的。调用方法时，要求形参与实参之间的参数的_____、数量、顺序保持一致。

A. 数量　　　　　　　B. 类型　　　　　　　C. 顺序　　　　　　　D. 以上都是

62. 不管循环条件是否满足循环执行的要求，循环体至少被执行一次的语句是_____。

A. while　　　　　　　B. do-while　　　　　　C. for　　　　　　　　D. 以上都是

63. 常量有两种，一种是符号常量，一种是_____。

A. 标识符　　　　　　B. 数据类型　　　　　C. 文字常量　　　　　D. 数学常量

64. 高级语言中可以使用诸如 a=a+b 的表达式，其中 a、b 为变量。这里，变量的含义是_____。

A. 数学变量　　　　　B. 标识符　　　　　　C. 内存单元　　　　　D. 数据类型

65. 分支语句有多种名字，如选择语句、条件语句，_____也是分支语句的一种说法。

A. 转移语句　　　　　B. 复合语言　　　　　C. 判断语句　　　　　D. 返回语句

66. 在面向对象的编程技术中，被调用的子程序也叫做_____。

A. 函数　　　　　　　B. 存储　　　　　　　C. 表属项　　　　　　D. 文字处理

67. 程序设计中，子程序或函数的调用过程中参数传递方式有两种：_____。

A. 值调用和引用调用　　　　　　　　　　　B. 参数调用和无参调用

C. 过程调用和函数调用　　　　　　　　　　D. 常量调用和变量调用

68. 程序设计过程包括理解问题、设计方案、_____、编写文档以及运行和维护等6个步骤。

A. 编写代码和测试　　　　B. 语言和算法　　　　C. 过程和函数　　　　D. 函数或方法

69. 软件开发过程使用工程管理的方法，通常有各种开发模型，如_____。

A. 瀑布模型和增量模型　　　　　　　　B. 瀑布模型和数学模型

C. RAD 模型和数学模型　　　　　　　　D. 螺旋模型和数学模型

70. 软件的生命周期是指软件从开发到使用到_____的全过程。

A. 销售出去　　　　　　B. 不再使用　　　　　　C. 更多的使用　　　　D. 重新开发

第 6 章　数据库

1.7 节介绍了信息系统。也许信息系统是计算机最广泛的应用，各行各业通过信息系统提升效率，改善管理。信息系统的重要基础就是数据，信息系统的技术核心是数据库。数据库将庞大的、纷繁复杂的数据集合转化为一个抽象工具，不仅有利于数据的计算，也有助于提升数据的有效使用。本章介绍数据库及其对数据的结构化组织和管理。

6.1　数据库概述

在讨论数据库之前先介绍传统的数据管理方法。数据的组织、存储和表示一直是计算机技术着力解决的问题，数据库技术也是由此发展而来的，这些技术包括数据索引和散列结构，都是今天数据库构建的重要工具。

6.1.1　非结构化数据

数据库之前的数据管理就是文件管理。文件管理是操作系统的组成部分。计算机和智能手机中都有文件管理的功能。文件是典型的非结构化数据。如 1.7 节所述，文件是数据的抽象表达，使得用户能够"看到"程序和数据，这就是文件。文件的概念源于 UNIX，1.3 节中介绍的程序存储原理要求，程序和数据以相同的格式存储，因此在计算机中，无论是哪种程序或者数据，都被存为文件，由操作系统统一管理。

大多数文件数据在计算机中以顺序结构存储，对文件的存取也是按照顺序进行的，如图 6-1 所示，图中的 EOF（End Of File）为文件结束标志。例如，电子表格按照顺序对数据进行编码和保存，通过电子表格程序在读取文件时重新构建并展示出来。

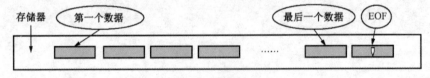

图 6-1　顺序文件

文件存储在存储器上，如果需要按照顺序存放，应根据存储器的要求进行。例如，大容量数据文件往往会存在多个扇区，操作系统需要建立一个扇区列表，记录各文件的存储位置。因此，即使文件被存储在多个扇区，操作系统仍然能够按照正确的顺序存取，看上去像是连续的、顺序的存放一样。

显然，顺序文件存在检索上的限制，不仅效率不高，数据存储也比较复杂。如果计算机的文件数量很庞大（如 PC 上有超过十万种类型的文件），为了管理顺序文件需要的扇区列表会很大，且要存储在不同的扇区中，因此操作系统往往会在存储器中开辟出一个专门的区域，存放所有文件的扇区列表，进而操作系统需要维护这个越来越大的文件维护表。

顺序存储数据，结构简单，但存取效率低。为了提升效率，就出现了为文件建立索引，或者通过散列（Hash，哈希）函数计算，确定文件的存储地址，再按址存取。文件按名存取就是随机方式。随机查找有许多方法，主要利用索引（Index）、散列、二分法等方法进行文件管理，这些方法都是随机存取。随机是"依情照势"。计算机中普遍使用的"文件按名存取"就是随机方式。

把所有文件的关键信息如文件名作为索引，以及这个文件的存放地址组织在一起，就构成了索引文件。使用索引文件检索类似查电话号码或查字典。在散列文件中，根据文件的关键字，经散列函数计算，得到文件的目标地址进行文件的存取，如图 6-2 所示。散列函数是计算机中最常用的算法之一。

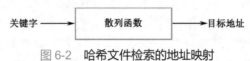

关键字 ——→ 散列函数 ——→ 目标地址

图 6-2　哈希文件检索的地址映射

随着文件管理复杂性的增加，更多采用将文件检索的关键字组织成结构化的数据，即数据库技术，在数以万计文件系统中才能更有效地管理文件，这也是目前操作系统采用的技术。

6.1.2　结构化数据

信息系统就是为管理数据而建设的。数据管理主要是为了方便、有效地进行数据查询并使用数据。结构化数据是按照某种规则，在不同的数据间建立了具有逻辑关系的数据，因此可以简单地将数据库定义为结构化的数据集合。文件是一种平面化的、非结构化的数据组织，数据库则是立体的、结构化的数据组织。数据库中采用的技术，如前述文件管理中的索引、散列、二分法都有应用，也运用了各种抽象数据表达方法。不过，数据库更注重数据结构，以检索的方式来组织。

计算机运用到信息管理领域初期，各应用都是独立系统，各有自己需要管理的数据。这就意味着，在不同的部门中有大量的信息是重复的和相同的，许多虽然不同但彼此有关系的数据存放在不同的系统中。设想一下：一个学生的考试数据和学生的学籍信息分属两个系统是一件多么不可思议的事情。

如今是信息时代，网络也产生了无穷的信息。一个极为实际的问题是：如果我们需要查询某件事，到哪儿去找？数据库就是这个问题的答案。今天，在网络系统中，可能最重要的工具就是搜索引擎，如 Google 和百度，它们都是基于数据库的。

1．什么是数据库

数据库发展的历史已经证明，将数据结构化是数据有效管理的最好手段。这是数据库技术应用最广泛且经久不衰的主要原因。

信息系统都采用数据库。即使如 Windows 这样的系统软件，它的文件系统的组织、管理也是使用数据库技术，典型的例子就是它的注册表，运行"regedit"可以打开注册表窗口。

数据库（DataBase，DB）可以看成一个电子文件柜：存放计算机所收集的数据的容器。如果有很多文件，一个文件柜就不够用了。管理文件柜以及其中的大量数据，就需要相关技术。这些技术必须建立在数据组织的基础上。因此，数据库是一个持久数据的结构化集合，是数据的组织和存储。这就是数据库的定义。

可以说，数据库无处不在，用户使用计算机、访问网络都是在使用数据库。数据库通常与它的管理软件连在一起，如通讯录、电子邮件等，就是管理电话联系人、电子邮件的软件，它们的核心都是数据库。大型专业系统，如银行、电信、网购、企业管理等，都使用专业的大型数据库软件，这些软件也是目前软件商品中使用最多、市场最大的。

2．为什么要使用数据库

数据库是为了解决相关信息不能够共享的问题。因此，使用数据库首先是实现数据的集中管理。其次，数据库能够通过事务处理（Transaction Processing）保证数据的完整性。事务是数据库的一个操作逻辑：要求对数据库的操作要么全部做完，要么什么也不做。例如，我们在银行的 ATM 上取钱，事务会在取钱操作完成后再从账户里扣款。如果取到一半而 ATM 死机了，你不用担心：这个取钱操作没有完成，事务会记录操作失败，因此不会在账户上扣钱的。除了保证数据的完整性，数据库能够减少数据冗余，避免数据的不一致。

数据库能够管理海量数据。一个大型企业的生产、管理等方面的数据可能以 TB（10^{12}B）计，只有数据库可以存放如此大量的数据，并能有效地对数据组织和管理。

数据库技术能够确保高速、准确地检索数据。你在网络搜索中应该有体会了：有时，网络检索比在自己的计算机上找东西还要快。

数据库的优点远非上述几点。其实，这是由信息社会处理庞大、复杂数据的需求所决定的。技术往往产生于需求之中，数据库也是如此。

数据库很少被认为是一门管理学科。这不是本书讨论的范围，但我们能够注意到，"学科"意味着需要进行规划并实施这个规划。如果数据库的管理也被当成一门管理学科，那么对数据的处理效率和数据安全就更有保障了。

6.2 数据库系统

几乎所有的复杂数据管理都依赖于结构化的数据库系统，让用户快速地检索数据，进行数据的各种处理。数据库指结构化的数据集合，而承担对数据进行操纵的是数据库管理系统（DataBase Manager System，DBMS）。因此，数据库管理系统是由数据库及使用数据库的用户或程序组成的系统，如图 6-3 所示。

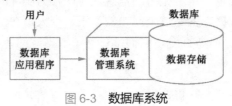

图 6-3　数据库系统

数据库存储（Data Storage）是存放数据库的数据的物理装置，是较高性能的服务器。

实际上，数据库的数据是通过数据库管理系统创建并管理的，数据库管理系统就是数据库产品。

数据库用户即使用数据库的人或程序。数据库系统的安全性要求任何用户不能直接访问物理数据库中的数据，需要经过数据库管理系统。

数据库用户有多种类型。不同类型的用户被数据库管理系统赋予不同的权限。一类是应用程序设计员，他们负责开发数据库应用程序。另一类是普通用户，是数据库的直接使用者。例如，一个客户可以查看他的银行账户信息，而银行的柜员（或 ATM）可以根据用户的需求存取数据（钱），客户和柜员都是银行数据库的普通用户。最近发展很快的网络支付，传统的银行业务受到了较大的影响。其实网络支付的背后也是强大的数据库的支持。第三类用户是数据库管理员（DataBase Administrator，DBA），是对数据库维护及管理的工作人员。高性能的信息系统需要高水平的 DBA。

1. 数据库管理系统

尽管图 6-3 所示的数据库由数据库管理系统和数据存储组成，但通常认为它们就是一个整体。因为无论是数据库应用程序的设计者还是数据库管理者，只能通过数据库管理系统才能创建、修改、插入、更新数据库中的数据，必须按照数据库管理系统给出的规则设计数据库的结构，确定数据间的逻辑关系。因此，数据库管理系统才是数据库的核心。

数据库管理系统是商品软件，也有免费的自由软件。使用较多的是商品软件，因为商品软件可以得到更多的技术服务，数据管理效率也较高。

为了实现存储数据的抽象表达，数据库管理系统需要在用户和物理数据库之间提供交互，这才是数据库的核心部分。从功能上讲，数据库管理系统是软件和数据的结合，是进行数据库创建、管理、维护的软件系统，因此数据库管理系统应具有如下功能。

- ❖ 数据定义：定义数据类型，如数值、文本、多媒体数据等。
- ❖ 数据操纵：查询、添加、修改和删除数据库中数据。
- ❖ 数据控制：设置或者更改数据库用户或角色权限。
- ❖ 存储过程：这个名词有点生僻，把它拆开理解：存储指数据，过程一般是程序的代名词，因此存储过程就是数据库的数据处理程序。

数据库管理系统还需要实现对数据库的优化，保证数据的完整性和安全性，能够进行数据恢复和执行并发任务。数据库管理系统还包括数据字典。数据字典本身也是一个数据库，它是数据的数据，也叫做"元数据"。

大多数数据库管理系统具有在线事务处理（On-Line Transaction Processing，OLTP）和在线分析处理（On-Line Analytical Processing，OLAP）功能。在线事务处理是大多数信息系统需要的功能，而在线分析处理已经成为大数据处理的重要技术（见第 8 章）。

2. 数据库产品

现在商品化的数据库有很多，包括各种类型的数据库。大型的数据库软件有 IBM 公司的 DB2、甲骨文公司的 Oracle、微软公司的 SQL Server。中小型数据库有微软的 FoxPro、Access 等，还有自由软件的 MySQL、SQLite。

① Oracle 数据库。Oracle 公司目前为世界第二大软件公司，主要产品就是数据库，多年来一直占据数据库市场的主流地位。Oracle 是性能好、功能最强大的数据库产品

② DB2 数据库。DB2 是 IBM 公司的数据库管理系统，也是最早的数据库商业化产品，是关系型数据库的首创者（见 6.3 节），其数据库的研究和开发一直保持着技术上优势。由于 IBM 是超级硬件制造商，又是许多国际标准的制定者和积极参与者，因此使得 DB2 产品能

充分利用相应平台的硬件和操作系统的功能，在性能上达到最优。

③ SQL Server。SQL Server 有一整套可视化的管理和维护工具，是基于 Windows 的。

④ Access 数据库。Access 是小型数据库管理系统，也是 Microsoft Office 套件的组成部分。

3. 用户数据库

各行各业如通信、图书馆、银行、社会保障、交通信息、公共安全信息都在使用数据库，通过数据库管理系统构建了各种数据库应用系统。用户数据库有多种，可以简单地分为企业级、个人使用、因特网上使用的数据库。

① 企业级数据库，也包括政府机构、大型社会组织等。基于数据库的企业资源管理系统（Enterprise Resource Planning，ERP）已经成为现代化企业运行的支撑系统。

企业建立数据库（信息）系统以后，对企业的各种数据（包括成本、销售、材料、设备、人员等）进行分析处理，既处理企业的业务活动，也对数据进行分析，找到提高生产效率、降低成本的途径，甚至预测生产和销售走势等。

② 个人数据库。Outlook Express 是 PC 用户收发邮件使用的，但它是一个 PIM（Personal Information Management）系统，其功能是建立在数据库技术基础上的。类似的系统有很多，如智能手机上的日程管理等。尽管这个数据库很小，但它也是数据库，运用了数据库技术。

③ Internet 数据库。各种网站都是运行在数据库上的。如购物网站，既有商户、消费者的数据，也有各种商品及成交的信息，这些信息之间的关联就是依靠数据库维系的。在网站上，用户看到的产品、价格、图片、评论等都是被从网站的数据库中提取出来的。其他网络资源，如音乐、视频、图片、新闻、在线阅读，都是基于数据库的。其中有提供全球地理信息的数据库（地图、导航），也有提供昆虫研究信息的数据库，因此互联网本身就可以被看成一个巨大的数据库。Internet 容纳了各种数据库，并提供了访问这些数据库的方式。

6.3 关系数据库

文件是数据的抽象表示，我们使用文件时不需考虑数据究竟是如何存储的。在程序设计语言中，数据类型、变量、数组等抽象概念表示数据存储，程序员使用各种数据时，同样不必考虑它的存储位置和存储格式。

数据库也是一个数据抽象的例子，是将数据库的概念操作转化为数据库存储的实际操作。计算机科学家们一直致力于找到更好的数据库模型，使之能够表达更复杂的数据，并能够以更简明、直观的方式向用户展示数据。

数据库模型就是一种抽象化了的操作工具，不同的数据模型有不同类型的数据管理系统，主要有层次型数据库、网状型数据库、关系型数据库和面向对象型数据库。今天，大多数信息系统使用的数据库都是关系型数据库。

6.3.1 关系模型

数据库的关系模型首先由 IBM San Jose Research Lab（圣何塞研究实验室）的 E.F. Codd 于 1970 年提出。关系数据库的描述词汇比较专业或者说抽象，是 Codd 在他的关系模型论文中使用的，这些名词在专业课程、专业人员中被普遍接受，但对一般用户而言显得不太容易理解。

在很多人看来，关系就是表（Table）。专业人员在设计数据库时也使用"表"这个词。使用"关系"这个词是因为"关系数据库系统"是建立在关系模型上的，而关系模型又基于数学抽象，主要是数学中的集合论和数理逻辑运算。

关系模型的建立是在数据管理中引入数学工具，使得数据库系统建立了必要的理论基础和严格的逻辑表达。计算机中的数据管理必须是准确而可靠的，这个过程的实现如果建立在数学和逻辑基础上，那么它的可信度和可靠性自不待言。

下面首先介绍关系模型的几个术语。关系模型使用元组（Tuple）定义一个表的行（也叫记录），所有行的数目叫做基数。关系（表）中的列叫做属性（Property），表示一列数据的属性，属性的数量（表的列的总数）叫做度。

在关系数据库模型中，每个关系（表）都有唯一的名称。图 6-4 给出了一个关系数据库中的关系的例子。其中，表被命名为 CourseTB，度数为 4，基数为 5。

ID	CourseName	ClassRoom	Teacher
0001	计算机科学基础	203	汤晓丹
0002	微积分	301	李士明
0003	大学英语	204	S John
0004	C 语言程序设计	106	王 维
0005	Java 程序设计	315	范中延

图 6-4　关系数据库的表

关系数据库是一个高度集成化、可共享的结构化的数据集合。在关系数据库中，数据库的外部形态就是表，这并不是指数据在数据库中就是以表的形式存储的。关系数据库模型中确定了各种数据类型，因此给关系下的定义就是：**数据库中的数据类型是描述事物的集合，而关系是数据类型的集合**。通俗地说，关系就是表及表之间存在的联系。

6.3.2　关系运算

表是关系的表现形式，而数据库中的关系是一个多维的结构：表之间存在着各种联系。如同数学中的变量、表达式一样，关系数据库模型定义了一系列的基本关系（运算）和基本关系表达式，通过对基本关系的组合（运算），可以导出各种新的关系。

既然有关系运算，就需要有相应的关系运算规则和语言，这就是 SQL（见 6.3.4 节）。例如，需要创建一个表，可以使用下列 SQL 语句：

```
CREATE table CourseTB2 …
```

其中，table 是一种"运算"。现在的关系型数据库系统都支持一种称为"视图"（View）的模式，是将结果存储起来并以窗口展示关系。

关系数据库有一整套完整的基本关系运算，包括 4 种集合运算，加上数据库专门的 4 种关系运算，共 8 种基本关系运算，有单目运算，也有双目运算。

1．关系的集合运算

并（Union）、交（Intersection）、差（Difference）、积（Cartesian Product，笛卡儿积）是集合论运算，被用于关系数据库，它们是双目运算，可以用图 6-5 表示。图中，r1、r2 为参与运算的原关系，r3 是经过运算和得到的新的关系。

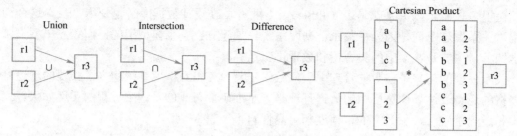

图 6-5　关系的集合运算

并操作是一个合并操作，r3 包含了 r1 和 r2 所有元组。交运算的结果是同时出现在两个关系中的元组：r3 中的元组既在 r1 中存在，也在 r2 中。r1 与 r2 的差是关系 r3，是仅在 r1 中但不在 r2 中的元组。积，也称为笛卡儿积。r3 是 r1、r2 积的笛卡儿有序对的集合。

2. 专用的关系运算

数据库专用的关系运算包括选择（Select）、连接（Link）、投影（Project）、除（Divide）4 种，如图 6-6 所示。

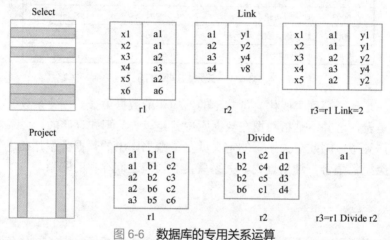

图 6-6　数据库的专用关系运算

选择运算用于单个关系，是单目操作，根据给定的条件，从这个关系的元组中查找，并得到一个新关系。比如，在学校的教务数据库中查找一个学生的全部课程成绩就是一个选择操作，得到的是这个学生所有课程成绩的新的表。

连接是将两个关系组合成一个新关系，这是关系代数中最重要的操作，也是数据库系统中最难实现的操作。图 6-6 中的连接运算得到 r3，是 r1、r2 关系中具有相同属性的元组的值，且这个值只出现一次。

投影操作是从一个关系中选取几个属性值，将其元组组成一个新的关系。

除运算也是较难实现的操作。在图 6-6 中，对于 r1 和 r2，只有 b1、c2 所在的元组相匹配。除运算与投影相关，对于图 6-6，是将 r1 的第 2 列、第 3 列投影在 r2 上。理解关系的除法运算比较难，下面举例说明，如图 6-7 所示。除法运算就是找出选了 Cr 中所有课程的学生，结果是 Tang。上述 8 个运算符是 Codd 第一次定义关系数据库模型时给出的。今天的关系数据库还包含更多的运算。关系运算应遵循"关系进、关系出"原则，与数学运算一样，只要符合运算规则，就可以定义任何关系操作符。

课程号	课程名
0001	计算机科学基础
0002	Java 程序设计

学生	课程号
Tang	0001
Zhang	0001
Feng	0002
Tang	0002

图 6-7　　**课程表 Cr（左）、选课表 Sr（右）**

6.3.3　SQL

如同数学运算符基于数学语言，计算机语言实现的计算机操作，那么关系运算也需要语言，即 SQL（Structured Query Language，结构化查询语言），也是 IBM San Jose Research Lab 为其关系数据库管理软件 System R 开发的一种查询语言。SQL 已经成为关系型数据库的标准语言，目前的版本是 ISO SQL/99。

计算机通用编程语言，如 C、Java 等，拥有算法描述和表达的能力，但缺乏对复杂数据的操作。如果使用这些通用的编程语言编写应用程序，可嵌入 SQL 语句扩展其对数据库操作的能力。因此，通用编程语言可以称为 SQL 的宿主语言（Host Language）。

SQL 是简单的，因为它只有有限几个语句，完成对数据库的查询、插入、删除等操作。SQL 又是复杂的，SQL/99 的标准文档超过千页，它的查询语句 Select 可以使用的参数有几十个。SQL 与数据库管理系统（DBMS）的功能对应，也有 4 部分。

❖ 数据查询语言（Data Query Language，DQL）。
❖ 数据操纵语言（Data Manipulation Language，DML），包括 Insert、Update、Delete 等语句。所有的数据库系统都把 SQL 处理器设置为一个内核程序。
❖ 数据定义语言（Data Definition Language，DDL），包括 Create（创建）、Alter（修改）和 Drop（删除）等语句。
❖ 数据控制语言（Data Control Language，DCL），为 DBA 进行数据控制操作。

有意思的是，ISO 所定义 SQL 标准和现在大多数教材及专著中使用的术语不完全一致。例如，对"关系"这个词，ISO 使用的是"表"，ISO 使用"行"而非"元组"。

SQL 是一个非过程化的语言，一次处理一个记录。SQL 允许用户在高层的数据结构上工作，而不只对单个记录进行操作。SQL 不要求用户指定数据的存放方法，这种特性使用户更易集中精力于要得到的结果。SQL 语句使用查询优化器，是关系型数据库管理系统的一部分，从而决定对指定数据存取的最快速度的手段。从结构意义上，SQL 的非过程特性主要体现为查询功能，所以也叫做形式表达。

除了查询外，SQL 还有进行数据定义、修改数据、建立确保数据库安全的约束条件等。

下面给出使用 SQL 语言查询的一个例子。假设已有一个表为 title，其中一列为产品类型 type，一列是产品价格表为 price，现在要查询表的前 3 个产品，按照价格 price 降序排列，使用 sql 语句编写的程序如下：

```
USE title
SELECT  TOP 3 type, price
FROM  title  ORDER BY  price desc
```

运行结果如下：

type	price
电视机	1230.00
收音机	130.00
手电筒	6.00

在本例中，USE title 是打开数据库中的表 title。在 SELECT 语句中，TOP 3 子句是指示输出前 3 行记录，如果不指定输出行数，则输出所有的记录。FROM 语句指定从哪一个数据表中查询，这里指定的是表 title。ORDER BY 语句是排序操作，对 TOP 指定的行进行排序，按照 price 进行排序，排序规则为 desc（decrement，降序）。

SQL 使用关键字 WHERE 作为关系运算的条件，如查找 title 中价格大于 1000 的商品：

```
SELECT FROM title WHERE price > 1000
```

将得到一个输出：价格大于 1000 的所有产品的列表。

SQL 编写的程序理解比较容易，即使没有学过 SQL，从字面来理解也差不多可以明白它将要做什么。它可以作为"脚本"（Script）运行，也可以被嵌入到通用编程语言编写的程序中，对数据库进行操作。

我们再回头看看有关 SQL 的"非过程化"的意义，与前面介绍的编程语言不同，它不需要编写一步步详细的程序，只需"描述过程"，即只需给出"过程"的声明。例如，在本例中，只需告诉数据库从哪个数据表中打开元组（记录）并按照什么样的排序规律输出。

6.4　构建数据库系统

建设信息系统就是建设关键数据库系统。确切地说，这里所讲的是关键数据库应用系统。除了个人数据库，大型数据库系统都是基于网络的服务器结构。因此，构建数据库系统不仅有较大的成本支出，也需要对应用进行分析和进行数据库设计。

6.4.1　数据库设计

数据库设计不是抽象数据库设计，而是将数据库实际运用时的设计。也就是说，设计者需要将需要管理的业务转化成数据库管理。

数据应用设计的第一步是建立模型，这种方法叫做实体关系建模法（Entity-Relationship Model）。商业化的数据库管理系统（DBMS）通常提供图形化的 ER（Entity-Relationship）设计，简称 ER 图，是建模的主要工具。图形化的形式较好地展示了实体之间的相关联系，设计者可以根据 ER 图寻找和创建合适的表，以达到数据库设计的目的。

图 6-8 是一个学生、课程和教师的 ER 图的例子。必须说明的是，这不是完整的 ER 图，完整设计还应该包括学生和教师所在的院系、课程属于哪个院系等更多的数据项。

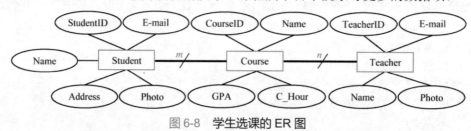

图 6-8　学生选课的 ER 图

3 个实体 Student、Course 和 Teacher 用矩形表示，定义了数据记录的类型。椭圆表示的是记录的域（属性）。学生和课程、课程和老师之间具有某种联系，矩形之间的较粗线条表示的是基数约束（Cardinality Constrains），标记在线上的 m、n 是关系的数量。

基数有 3 种关系：① 一对一，如一个学生有一个专业；② 一对多，一个学生可以选多门课；③ 多对多，多门课程有多位教师授课。基数约束有助于在设计阶段搞清楚实体之间的相互关系。

最终 ER 图设计完成，就可以将每个实体设计为数据库中的基础表，并为每个表建一个主键（Primary Key）。如上述 ER 图中的实体的 ID（IDentify）就可以作为主键，因为 ID 的值具有唯一性。

在建立数据表之间的联系上，通常将上述基础表的 ID 作为选课表中的副键（Secondary Key），得到的选课表中将包括课程、学生、上课教师的完整信息。

建立完整信息的目的是维护数据。例如，一位教师退职或者因故不上某门课程，那么在课程或者选课系统中就不会出现他的信息，不会导致不上课的教师被安排了课程。

6.4.2　C/S 结构

数据库管理系统的最终目的是支持开发和执行数据处理应用程序，因此从更高一层来看，数据库系统可以看成由两部分组成：一个是服务器（Server），也叫做后端；另一个是客户机（Client），也叫做前端。这个结构被称为 C/S（客户—服务器）模式或 C/S 结构，如图 6-9 所示，也是大多数数据库应用系统采用的结构。

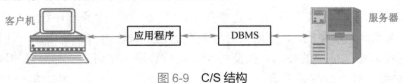

图 6-9　C/S 结构

服务器本身就是数据库管理系统（DBMS），或者说数据库管理系统是安装在服务器上的，具有前面介绍的数据定义、操作、控制、存储等功能。在 C/S 结构中，往往并不加区分地使用数据库管理系统和服务器这两个名词。当然，我们也能够理解，服务器本身还需要其他软件，如操作系统。如果有多个客户机，还需要服务器支持网络访问控制等。

客户端（机）是指在数据库管理系统上运行的各种数据库应用程序。这个应用程序可以是由客户自己编写的，也可以是委托第三方开发的。对服务器而言，用户编写的程序与它内部的嵌入式程序没有什么不同，它们都使用同样的服务器程序接口访问数据库。

图 6-9 的结构还有不同的形式。如果客户端程序和服务器程序安装在同一台机器上，则这种结构是单用户结构。如果多个用户使用不同的客户机访问多台机器上的数据库服务器，则这个结构是分布式结构。

如果将访问数据库服务器的应用程序都集中在一台机器上，所有客户机通过这个应用程序服务器访问数据库服务器，客户机只进行访问请求和接受访问后的数据结果，就形成了客户机—应用服务器—数据库服务器的三层（3-tire）结构，也有多层结构，大多数是为了细分业务流程或者出于数据库安全的目的。

一些数据库应用直接使用网络软件如浏览器进行数据库的访问，用户不需要专门的数据库应用程序，这种结构叫做 B/S（Browse/Server）结构。

数据库技术是非常复杂的，有很多的内容本节没有涉及。我们希望通过以上介绍和讨论，给读者建立一个数据库的基本概念。从建立一个数据库的角度看，这里只介绍了目前比较普遍使用的 C/S 结构，但并行数据库、分布式数据库都是基于网络的应用，这些应用还在进一步发展中。

就数据库本身，数据安全、数据备份、灾难恢复等都是重要的研究内容。在数据库中还有一些应该被提及的话题，如智能分析、历史数据处理等。基于数据分析的决策支持是数据库技术发展的一个重要的方向，目标是发挥数据库的数据作用，为决策提供更多、更有效的信息。在数据挖掘中需要使用规则表示知识，建立这些规则。使用数据库建立空间和地理数据库则需要把传统的平面表示用数据库这个无限"维"的立体技术构建物理环境的模拟，这也是数据库应用的新领域。

6.5　其他类型的数据库

关系型数据库是目前的主流。数据库技术仍在发展中，面向对象的数据库和分布式数据库一直被人们期待，其中分布式关系型数据库已经得到广泛使用。数据库新技术还有如数据挖掘、多媒体数据库、自然语言数据库等。限于本书的目的和篇幅，这里只简单介绍基本概念。

1．面向对象的数据库

面向对象语言（见 6.3.4 节）已经是软件设计主流。面向对象程序设计技术已经较为成熟，将数据库纳入一个现存的、具有面向对象类型的程序设计语言系统中是一件自然的事情。由于关系数据库有最为成熟的技术，因此对象 - 关系数据库成为了一种很好的发展路线。

对象 - 关系数据库是在关系数据库中增加对象类型，同时将一些对象处理方法加入到 SQL 语句汇总，以处理这些被增加的数据类型。这种扩展试图在对象和关系之间进行平衡，保留关系型数据库强大的说明性查询能力。

关系数据库的结构统一、数据项小，而且一行中的字段（列）都是无结构的。在对象数据库中，定义对象类型的同时需要确定如何存取它们。例如，一个机构的员工被定义为职工类对象，其中有职工姓名、岗位等属性，还要定义其他部门对象对职工类对象的关系，如人事部门对象可以被定义为可对职工类对象进行操纵。

面向对象数据库的"对象"的概念与程序设计中的差不多，在建立面向对象的数据模型中包括对象结构、对象类以及继承和标识、包含等。这里不再展开讨论。

要把面向对象的抽象概念运用到数据库中，必须表达为程序设计语言，如近年来发展的基于 C++ 的面向对象数据库，是将这些面向对象的概念集合到一种操纵数据库的语言中。

2．分布式数据库

目前很热的"云计算"（Cloud Computing，见 7.5 节的内容）的核心问题就是巨量的数据存储。毫无疑义，它是基于分布式数据库的。基于网络应用的数据库技术已经从中心数据库朝着分布式数据库发展，但分布式数据库并不是新的数据库模型，而是基于关系模型的。

与集中式数据库不同，分布式数据库位于网络的多个计算机上，有两种类型。一种是分割式的分布式数据库，本地使用的数据库全部在本地计算机上。如果本地数据库没有需要的数据，可以到其他地方去获取，因此这种设计是基于大多数数据库访问是本地的，少数是全局的情况。例如，银行的分支机构主要是服务本地的客户，也可以服务来自于外地的客户——需要从这个客户的"本地"得到这个客户的数据。

分布式数据库的另一种类型为复制式。网络上的每个数据库服务器都有相同的数据，其目的之一是数据库安全，如果一个地方的数据库出了问题，可以访问其他地方的数据库数据，或者从异地将本地被破坏的数据通过"复制"予以恢复。

3. 并行数据库

并行数据库（Parallel Database System）与关系数据库差不多同时起步，一直被期待为"新一代数据库"。并行数据库支持多处理器并行执行查询和事务处理的数据库任务。除了多处理器系统，大规模集群（Cluster）系统也成为了超级计算的主流技术（见 9.1 节），因此并行数据库开始通过分布式数据访问。从这个意义上，它与分布式系统的技术开始趋同。

4. 其他数据库

自然语言数据库的特点是用户访问数据库可以使用自然语言。现在计算机自然语言的处理技术有所进展，但与科学家们所期望的还有很大差距，自然语言访问数据库尚需时日。

还有诸如时态数据库、逻辑数据库等类型的数据库。时态数据库基于数据与时间相关，数据库中的数据都带有时间信息。时态数据库中的每个元组至少有一个属性与时间属性，所有关系变量都是时态数据变量。

逻辑数据库多用于人工智能（见 9.2 节），如推理数据库管理系统、专家数据库管理系统、演绎数据库管理系统、知识库、知识库管理系统、数据模型的逻辑和查询等，其目标是从数据库系统的角度解释基于逻辑的系统。因此，逻辑数据库将传统的数据库中的关系看成一系列公理，执行查询就是证明这些公理的逻辑结果。

尽管有很多数据库技术在研究与发展中，也有相关产品上市，但在研究和应用领域目前还受到较多的技术限制，这些数据库都是为特定的应用所建立的。

数据库是进行大数据处理的基础，第 8 章将讨论大数据。

计算机技术的发展历史使得计算机科学家们相信，未来的数据库将完全摒弃现在的数据库技术，未来的数据库将采用智能化的技术，在计算机领域"只要能够实现，就一定会实现"。

本章小结

文件是非结构化数据。数据库被定义为一个持久数据的结构化集合，是数据的组织和存储。

数据库实现了数据的集中管理，支持事务处理、保证数据的完整性，能够有效地进行数据的组织和管理。

数据库系统包括用户和数据库两部分：① 数据库，包括数据存储和数据库管理系统（DBMS）；② 用户，包括数据库应用程序。

数据库管理系统是软件和数据的结合，是进行数据库创建、管理、维护的软件。

数据库模型是将数据库的概念操作转化为数据库存储的实际操作的方法。目前，主流的数据库为关系型数据库。

简单地说，关系就是表与表之间存在的联系。表的列为关系的属性，表的行为元组（记录），所有的列数叫做度，记录数为基数。

基本关系运算包括 4 种集合运算：交、并、差和积。专用的关系运算有 4 种：选择、连接、投影和除。它们的运算对象是关系，得到的结果是新关系。

SQL 为关系型数据的编程语言，是非过程的、结构化的查询语言。SQL 包含数据查询、数据操纵、数据定义和数据控制 4 个组成部分。

设计数据库用 ER 图。数据库系统有 C/S 模式和 B/S 模式。

数据库有面向对象的数据库、分布式数据库、并行数据库、自然语言数据库等。

现代大型数据库系统都是基于网络的服务器结构。

习 题 6

一、问答题

1. 我们将数据库系统分为两部分：数据库和用户。为什么将数据存储和数据库管理系统看成一个整体？

2. 我们将数据库管理系统（DBMS）看成数据库，其原因是数据库中的数据表的创建、使用都需要通过 DBMS。如书中介绍的大型数据库系统有 Oracle、SQL Server、DB2、MySQL 等，请通过其中某个产品的相关资料的收集，看看它们是如何创建数据库的。

3. 什么是数据库的模型？关系模型有什么特点？

4. 什么是关系？介绍关系数据库中相关对表的描述。通过一个学生成绩登记表来具体解释表中的列、行、列数、行数的数据库定义。

5. 在图 T6-1 中，关系 RC 是关系 RA 和 RB 的 Link 运算得到的，试给出 RC 中的元组。

RA	
S1	S2
r	2
1	4
p	6
…	…

RB		
T1	T2	T3
s	x	p
4	d	e
2	m	a
4	t	t

RC				
RA_S1	RA_S2	RB_T1	RB_T1	RB_T1

图 T6-1

其中，RA 有两个属性 S1 和 S2，RB 有 3 个属性 T1、T2、T3，Link 之后得到的 RC 关系将包含 RA 和 RB 的所有属性，分别在原属性前面加上关系名。

6. 如果对图 6-10 执行并、交运算，得到的关系是什么（给出新的关系中的元组）？

7. 使用 SQL 对图 6-10 中的 RC 进行投影操作的（伪代码）语句如下：

```
RD   Project RA_S1, RB_T1 From RC
```

试解释语句的意思，给出操作结果。

8. 对下列关系 X 和 Y 执行 SQL 语句之后的结果是什么？

X		
A	B	C
1	2	s
4	9	t
6	0	p

Y	
K	M
3	j
4	k

（1）Result ← PROJECT C FROM X

（2）Result ← SELECT FROM X WHERE C=t

（3）Result ← PROJECT M FROM Y

（4）Result ← JOIN X AND Y WHERE X.A EQUAL Y.K

9. 如何理解 SQL 的非过程化特点？

10. 什么是面向对象的数据库？

11. 请比较 C/S 与 B/S 的不同。

12. 什么是 OLTP？什么是 OLAP？

13. 如何构建数据库系统？

14. 为一个公司的销售部门设计一个数据库的 ER 图。该部门有经理（manager）、销售员（Sales）、产品（products）。每个销售只能销售一种产品，经理可以销售所有产品，并管理所有销售员。

二、选择题

15. 数据库中的数据是_____的，是对数据组织和存储的一种技术。

A. 文件化　　　　　B. 结构化　　　　　C. 非结构化-　　　　　D. 过程化

16. 事务通常是指一个任务的要求。数据库对事务处理的支持是确保数据的_____。

A. 完整性　　　　　B. 正确性　　　　　C. 实时性　　　　　D. 安全性

17. 数据库系统是由数据库及它的_____、用户组成的。

A. 存储器　　　　　B. 应用程序　　　　　C. 数据模型　　　　　D. 网络

18. 数据库管理系统是软件和数据的结合，是进行数据库创建、管理、_____的软件系统。

A. 使用　　　　　B. 维护　　　　　C. 传输　　　　　D. 处理

19. 数据库管理系统应有支持数据定义、数据操纵、_____和系统存储过程等功能。

A. 数据处理　　　　　B. 数据传输　　　　　C. 数据控制　　　　　D. 数据存储

20. 应用数据库是指通过数据库技术建立起来为用户服务的数据库系统，如_____。

A. 个人数据库　　　　　B. 网络数据库　　　　　C. ERP　　　　　D. 以上都是

21. ERP 是基于数据库技术的软件产品，是指_____。

A. 企业级数据库应用系统　　　　　B. 数据库开发工具

C. 数据库管理系统　　　　　D. 分布式数据库系统

22. 关系数据库是目前数据库技术的主流，这里的"关系"一词的意思是_____。

A. 表之间的关联　　　　　B. 数据类型之间的关系

C. 表与表之间的关联　　　　　D. 对数据进行处理

23. 一个关系数据库中有一个数据表的记录数为 100 万，这是指它的_____。

A. 属性值　　　　　B. 度数　　　　　C. 基数　　　　　D. 维数

24. 一个关系数据库中有一个数据表有 15 列，这是指它的_____。

A. 属性值　　　　　B. 度数　　　　　C. 基数　　　　　D. 维数

25. 以下不属于关系的基本运算是_____。

A. Add　　　　　B. Deference　　　　　C. Divide　　　　　D. Cartesian Product

26. 以下不属于关系的基本运算是_____。

A. Union　　　　　B. Intersection　　　　　C. Link　　　　　D. Not

27. 属于关系的基本运算是_____。

A. Project　　　　　B. And　　　　　C. Or　　　　　D. Not

28. 在关系数据库技术中，行的专业名词是_____。

A. 元组　　　　　B. 元素　　　　　C. 元数据　　　　　D. 元运算

29. 在关系数据库技术中，列数据的专业名词是_____。

A. 元组　　　　　B. 元素　　　　　C. 属性　　　　　D. 元

30. SQL 是关系型数据库的标准编程语言，是_____。

A. 文件化的　　　B. 结构化的　　　　C. 非结构化的　　　D. 对象化的

31. 创建数据的操作属于 SQL 中的_____。

A. 数据查询　　　B. 数据操纵　　　　C. 数据定义　　　D. 数据控制

32. OLAP 是数据库技术的_____。

A. 联机事务处理　B. 联机网络处理　　C. 联机数据传输　D. 联机分析处理

33. OLTP 是数据库技术的_____。

A. 联机事务处理　B. 联机网络处理　　C. 联机数据传输　D. 联机分析处理

34. 构建数据库系统由两部分组成：服务器（Server）和_____，这种结构叫做 C/S 结构。

A. 终端　　　　　B. 客户机　　　　　C. 服务器端　　　D. 浏览器端

35. 数据库设计的第一步就是建立模型，采用的方法是_____。

A. 数据表　　　　B. 结构表　　　　　C. ER 图　　　　　D. 流程图

36. 基于网络的数据库系统通常使用浏览器访问数据库，这种结构叫做_____结构。

A. C/S　　　　　B. D/S　　　　　　C. B/S　　　　　D. A/S

第 7 章　网络与网络计算

1844 年，Samuel Morse 发明了电报，人类首次具有了远程快速发送信息的能力。1876 年，贝尔发明了电话，人类的通信能力扩展到了语音。今天，计算机网络已经是信息时代的标志，网络又使得计算机的计算能力得到无限放大，移动网、宽带网、无线网等技术使得带有通信功能的计算设备实现了"无处不在的连接"，计算不再局限于计算机，而是延伸到了整个网络，如云计算就是基于网络的，网络又是最大的数据源。本章介绍网络和网络计算的相关知识。

7.1　通信基础

计算机网络（Computer Network，简称网络）最简单的定义是：计算机网络是将大量独立的计算机相互连接起来，以实现资源共享。1970 年，以生产办公设备而知名的施乐公司（Xerox）研制了世界上第一块网卡，因此这个时期被认为是计算机网络发展的真正起点。网络中的计算机具有自主处理能力，网络可以通过互连设备连接成到其他网络，组成更大的网络，如图 7-1 所示。

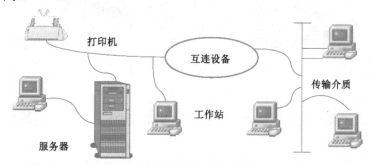

图 7-1　计算机网络示意

20 世纪 90 年代以来，网络快速发展，改变的不仅是通信方式，更重要的是改变了生活、学习、人际交流、社会服务和金融、贸易的形态。网络在空间上缩小了地域上的距离，也缩小了时间的距离。网络已经成为一个虚拟的世界，而且它的未来也无法预测。

今天，计算机网络已经是一个全覆盖的通信系统。我们首先通过介绍通信的几个重要概念开始了解网络，包括通信的度量单位、通信介质和通信理论的基本知识。

7.1.1　通信介质和传输

网络的通信性能主要取决于采用何种通信介质，也和网络采用的技术相关。目前网络通信主要使用的介质是线缆、光纤和无线电波。衡量网络通信的主要技术指标有传输速率和带宽等。

1．通信介质

网络介质（Media）就是通信线路，也叫信道（Channel），是实现网络的物理连接。通信介质分为有线和无线两类。有线的也叫有向，如导线和光纤。无线的也叫无向，是无线电波。

（1）有线介质

有线介质主要是双绞线和光缆。双绞线（Twisted Pair Cable，TP）是网络中最常用的传输介质，彼此绝缘的两根铜导线绞在一起，以降低信号干扰。双绞线网络电缆由 4 对双绞线组成，如图 7-2 所示。双绞线使用 RJ45 连接器与计算机实现有限连接，计算机上有 RJ45 的网络接口。

图 7-2　RJ45 连接器、双绞线和网线（左到右）

光纤（Optical Fiber，光导纤维，也叫光缆）是一种传输光的通信介质，如图 7-3 所示。华裔科学家高琨由于其在光纤方面的研究获得 2009 年诺贝尔物理学奖。光纤的电磁绝缘性能好，传输速度快，距离长，抗干扰能力强，保密性能好。过去，光纤多用于主干网。现在，接入网也开始使用光纤，甚至光纤直接入户。

图 7-3　光纤

2．无线通信

移动上网是近年发展最快、非常实用的上网方式，这主要由于无线通信和网络结合的"移动互联网"，它能够保证用户"随时在线"。

无线传输的介质是电磁波。1865 年，英国物理学家麦克斯韦（James Clerk Maxwell）提出了电磁波通过空气传播理论。1888 年，德国物理学家赫兹（Heinrich Hertz，频率的单位 Hz 就以他的名字命名）首次实验证实电磁波的存在。电磁波也称为无线电波，简称电波。

无线传输包括无线电波、红外线传输、卫星通信。

（1）无线电波

电路只要接上一个天线，就可以以无线的形式发送和接收无线电波。无线电波的频道是受到管制的。但开放了 2.4 GHz（实际为 2.405～2.485 GHz）和 5.7 GHz（实际为 5.725～5.850 GHz）两个无线频段，用于功率较小的应用，因此无线上网的 Wi-Fi（Wireless Fidelity）和蓝牙（Bluetooth）都使用这两个频段。另一种无线介质是红外线，原本期望作为短距离通信，现在已经被放弃了，目前，它主要用于控制电视、空调、音响等设备的操作。

（2）卫星通信

1945 年，英国科幻作家 Arthur Clarke（阿瑟·克拉克，被尊为"卫星通信之父"）预言在地球上空部署 3 颗同步卫星可以组成全球通信网，他精确指出 35860 km 的高空是卫星和地球同步的高度。1964 年有了第一颗同步卫星，其定位在 36000 km 的同步轨道上，与地球之间的传输时间大约为 0.24 秒。

通信卫星覆盖范围广，跨度为 18000 km，大约为地球表面三分之一面积，因此三个通信卫星就可以覆盖地球上的全部通信区域。最近新的卫星通信技术能够使同步卫星定位在 16000 km 的太空，传送时间被缩短。通信卫星支持多个频段以实现多路传输，每一路卫星线路的容量约等于 10 万条线路。

远程卫星系统一个以某种频率为接收信号，放大该信号又以另一种频率发射出去，如图 7-4 所示。现代卫星通信中，转发器以几个频率中的一个（通常叫做波段）进行发送。碟型天线完成卫星数据的发送和接收。

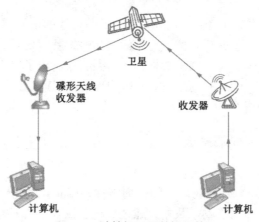

图 7-4　计算机卫星数据通信

2．传输速率和带宽

计算机是二进制系统，因此网络传输也是数据传输。计算机网络的基本技术指标是传输速率和带宽。实际上它们是一回事，只是表述不同。

网络的数据传输速率是二进制位为度量单位，即 bps（bit per second），称为比特率。bps 也用 k、M、G 作为前缀，与存储器的量词不同，这里是十进制，如 1 Mbps 是指 10^6 bps。也有将每秒字节数 Bps 作为网络速率的度量单位。

传输速率的另一个说法是带宽（Bandwidth），通常表示传输速率的范围。例如，语音带宽（Voice Band）为 9.6～56 kbps；宽带（Broad Band）是指微波、卫星、光纤线路的带宽，速率为 264 Mbps～30 Gbps。现在，"宽带"更多的用来表示接入网的最大传输速率，是相对于传统的语音带宽而言的。

7.1.2　调制与解调

第 3 章介绍了 ADC（见图 3-4）和 DAC。现实世界是一个模拟世界，产生的都是模拟信号，电磁波都是以时间 t 的正弦或余弦函数表示的，如我国的市电频率是 50 Hz、电压值 220 V 的余弦波。19 世纪初，法国数学家傅里叶就证明了，任何以时间 t 为变量的函数都是多个不同幅值和频率的余弦波函数之叠加，这个定理被称为傅里叶变换。信号在介质中传输必然存在衰减，电路的电阻、电容和电感导致信号衰减，声音经空气传播的衰减也是和距离成正比的。数字信号中高频分量在介质中的衰减很大，所以传输必须使用衰减较小的模拟信号。

在网络中，为了传输计算机的数字信号，需要将数字信号调制（Modulation）为通信介质传输的模拟信号，在接收端再将模拟信号"解调"（Demodulation）回数字信号，这两个过程合在一起就是"调制解调"（Modem），如图7-5所示，完成这个功能的设备叫做调制解调器。计算机中的网卡（无线或有线）都有调制解调的功能，以实现数字传输。

图 7-5　使用 Modem 进行数据传输

前述的"带宽"是指在某个频率（或频段）上，其传输的信号幅度不会明显衰减。因此，带宽是一种物理特性，取决于介质。信号经过线路传输，就需要有一种设计：哪一种频率或频段可以用来传输？也是美国工程师尼奎斯特于 1924 年给出了一个有限带宽通信的计算公式，其后，克劳德·香农（Claude Shannon）进一步给出了通信最大传输速率的计算方法。上述就是通信理论的基础概念。

7.2　网络技术

网络连接（Connection）是指物理上的，而链接（Link）是指逻辑上的。如果将网络视为一条四通八达的公路，那么货物（数据）通过哪种运输（通信）方式就是需要解决的主要问题。7.1 节介绍了连接，本节介绍的网络传输是链接和网络的类型。

7.2.1　网络传输

网络传输的技术细节比较复杂，不在本书的讨论范围内。下面简要介绍计算机网络的几个概念，包括网络的传输方式和分布式系统。根据传输方式，网络分为广播式链接（Link）和点到点链接。

1. 广播网络

广播网络（Broadcast Network）上的所有机器共享一个信道，当任何一个机器接收了信道上的信息，检查是否属于本机器的，如果是，则接收处理，否则忽略该信息。

广播方式在网络中以数据包（Package）传输，包也叫做分组，因此也叫做包交换、分组交换。一个数据文件可以被分成一个或几个包，包的大小从数百 B 到数 KB、几十 KB 不等。包的头部有一个地址信息，指出接收包的机器地址和发送包的机器地址。这有点像普通邮局收寄的包裹或信函。

在这种方式中，系统内的所有机器都会接收包，包的头部有一个包含接收机器的标志。广播网络通常用于较小的网络设计。

2. 点对点网络

点对点（Point to Point，P2P）是实现一对机器的互连。这种网络传输方式需要从一台机器到另一台，另一台再传输到下一个点。因此，从源机器到目的地的传输可能需要多个中间接力传输。

点对点网络的第一个问题是如何选择路径。当然，选择的路径越短越好。为了解决这个问题，网络中有专门负责计算路径、负责传输信息的设备，即路由器。路由器的进一步介绍请参见 7.2.3 节。

3．是机器还是网络

根据网络定义，网络就是机器的互连。问题是互连的就是网络吗？也许几年前这个问题还有答案，不过今天这个问题也许就没有答案了。

分布式系统与单机系统对应的。如果不严格进行定义和区分，那么网络就是分布式系统。而且，目前构成大型计算机系统使用的技术很多就是网络的互连技术。

分布式系统（如访问数据库）基于一个统一的模型，这个模型是基于操作系统的，那么分布式系统将所互连的机器可以看成系统的组成部分。如果看上去机器是独立的，尽管它们的行为（如访问数据库和 Web 网站）是相同的，但它们不是一个整体，那么这种连接就是网络，如 C/S 结构（见 6.4.2 节）。

因此，许多被称为分布式的系统，如云、Web 服务等，是建立在网络之上的一种系统，有的使用浏览器访问即可，有的需要使用客户端访问。即使计算机专家也不能严格区分网络和分布式系统，是因为这两种体系已经实现了技术融合。也正是如此，各种网络服务的提供者可以通过构建自己强大的分布式系统，再接入互联网，为用户提供数据存储、搜索、购物、通信等网络服务。

7.2.2　网络类型和设备

与网络技术相关的另一个因素是距离。点对点技术适合地理位置比较分散，而广播式适合联网的机器位置较近。因此，根据网络的地理位置和规模对网络进行分类，主要包括局域网、广域网。

1．局域网和无线网

局域网（Local Area Network，LAN）是连接较小地理范围内的计算机组成的网络，如在一个部门或单位内，或在一幢办公楼内，有时可以延伸到近距离的楼群之间。最早的网络雏形是 LAN：MIT 的几个学生用电话线把计算机连接起来，交流编程心得。

管理和构成局域网的各种配置方式叫做拓扑（Topology）结构。局域网有过多种结构，目前使用较多的是树型（Hierarchical）结构，如图 7-6 所示。

局域网采用广播式数据传输。多台机器同时发出通信请求，处于网络中心节点的设备或者计算机需要进行仲裁。局域网是大型网络的基本单元，也是各种网络连接的基本组态，如无线网络 Wi-Fi 也是以局域网的传输技术构建的。蓝牙也叫做微型网（Pico Net），使用 2.4 GHz 公共频段。具有蓝牙功能的机器之间的可以相互传输数据，不过蓝牙现在主要用于某些小设备，如无线鼠标、键盘、耳机等。

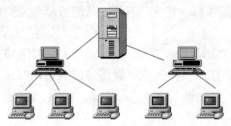

图 7-6　树型拓扑结构

2．广域网

从地域上看，广域网（Wide Area Network，WAN）的范围没有限制。例如，互联网就是最大的广域网。按照定义，只要两个以上的局域网实现互连，形成的网络就是广域网，如图7-7 所示。今天的广域网接入的概念不再局限于网络之间的互连，一台计算机（如家庭）也能通过路由器连接到互联网。

图 7-7　广域网

进入广域网的局域网中通常有一个特殊的节点，被称为"路由器"的边界设备，实现点到点的连接，负责处理网络间的通信。广域网一般使用公共网作为通信线路。以目前的发展趋势来看，无线广域网（WLAN）也许是广域网的未来。

城域网（Metropolitan Area Network）是一个城市范围内的广域网。在数十年前，网络建设往往被局限于在一个城市范围内，而今天的网络覆盖已经"无处不在"，如我国实施的村村通网络工程。现在，城域网的概念很少再被提及，且它本就属于广域网。

3．网络设备

网络是通过网络设备进行连接的。网络设备有多种类型，主要有网卡、交换机和集线器、路由器等。

（1）网卡

网卡是计算机指连接网络的接口。过去，网络接口被设计出插卡的形式插入计算机的扩展槽中，故被称为网卡（Network Interface Card，NIC），其主要功能是实现联网通信所需的数据转换、数据打包和拆装、产生存取控制的网络信号等。今天的 PC 和移动设备都将 NIC 直接设计在主机电路中，机器都有内置了无线网接口。

网卡有一个唯一的标识码，称为 MAC（Media Access Control，介质访问控制）地址，它是 12 位 16 进制码，形如"00-00-E7-51-0E-7C"，由一个国际组织负责分配，前 6 位代表生产厂商，后 6 位为厂商给网卡的序列号，通过 MAC 地址可定位机器、流量计量等。所谓介质访问控制，是根据不同的线路介质，产生不同的数据和控制信号。通过 MAC 地址可定位机器和流量计量等。

（2）集线器和交换机

网络集线器（Hub）和交换机（Switch）如图 7-8 所示，采用 RJ45 或光纤端口连接。它们在局域网中充当中心节点，其主要作用是数据转发，为网络的稳定性和可靠性提供保证。

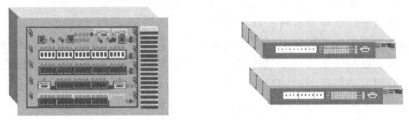

图 7-8　交换机（左）和集线器（右）

交换机与集线器的差异在于，交换机的每个端口都享有一个专属的带宽并具备数据交换能力，而集线器共享一个带宽；交换机还有信号过滤和网络管理功能。因此，大型网络使用交换机，小型网络可使用价格便宜的集线器。

（3）路由器

路由器（Router）连接不同的网络，现在的网络都采用带交换功能的路由器实现网间互连，如图 7-9 所示。20 世纪 60 年代，网间的数据传输由一台专门的计算机完成，这台机器被称为网关（Gateway）。其时，斯坦福大学的两名研究生改进了设计，在这台机器中存放了网络地址，根据网络地址判断数据是网内还是网外，再决定传输路径，并将其取名为路由器（Router）。他们后来成立了一个公司，就是著名网络公司思科（Cisco），我国的华为也是全球知名的网络设备供应商。

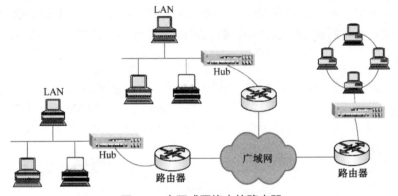

图 7-9　交互式网络中的路由器

路由器的主要工作是寻找一条最佳传输路径，并将数据传送到目的地。为此，路由器中保存着各种传输路径的相关数据——路径表（Routing Table），或由网络管理员配置，或由系统动态修正，或自动调整。互联网的关键连接设备就是路由器，把全世界的不同网络组成了唯一的一个全球交互的信息网。

今天的路由器的概念已经远远超出了最初的含义，它几乎已经作为网络互连的主要设备：将路由功能与交换功能结合的"路由交换机"；将路由与调制解调功能结合的路由调制解调器；将路由与无线通信结合的"无线路由"；家庭网络使用的具有调制解调、无线通信、路由功能的接入设备等。因此可知，信息传输的路径计算是网络技术的核心。

随着技术的发展，路由器既能连接局域网，也能接入广域网，网关设备也就退场了。然而，术语"网关"仍然沿用了下来，被赋予了新的功能，如为网络安全建立防火墙。

7.2.3 网络协议

有网络必有通信，有通信必有协议。简单地说，网络协议（Protocol）是通信的规则、标准。传统的通信方式也需要协议，如寄信需要规格信封和邮政编码，以便信函分拣和传递。网络协议约定通信过程的细节，如怎样发信息、信息格式、如何寻找信息接收者等。

不同类型的网络通信有不同的协议，如 Web 使用超文本传输协议、E-mail 使用电子邮件协议。所幸的是，常用的网络协议已经被纳入到操作系统中了。网络协议有很多，我们不再一一列举。这里简单介绍网络协议的基本知识。

1．局域网协议

广域网没有规定什么类型的网络可以接入，因此网络发展的 50 多年来，局域网的标准几乎是进行网络通信的标准。IEEE（Institute of Electrical and Electronic Engineers，国际电气电子工程师协会）在 1980 年 2 月成立了局域网标准委员会，因此局域网标准被统称为 IEEE 802 标准。

按照 IEEE 的定义，局域网是一个通信系统，网络各节点是平等关系，局域网的站点对来自其他站点的信息是有选择地接收的。事实上，无论是设备生产商还是网络软件开发商，都需要按照 IEEE 802 协议进行生产和开发。IEEE 802 协议是一个系列协议，包括十多个标准协议。例如，智能手机的产品参数中包括"支持 IEEE 802.11"，这就是 Wi-Fi 的标准，说明该手机能够使用 Wi-Fi。

局域网协议规定了物理连接和数据的链路，是于网络的底层。我们通常用到的邮件、Web 等是网络应用层。局域网底层类似公路，而公路上开的各种类型的车就是应用层面的事情。

2．以太网

过去有多种局域网的组网技术，如令牌网、环形网等，目前主要是以太网（Ethernet），它按 IEEE 802 相关的以太网协议组建。常见的桌面系统为 10/100 Mbps 和千兆位以太网。万兆位以太网（10GE），如图 7-10 所示，图中 R 为路由器，S 为交换机，使用光纤连接。

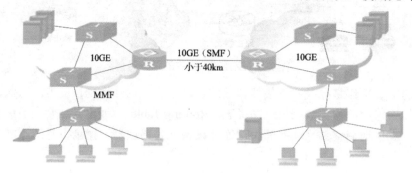

图 7-10　万兆位以太网

以太网是广播式网络。发送和接收数据包（Packet）时，都要检查传输数据的正确性，一旦数据出错就必须重发。因此，以太网理论上的传输速率和实际传输速率之间的差距很大。以太网内的数据传输使用曼彻斯特编码（Manchester Encoding），规定每个数据位都占用两个周期：如果为 1，则第一个周期为高电平，第二个周期为低电平；为 0，则相反。这种编码的特点是在没有同步（网络不提供同步信号）的情况下能够无疑义地确定每一位数据。

千兆位、万兆位以太网支持点对点传输，适合广域网和大型的局域网。

3．虚拟专网

网络是基础设施，网络建设要考虑成本。地域相对集中的机构、企业，建网成本可控。但跨地域的企业、机构，即使是大银行，也无法自建网络，即使能建，维护成本也是巨大的。

公网设施（如我国的电信、移动和有线电视等）都建有覆盖全国地域的网络线路和设备，因此租用线路是一个很好的选择。租用公共线路构建内网，主要问题是确保其不被非法进入。这就需要使用 VPN（Virtual Private Network，虚拟专用网络）技术。

从用户的角度看，VPN 是一个专用的网络，经公共广域网连接而起到局域网的作用。大型企业，如跨国公司、银行，都使用 VPN 构建自己的专用网络。

如果把互联网看成"公网"，VPN 则是在这个公网上建立一个临时的、安全的、稳定的隧道。VPN 技术也被用于局域网用户访问互联网。

7.2.4　网络服务器

进行网络管理和开展服务，就需要网络上指定机器承担这些任务，这些承担管理和服务的机器就叫服务器（Server）。同样，网络需要通过软件来完成通信和数据的处理。

1．网络服务器

服务器也是网络中的一个节点，负责管理网络系统中所共享的资源，如大容量数据存储、高速打印等。服务器作为核心设备，在性能上要考虑不间断运行，故障系数要小。网络服务器类型有文件服务器、打印服务器和应用服务器。

2．网络操作系统

普通用户使用的上网机器，如 PC、移动终端等，其操作系统（如 Windows、UNIX、Linux、Android、iOS 等）都是有网络功能的操作系统。不同于个人设备，网络服务器需要支持和管理多用户访问，因此服务器上安装的操作系统是功能更强的网络操作系统（Network OS，NOS），如 Windows 的 Server 版。每种操作系统都有服务器版本。

3．网络应用程序

操作系统需要网络版，应用程序也是如此。如各种数据库产品就是根据不同的并发（同时访问）用户数来定价的。实际上，大多数应用软件，即使不是为网络所专门设计的，也包含了一些网络功能。例如，Microsoft Office 的 Word、Excel、PowerPoint、Access 等都有强大的网络功能，如在文档编辑中直接发送邮件、支持多人协同完成文档的制作等。

另一类网络应用程序需要专门开发。如"网上办公"，是指一个政府机构在互联网上构建的审批流程。再如，学生注册、选课、成绩查询等也是在校网上进行的，同样需要专门的应用程序为这些网络服务提供支持。

因此，使用由网络协议、网络设备、通信介质和计算机组成的网络是一个基础设施，提供了资源共享和各种网络服务的平台。在网络上进行各种服务都需要专门的应用程序支持。

7.3 互联网

如前所述，组建网络是在物理连接和数据链路层次上的进行的，互联网则是在网络（应用）层上的。

互联网始于 1969 年美国国防部的一项研究计划 ARPANET（Advanced Research Projects Agency Network），1985 年由美国国家科学基金会（National Science Foundation，NSF）接管，成为 NSFnet 后，逐步发展为覆盖世界的唯一的广域网，就是今天的互联网（Internet，因特网）。我国在 1986 年以中德合作启动的中国学术网为起点，1994 年开始建设基于电信公网的互联网。现在的中国已成为世界经济增长的引擎，而互联网在经济发展中起到了巨大的作用。

7.3.1 TCP/IP

ARPANET 的组织者泰勒没有想到他领导的一个试验网会成为覆盖全球的巨大网络。文特·瑟夫（Vint Cerf）和鲍勃·卡恩（Bob Kahn）可能也没有想到，他们在 UNIX 中编写的一段程序代码将成为这个巨大网络的核心，这个程序就是实现了互联网通信的协议——TCP/IP。

最初，TCP/IP（Transmission Control Protocol / Internet Protocol，传输控制协议/网络互连协议）只是两个协议。现在，电子邮件、Web 服务、文件传输等 100 多个互联网协议与 TCP/IP 一起组成了互联网协议集，因此广义上将整个这个协议集简称为 TCP/IP。

TCP/IP 也采用了分组交换技术。TCP 负责数据打包（Package）、编号，在接收端将数据按原来格式组合。IP 负责为每个数据包加上接收主机的地址后在网络信道中传输。因此，从功能上说，TCP 负责数据的发送和接收，IP 确定传输路径，两者相辅相成，缺一不可。

互联网之所以具有极高的可靠性，是因为它被设计成没有控制中枢的平等的网络结构，使之不易受到攻击而瘫痪。

网络有 ISO 制定的国际标准"OSI 参考模型（Open System Interconnect Reference Model）"，它将网络分为 7 层，每层都有明确的任务。TCP/IP 模型也是层次结构，第 1 层为网络接口层，然后是传输层、网络层、应用层。OSI 是 1983 年制定的，而 TCP/IP 早在 OSI 制定之前就被开发出来了，因此它的层次结构与 OSI 模型中的层次不完全一致，如图 7-11 所示。

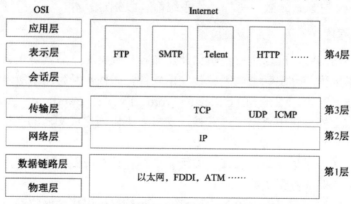

图 7-11　OSI 参考模型和 TCP/IP 对照

TCP/IP 的工作原理可类比邮局发送信件的过程，如图 7-12 所示。

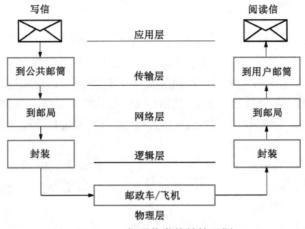

图 7-12　邮局收发信件的示例

写信过程是应用层，只负责信的内容。投放到公共邮筒是进入传输层，需要按规定写信封。从邮筒到邮局的过程是由邮递员完成的，这由邮政局的网（络）决定的，因此是网络层。封装是指邮局把信装入目的地邮袋，这个过程相当于建立了数据链路，是逻辑层。而通过邮政车或飞机完成传输（物理层）。上述是发送，反向上述过程完成信件的接收。

TCP/IP 体系只有 4 层，比 OSI 模型简单。由于互联网的特殊地位，TCP/IP 体系是既成事实的网络（应用的）工业标准。有时为方便起见，也将 TCP/IP 简称为 IP。

7.3.2　IP 网

IP 原本是负责通信传输路径的一个协议，但是由于各种互联网服务都需要传输，因此它也成为了互联网技术的代名词，也有把互联网直接称为 IP 网。IP 地址、域名、内网和外网都是互联网中的重要概念。

1. IP 地址

IP 协议规定每台入网的计算机都必须有一个唯一的网络地址，即 IP 地址（IP Address）。IP 地址为 32 位二进制数，即 4 字节。每字节的取值范围为 0～255。字节之间用"."隔开。如浙江大学 Web 主页服务器的 IP 地址为 61.164.42.190，如图 7-13 所示。

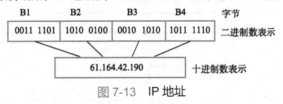

图 7-13　IP 地址

在互联网中，拥有 IP 地址的计算机都叫主机（Host），路由器根据 IP 地址传输数据包。

早前有过 IP 地址按照网络规模进行 A、B、C、D、E 分类的方案，用于不同规模的网络，但现在已经不再使用了。IP 地址预留第 1 字节的 10，第 1、2 字节的 172.16～172.31 和前 3 字节的 192.167.0～192.168.255 作为内网或 VPN 使用。

IP 地址分为固定和动态两种。固定地址是机器上的 IP 地址不变的，而动态 IP 地址是，一旦机器与互联网建立连接，就分配一个 IP 地址，退出时地址自动取消，如公共网、Wi-Fi 等使用的是动态地址。

2．IPv4 和 IPv6

人类的想象力和创造力之间的矛盾在互联网的设计方面再次得到非常奇特的表现。最初设计者认为，互联网地址使用 4 字节已经足够为整个世界所用。现实并非如此，IP 地址已经面临资源危机。为缓解这个危机，目前使用的是无类别域间路由（Classless Inter-Domain Routing，CIDR）方案，是将 IPv4（IP version 4）剩余的地址以可变大小块的方式分配，而不管这些地址原来是属于哪一类的。

IPv6（IP version 6）有望解决 IP 地址的这个危机：理论上，IPv6 地址是 IPv4 的 7.9×10^{28} 倍，"能够给地球上的每粒沙子分配一个 IP 地址"。IPv6 不仅给出了 IP 地址方案，还改进了数据报文格式，支持更多的服务。

目前的操作系统已经支持 IPv6，使用的是类似于 IPv4 动态地址技术的"节点自动配置"功能，用户不需要任何的配置就可以连接到互联网上。当然，相应的网络路由器必须也支持 IPv6。

从 IPv4 过渡到 IPv6 可能是必然的选择，问题是代价过大，更换已经非常庞大的 IPv4 网络设备是一件复杂而费钱的事情。

3．域名

IP 地址是一串数字，显然人们记忆有意义的字符串比记忆数字更容易。为此，互联网采用了域名系统（Domain Name System，DNS）。域名由 2~5 段字符串组成。网络中有负责解析域名的服务器，完成域名到 IP 地址的转换。域名组成为：

主机名.子域名.所属机构名.顶级域名

"主机名"用来标识计算机，"子域名"一般用来表示机构名称，"所属机构名"是一个通用域名，用 3 个字母表示机构或组织的属性。"顶级域名"用 2 个字母表示，代表一个国家或地区。例如，浙江大学的域名为 www.zju.edu.cn，可知这台主机名是 www，属于 zju（浙江大学），机构性质 edu（教育），顶级域名 cn 表示其地理位置是中国。不知是何原因，www.zju.edu.cn 的 IP 地址经常在变化，由此也可见域名的重要性。

表 7-1 列出了部分顶级域名和机构域名。互联网发源地美国的顶级域名 .us 可省略。

表 7-1　部分顶级域名和机构域名

顶级域名代码	国家或地区名称	机构代码	机构名称
cn	中国	com	商业机构
jp	日本	edu	教育机构
hk	香港	gov	政府机构
uk	英国	int	国际机构
ca	加拿大	mil	军事机构
de	德国	net	网络服务机构

4．内网和外网：Intranet

许多建有内部网的机构有内网和外网之分。内网的用户需要使用内网的资源，也需要到外网即互联网上获取更多的其他资源。一个显而易见的问题就是：用户不希望使用两套系统分别使用内网和外网。

严格意义上，Internet 不是一个物理网络，而是基于网络的一种应用。我们知道，不管哪种网络，实现网络通信的关键就是网络使用的协议和软件。因此一个好的方案是：内网也采用与互联网同样的技术来构建它的应用，即以 TCP/IP 为内网的核心，被冠以一个新的名字"Intranet"（也使用 internet，首字母小写），它与 Internet 只有一个字母之差，含义不同。

一个最好的例子就是校园网：学生可以访问校内的资源，也可以访问互联网；在校外，师生也可以通过公网进入校网（如反向 VPN）。当然，VPN 需要通过密码认证。

内网与外网采用了不同的 IP 地址方案，因此需要使用代理服务器解决访问外网需要的 IP 地址，或者使用动态 IP 地址的方法，给内网中申请访问外网的机器分配 IP 地址。简单地说，用一台计算机做代理服务器，代理网内其他计算机与互联网之间的通信。使用代理服务器的好处是，一个网络内只有代理服务器需要合法的外网 IP 地址，其他机器以内部 IP 地址就可以访问互联网。

5. 网络命令

TCP/IP 是互联网协议，也包含了许多实用程序，用于互联网的检测、维护和查看有关网络信息。例如，Netstat 命令可以检测本机各网络端口（如接收端口、发送端口）的状态，Netstat –n 命令可以查看所有和本机连接的机器的 IP 地址，ARP 命令可以确定对应 IP 地址的计算机网卡的 MAC 地址，Route 命令进行有关路由操作等。Tracert IP 地址返回到达 IP 地址所经过的路由器列表，Route Print 显示路由表中的项目。使用较多也是非常实用的两个命令是 Ping 和 IPconfig。

Ping 是 Packet InterNet Groper 的缩写，这个名称来源于潜艇声纳发送回声的侦查的术语。Ping 命令用于确定本地主机是否能与另一台主机交换数据包。

IPconfig 命令显示当前的 TCP/IP 配置参数，一般用来检验人工配置的 TCP/IP 设置是否正确。如果计算机使用了动态 IP 地址，这个程序所显示的信息也许更实用。

6. 接入互联网

"上网"多指接入互联网，专业词汇是登录（Login）。接入互联网的方式有许多种，如局域网上网、宽带上网、无线（Wi-Fi）上网、移动数据网等，如图 7-14 所示。

图 7-14　连接到互联网

局域网上网是指局域网通过路由器与互联网连接，多为机构、企业用户使用。宽带上网是指通过公网接入互联网的方式，多年前是电话拨号上网，如今家庭或小型网络通过 DSL（Digital Subscriber Line，数字用户专线）接入互联网。DSL 将电话线划分低频端和高频端，低频打电话，高频上网。DSL Modem 作为连接设备，提供比电话拨号上网要高得多的带宽。

"移动上网"主要是移动终端上网，一种是基于局域网的 Wi-Fi 上网，这是移动上网的主要方法，因为局域网是免费的。另一种是经移动通信蜂窝无线网，因此只要手机有信号的地方就能上网，这对用户很有吸引力。唯一不利的是，它的带宽仍然受限。直到 2013 年的 4G（第 4 代移动通信网），带宽得到大幅度提升，手机上网的局面有所改观，但资费仍然过高。目前，我国移动上网用户已经超过 7 亿，超过了传统的计算机上网的用户。

卫星通信主要用于语音服务和广播电视传播，用于数据网的叫做 DirectPC 的服务，通过类似电视卫星服务的数字通信卫星的广播天线为用户提供网络连接。对偏远地区，卫星通信可能是唯一的选择。影响用户选择卫星数字通信的还有一个因素是服务价格。

7.3.3 互联网服务

互联网已经成为了一个虚拟世界，每天有数以亿计的用户在互联网上检索信息、浏览新闻、观看视频、购物等。下面简单介绍互联网的几种服务。

1. Web

1.6 节介绍了 Web。Web 是互联网最重要的服务，是一个综合信息服务系统。通过 Web 网站，用户可以获取新闻、科技、教育、娱乐等方面的信息。

Web 使用 HTTP（Hyper Text Transfer Protocol，超文本传输协议）或/HTTPS（Secure HTTP，安全 HTTP）协议，Web 页面使用 HTML（Hypertext Markup Language，超文本标记语言）编程语言，用户通过浏览器访问。浏览器被误认为是一个 APP，实际上它是语言翻译器——翻译 HTML 编写的 Web 页面程序。

超文本（Hypertext）是指非线性的文本。Web 文档以链接方式突破了普通文本线性定位的限制。Web 也支持超媒体，超媒体就是在网络浏览环境的多媒体。Web 网站是存放了一组关联的 Web 页面的网络服务器。现在的 Web 还支持电子邮件、文件传输、网络搜索、电子商务等网络服务，因此有人认为 Web 就是互联网。

早前的 Web 主要通过网站为用户提供信息服务，称为 Web 1.0 版。进入 21 世纪后，用户也可以作为信息的提供者了，因此 Web 成了一个信息交互的平台，这就是 Web 2.0。

同样，有人预言 Web 3.0 将到来。Web 3.0 的具体含义还不确定，也许将来的互联网本身就是一个无所不包的数据库，也许人工智能技术将用于各种网络服务，或者由 3D 技术搭建的网站甚至虚拟世界或网络公国等。借用计算机专家 Reed Hastings 的话来解释 Web："Web 1.0 是调用上网，50 kbps 平均带宽，Web 2.0 是 1 Mbps 带宽，那么 10 Mbps 带宽、全视频的网络才感觉像是 Web 3.0"。

2. URL

URL（Uniform Resource Locator，统一资源定位器）可以理解为 Web 页面在互联网上的"地址"。URL 就像一个全球定位系统，能够定位并访问 Web 页面。URL 的格式如下：

协议:// 文件所在的服务器名/目录路径和文件名

例如，浙江大学互联网英文版主页的 URL 是 "http://www.zju.edu.cn/english/"。一般情况下，URL 只写前面两部分，目录路径和文件名都采用默认表示。URL 也不限于 HTTP，还可以是 FTP、Telnet 等协议。

3. 电子邮件和新闻组

电子邮件使用 SMTP（Simple Mail Transfer Protocol，简单邮件传输协议）发送，使用 POP3（Post Office Protocol version 3，邮局协议第三版）接收。使用电子邮件（E-mail）必须有一个电子信箱（Email Box），其格式如下：

用户名@邮件服务器域名

电子信箱由电子邮件服务的机构提供，是网上存放邮件数据的磁盘区域。收发电子邮件可以使用客户端工具软件，如 Outlook、Foxmail，也可以通过 Web 页面直接访问邮件服务器。

在发送电子邮件时，在标题中把邮件的主题显示出来，而且把自己的名字作为邮件发送者，使接收者能很快注意到邮件，其次，英文邮件不能全部使用大写字母，这意味着对收件人吼叫。

电子邮件可以附加其他文件，统称为附件（Attachment）。严格意义上，电子邮件客户端往往是一个 PIM（Personal Information Management），除了邮件，也包括通信录、日程安排等功能。

4. 新闻组、文件传输、Telnet 与 BBS

这几种曾经都是互联网的服务，现在差不多已经淡出或者只有较少的用户在使用。

互联网的新闻组（Usenet，User's Network）以特定的主题、为特定的用户群服务。新闻组通过电子邮件客户端软件下载主题信息。

文件传输服务用文件传输协议 FTP（File Transfer Protocol）命名。FTP 的主要作用是支持在互联网上上传(Upload)和下载(Download)文件。常用的 FTP 软件有 CuteFTP 和 LeapFTP 等，也有如迅雷这样的在线 FTP 工具，而提供下载服务的网站都支持 Web 下的 FTP 操作。

telnet 是 UNIX 系统中的一个命令，是一种访问互联网的方法。用户也可以通过 telnet 命令进入 BBS（Bulletin Board System，电子公告牌）系统。远程登录的命令格式为：

telnet 远程主机名

如在 Windows 命令行输入 "telnet bbs.zju.edu.cn"，登录的是浙江大学 BBS。Telnet 不是默认安装，需要在控制面板中的"打开或关闭 Windows 功能"中，选择 Telnet 客户端。现在大多数 BBS 都是基于 Web 的，并大多冠以"论坛"的命名。

5. 社交网络和即时通信

互联网中最热门的应用可能就是社交网络了（Social Network），这也是 Web 2.0 的主要特征：互联网交互。美国的"脸书"（Facebook）、"推特"（Twitter），国内的许多博客（Blog）网站，腾讯公司的 QQ 和手机端的"微信"（Wechat），都是提供社交服务的网站或 APP。社交网络改变的不仅是人与人之间的交往方式，给社会服务、社会政治都带来了很大的冲击。

"时间是两点间最远的距离"，互联网在空间上缩小了地域上的距离，也缩小了时间的距离上。过去，即时通信（Instant Messaging，IM）被定义为在互联网上使用文本、语音、视频等形式同步交流。现在，这个概念也开始变了，是将即时通信和社交网络服务连在一起。

即时通信 APP，如 QQ、微信，即使对方不在线，也可以留言。因为这些信息是经过服务器转发的。

6. 移动互联网

前面提到了移动上网，其发展之快主要因为智能手机的普及。从网络服务的角度，现在不需要购置计算机，使用手机就可以上网，而且移动互联网上提供的各种服务，与 PC 上网相比，有过之无不及，加上通过移动上网能够实现"永远的连接"，因此移动互联网成为了更多人的选择。

移动上网的另一个特点是"定位服务"。低空位置运行的地球卫星可以精确地测量地球上的目标位置。20 世纪 70 年代，美国以低空 24 颗卫星组建了"全球定位系统"（Global Positioning System，GPS），是为了美国的军事行动提供定位支持、军事通信等目的，也用于航海、航空以及地面交通等民用领域。现在，"定位服务"（Location Based Service，LBS）的网络应用，就是将 GPS、智能终端（包括手机、PDA、笔记本电脑等）和互联网结合起来，以确定 GPS 或者终端用户的位置信息，为用户提供地图导航、周边各种商务、生活、旅游设施的信息，甚至提供用户在该位置的朋友的信息。LBS 是互联网中的一个应用，但它引起的争论较大，主要涉及隐私保护问题。

我国已经成功研制了中国的导航卫星系统"北斗"（BeiDou navigation satellite System，BDS），并开始提供与 GPS 类似的移动定位服务。

7. 搜索引擎

"重要的是得到信息，更重要的是知道如何获得、从何处获得信息"。搜索引擎（Search Engine）正是为了解决用户的查询问题而出现的。搜索引擎是存放在 Web 网站上的，可以看成互联网的导航台。因此搜索引擎被叫做"信息服务的服务"，有统计表明，搜索服务是互联网使用最频繁的应用。

搜索引擎通过软件代理（有时被称为蜘蛛、软件机器人或者 bots）巡视互联网的所有 Web，检索新的页面信息，并将其添加到数据库中。因此，网络搜索得到的结果是存在搜索引擎服务公司的巨量 Web 数据库中的结果。网络搜索方法主要有按内容的分类查询和关键字查询两种。新的搜索技术支持语言查询服务。

分类查询在大多数 Web 网站中使用，将信息按照行业分类，如教育、娱乐、体育、军事、汽车等栏目。关键字查询就是在搜索引擎向用户提供的文本框中输入待查询的关键字、词组或句子，进行查找。关键字查询是大多数人选择的查询方法。

如果需要查找的关键字有多个，可以使用""""将其括起来。

知名的搜索引擎有百度、谷歌（Google）。谷歌在开发互联网应用方面是前行者，其 Google 地图、Google 计算、Google 视频、Google 翻译等都是 Google 实验室开发的应用服务，Google 地球（http://earth.google.com/）则能够查看地球上的任何位置的地理地貌甚至建筑物。百度也有地图、视频、MP3、翻译等网络服务。

8. 电子货币和电子商务

进入 21 世纪后，发生了第一次"网络经济"泡沫的破灭，因此电子货币和电子商务一度被冷落了。实际情况是它们从来就没有被遗忘，今天则更火爆：中国已经是世界上最大的网购市场。

从 20 世纪 70 年代开始出现了 EDI（Electronic Data Interchange，电子数据交换，也叫无

纸贸易），因为电子商务能够减少了交易成本，提高了交易效率，得以快速发展。20 世纪 80 年代中期，联合国制定了 EDI 的国际标准。

贸易的电子化伴随的是电子货币（Digital Currency，或 E-Money）。2011 年，中国人民银行颁发了包括中国银联在内的 27 家企业的电子支付业务许可证，这标志着我国的电子支付步入正轨。今天，电子（网络）支付在中国已经是一个很普及的应用。

电子商务主要在互联网上，如美国的亚马逊、我国的阿里巴巴、淘宝、京东等。电子商务活动有支付系统，有物流支持，对传统销售模式的冲击很大，其中最主要的原因是交易成本的降低，价格便宜。据统计，2016 年中国网络销售规模几乎达到了 5 万亿，同比增长了 30%。

网络个人购物被叫做电子商务的 B2C（Business To Customer）模式，另一类是 B2B，即企业之间的商务活动。目前，越来越多的企业在网上销售自己的产品，传统的零售业也开始经营网店。电子商务的另一个模式是 B2G（Business to Government），专门从事将企业的产品卖给政府。B2G 模式在中国比较少见。

7.3.4 未来的网络

互联网的重要性不言而喻。现在有许多互联网的应用实际上都不是新技术，都是基于 50 年前的 IP 技术。因此，互联网新技术研究就是要建立找到更新、更快的通信技术。早在 2001 年，美国正式启动了第二代互联网的研究。第二代互联网的设计数据传输速率为 9.6 Gbps 以上（亦有文献说是 10～20 Gbps），如果建成，能够在 1 秒以内完成 30 卷百科全书的传输，比现在的互联网快 100～1000 倍。目前，进入这个工程的大学和研究机构希望借助于第二代互联网建造虚拟实验室、数字图书馆、远程医学研究和医疗以及远程教学。

形容互联网，科学家的语言远不及作家和艺术家，特别是电影导演和科普作家。著名科幻作家儒勒·凡尔纳在它的小说中大胆幻想出来的许多神奇事物，在其后的百年间都变成了现实。现代通信卫星也是科幻作家阿瑟·克拉克最先预言的。因此我们借用一位作家的评论来形容互联网："网络空间，是全世界数以亿计的电脑使用者所体验的交感幻觉，……无法想象的复杂性，就像人类的大脑这一非空间世界中充斥的思想和大量数据一样。"

有研究者期望能够生产"电子生物"，期望它们能够"帮助人类而不是伤害人类"。持这种观点的人被叫做"圣达非学派"（源于圣达非研究所（Santa Fe Institute））。他们认为，如果这种事情发生，那时网络就具有了部分适应能力和生命体的自我防卫能力，当预知地球有危险时，如强风暴、地震等，网络能够感知并提醒和帮助人类抗击灾难。这个想法基于网络将覆盖地球而成为地球的皮肤。物联网也许就是能够实现对地球的全覆盖：用各种传感器标记地球上的物体，就像地球披上了一层皮肤，传感器的信息被实时上传到网络上。物联网（Internet of Things，IoT），顾名思义，就是物物相连的互联网。有科学家预言，未来的互联网就是物联网。

7.4 网络数据

4.6 节中的图状结构（Graph Structure）数据也被称为网络数据，实际上是指"网状结构的数据"，如人与人之间、城市之间、道路之间都存在相互联系，如果通过数据表达，这种数据结构形式就是网状的。不过，这里的网络数据（Network Data）是指在计算机网络中传输、存储和产生的数据。网络数据是所有数据源中数据量最大、类型最多、最复杂甚至是最混乱的数据。我们不能一一列举网络中所有的数据，本节主要介绍网络数据方面的一些知识。

1. Web 文档数据

前述许多互联网服务都是基于 Web 的，因此 Web 数据是网络数据的重要组成部分，也是数据量最大的数据。与结构化数据不同，Web 的数据是文档。文档是格式化的文本数据，Web 中文档的格式就是标记（Markup）。尽管它是用 HTML 编写的"程序"，但是通过标记告诉浏览器如何显示相关信息，这个标记用"<"和">"括起来。例如，Web 文档的首部的标记为<head>和</head>，文档主体为<body>和</body>。

Web 文档中还能够定位图像、图形、音频等非文档数据，因此它必须告诉浏览器这些媒体数据的文件存放在什么地方，并给出媒体文件的名字。如一个图片的文件名是 Image1.jpg，存放在主机存储器的 image 目录下，因此需要在 Web 文档中插入：

```
<img src = "c:\image\image1.jpg">
```

浏览器读取这个 src 标记，就会发出数据传输请求将从 Web 服务器的存储器上获取 mage1.jpg 文件数据，并以图像显示的方式展示。当然，Web 文档还需要有定位信息，告诉浏览器这个图像显示的位置。

Web 文档数据本质上是一个文本文件，可以通过文本编辑器打开、编辑，但只能通过浏览器解释执行。如果需要进行交换，如在不同的系统（Windows、iOS、UNIX/Linux）之间，在不同的软件之间（购物和支付）、不同的设备之间（手机 APP 和网站）进行，就需要以"标准"格式进行传输。这个标准就是 XML。

2. XML

为了类似与 Web 文档一类的网络数据传输的需要，就有了一个 XML（eXtension Markup Language，可扩展标记语言），作为通用标记语言。实际上，XML 是给出了表示文本、数字、多媒体演示、音乐播放等数据形式的一个记号系统，只要符合这个系统标准的文档，都可以被用于交换。因此，它也被作为网络交换的数据格式标准。

XML 用来定义传输的数据，不是表现或展示数据，所以 XML 用途的焦点是它说明数据是什么，而 Web 文档的 HTML 用来表示数据。

网络中，文本/文档数据是计算机中占据很大分量的数据。尽管现在文档采用的编码是标准的，但各种实现技术之间存在差异，会导致数据不能被交换使用，这与网络的共享目的是相背的。因此，需要通用的标记标准（Standard Generalized ML，SGML），而 XML 就是其中的一种标准。

由于 XML 迟于 HTML，因此 Web 文档并不是严格按照 XML 标准的。但 XML 的优点是，它不像计算机通用语言那样严格语法，而是允许使用新的标记。互联网中用于 Web 一类的标记标准都是根据标记单词的语义而不是单词本身制定的，因此 Web 的方向是朝着"语义"网发展的。

XML 广泛运用在非 Web 系统。第 6 章介绍的数据库是结构化数据，它有数据存储和检索的优势，但也是因为格式化，同样的数据在不同的数据库应用程序中的类型可能不同，所以不能互相直接交换。使用 XML 就可以很好地解决这个问题。另外，在数据库系统建设时，可以将一些现在还不能确定的非结构化数据用 XML 表示，今后需要重新定义也比较容易。

3．网络日志数据

日志（Log）用来记录系统操作事件，也包括网络操作。在计算机中，操作行为被记录到日志文件中，用来记录活动和故障的诊断，尤其是服务器系统上的日志文件对系统运行更重要。数据库用日志文件为数据恢复和事务回滚操作保存记录。这类日志数据被称为系统日志，一般不会传输到网络上。当然，某些攻击者，如黑客，可能利用这些日志信息。

另一种类型也是数量巨大的消息日志，它是网络访问记录和状态数据。网络中的聊天数据，如社交网络，都有各种消息自动记录的日志数据文件。消息日志基本上是文本格式数据。凡是使用过这类网络软件的用户，再次登录聊天页面，往往会重现以前的聊天信息，也有较大型的聊天系统采用数据库。安全日志产生的数据量也很大，安全管理就是依赖于日志所记录的各种网络访问数据。

大部分日志都是文本数据的记录，但由于各系统日志格式并不一致，有相当部分应用系统并不采用文本格式，需要专用的程序，否则很难读懂其中的日志信息。为此，网络日志制定有协议。如 syslog 就是系统日志协议，是将网络上各种设备日志收集到日志服务器的一种数据协议，几乎所有的网络设备都支持该协议，包括路由器、交换机、网络打印机等，甚至服务器也可以支持产生 syslog，用来记录用户的登录、防火墙事件等。这种日志的信息收集是通过工具软件完成的。

日志文件通常包含了访问网络的主机的 MAC 地址和 IP 信息，支持 IPv4 和 IPv6。因此，网络日志包含敏感数据，这也能回答为什么用户在网络搜索了某个信息之后，Web 页面会不断向用户推送类似的信息，因为网络日志记录了用户的行为，一个"智能"的推荐程序会跟踪这些行为数据，并向用户的机器推送相关的信息。

另一种属于日志信息是 Cookie，虽然从安全角度确实是很大的隐患，但现在还在普遍使用。各种互联网服务，如登录购物网站、聊天网站、游戏网站等，需要核实用户的信息，最基本的就是用户名、密码。为了方便用户登录，往往会在机器中将这些数据保存为一个小文件，这就是 Cookie。当用户退出时，Cookie 再次更新登录数据并保存。用户登录时，浏览器会把机器中保存的 Cookie 发给 Web 服务器，这个过程被称为"Persistent Client State HTTP Cookie"，即客户端的保存的 Cookie，或者叫做浏览器缓存。

实际上，有些 Web 网站就是利用 Cookie 跟踪用户的机器操作，有些程序则明确要求必须使用 Cookie。

4．其他网络数据

上述网络 Web 数据、日志数据是网络运行中需要或产生的，但有大量的数据是以网络为载体进行传输的，如多媒体数据，因此网络是数据量最大的载体。无论哪种互联网服务，如电子邮件，大多数用户在客户端下载后会在服务器上保留副本。与 Cookie 和日志相比，这种邮件副本数据的危害性更大，因为邮件中往往有更重要的信息，这种情况一直在发生。

大型的网站使用网络数据库保存数据。除了搜索引擎，电子商务、网络支付都有庞大的数据库。这些数据库为这些网络服务提供了支撑。例如打车、订餐、购物、网游等，都是将用户的相关记录用数据库记载下来，为用户提供持续的服务。

网络各种服务产生的数据已经被作为主要的资源使用。大数据分析的很多数据来源就是网络。因此，网络计算成为计算的新领域，也是最能产生经济效果的计算。

从数据类型来看，网络数据中有结构化的数据，如数据库，也有非结构化的数据，如文本数据，也有介于二者之间的半结构化数据。因此，网络数据量不但是海量，而且数据的复杂度很高，不仅类型多，网络的历史数据和无效数据也很多。这给网络计算带来了需求，也是网络计算发展的动力，如云计算就是这种动力推动的结果。

7.5 云计算

网络数据量之大和其复杂性，传统的计算已经不能满足需要。早在 20 世纪 80 年代就有"网络就是计算机"的观点，直到 2006 年美国亚马逊首次推出计算云服务，其后谷歌启动云计算项目并开始部署。随着许多计算机大公司的跟进，云计算得以快速发展。国内也有多家网络公司，如阿里、腾讯、百度等，都提供云计算服务。本质上，云计算就是基于网络的一种计算。

网络计算有多种。网络上有数以亿计的计算机，有大量的空闲时间可以利用。就有通过网络上的计算机的空闲时间进行合作，进行解密计算、进行天文学计算以发现新的天体等。另一种是如 7.2.1 节中所讨论的分布式系统，也有使用网络技术构建的。分布式系统（Distributed System）早在几十年前就是计算机系统的研究内容，结果是发现这个系统可以使用公共基础设施的网络。因此，构建分布式系统的主要工作就是建立应用。今天，最成功也是最典型的分布式计算就是云计算。云计算（如图 7-15 所示）集分布式、并行计算、网络存储、虚拟化等计算技术于一体，它是收费的，也就成了计算服务的一种成功的商业模式。因此，云计算的发展是技术驱动，也是市场需求的推动。

图 7-15 云计算示意

图 7-15 中间部分是一个"云"图形，这个图形被大量用于表示公网和在互联网，也是寓意其环境是互联网。云计算是用户提供硬件、软件、存储服务的网络服务，按使用量计费。

今天，大多数智能手机用户对云计算都不陌生：手机也能接入"云端"，将手机中的数据备份到云上。实际上，云计算提供的计算服务不仅是备份，还有计算。用户可以通过计算机、智能终端等设备接入云计算数据中心，进入可配置的计算资源共享池，这些资源就是图 7-15 中所列的，按自己的需求进行计算。

云计算虽然是互联网服务，但不是传统意义上的那种网络信息服务，它提供的是计算，通过将庞大的计算任务自动分拆成无数个较小的子程序，再由多部云服务器组成的庞大系统进行搜索、计算分析后，将处理结果回传给用户。无论用户的计算任务多么复杂，它都能提供极为快速的计算服务。因为它本身就是一个构建在互联网上的超级计算机系统。

计算机的计算是基于特定的操作系统的，云计算能支持不同类型的操作系统的计算任务。云上有包括软件、网络存储（Net-Storage）、数据库（Database）、网络服务器（Net-Server）、电子商务、网上商店（E-Store）等资源，任何一个因特网用户都可以得到这些资源提供方的信息资源。例如，某互联网用户（可以是个人，也可以是是企业）需要建一个在线服务系统，可以申请云服务主机，将其应用程序放置到云主机上，使用由云提供的数据库，这样系统的建设成本大大减低，且任何终端设备可以在任何地方上网，随时访问数据库。

近 10 年来，许多企业通过云计算服务节省运行成本（较少的付费获取服务器设备、办公软件、操作系统等），以提升企业的竞争力。

云计算已经是一个新产业，有云软件、云平台和云设备。云软件（Software as a Service，SaaS）的参与者可以是任何互联网用户，这就使得软件被大厂商垄断的局面被打破。云平台（Platform as a Sevice，PaaS）为开发者打造通过网络编程和服务，参与者为专业公司。云设备（Infrastructure as a Service，IaaS）处于底层，集成了各种设备、数据库和软件，提供给用户使用，参与者是计算机设备制造企业和网络服务企业，如电子商务、电子商店。

云计算从概念的提出到 IT 业界高度参与，已经成为互联网发展的新动力。云计算的倡导者之一的谷歌就认为，Web 3.0 就是云计算：计算在云中，用户不需要知道计算过程，只需要运用计算结果。

7.6 网络安全

从技术层面看，网络安全就是信息安全。信息安全是广义的概念，我国已经将信息安全纳入国家安全的范畴。信息安全的因素除了自然灾难、系统缺陷，也包括病毒、黑客攻击等。前者因硬件损坏、软件错误等导致数据丢失，后者则是恶意为之。

病毒是一种程序。运行了病毒程序会导致数据被破坏，系统不能正常运行。一种被称为"木马"（Trojan）的病毒则是通过让用户下载恶意程序、打开恶意网站等方式，将病毒程序植入用户的计算机，用来窃取用户的个人信息。因此，木马病毒也被称为黑客木马，因为传统上窃取用户信息是黑客行为。黑客是指通过网络（主要是互联网）窜改、盗取数据（如银行账户），还有堵塞网络等攻击性行为，其主体是组织或个人。多家跨国公司都发生过大量用户数据被窃事件，国外政府机构也有被"黑"过。

过去，病毒经文件复制传播，现在则很少了。一是计算机上都有防病毒、杀病毒的软件，而且大多数计算机用户都有重要文件和数据备份的好习惯，因此个人系统安全总体上还是可控的。另一方面，大多数危及计算机和数据安全的因素都来自网络，因为目前病毒的传播和黑客攻击都是通过网络进行的，所以信息安全的根本是网络安全。由于互联网是开放结构，因此安全问题尤为重要。

一个健全的安全防范的组织机制有时比安全本身更重要。有些信息安全并不是网络或系统本身的非技术原因，是人为的，如倒卖个人信息。这类安全问题需要惩戒机制加以预防，我国已经将其列为犯罪行为。

对付恶意攻击、非法入侵一类的安全技术基础主要是密码学、可靠性技术、安全印刷和认证、审计等，这些都是人们熟悉的技术，问题是缺乏运用这些技术的知识和经验。一般认为，在计算机系统中，软件工程需要"确保某些事情一定要发生"，安全工程则要"确保某些事情一定不能发生"。

除了联网的机器要安装杀毒软件和防黑客的防火墙软件，最简单也可能是最有效的防范措施是设置口令。口令（Password）确实是计算机安全工程中的重要基础（包括开机登录），是验证网络用户身份的主要机制。基于口令的安全过程为"质询/响应"：当口令被输入，系统可以经过一定的算法得到响应。基于密钥加密算法是常见的方法。限于篇幅，这里不讨论加密和密文。加密并不能完全防止受到攻击，尤其是当这种攻击是特意所为的，这些例子举不胜举。一个值得推荐且有效的方法是定期、不定期地更换口令。

口令、加密都是预防网络非法入侵窃取信息。为了防止非法入侵，信息安全工程在计算机和网络系统中建立访问控制，建立分级安全机制，可以使用专门的识别技术——如指纹、声音、手写签名、面部识别，甚至耳纹、视网膜检验等。

本章小结

计算机网络是将大量独立的计算机相互连接起来，以实现资源共享。

计算机网络已经是一个全覆盖的通信系统。衡量网络通信的主要技术指标有传输速率和带宽等，单位是 bps。

网络使用介质在计算机之间连接，目前网络通信主要使用的介质是缆线、光纤和无线电波。

数字信号需要经过 Modem 转换为模拟信号经通信介质传输。

传输方式上，网络分为广播式链接和点到点链接。连接是指物理上的，链接则是逻辑上的。在分布式中，有集中式的线路使用权分配机制，也有非集中式的。

网络类型主要有局域网、广域网。无线网是基于局域网的。多个局域网互连就成为了广域网。局域网主要采用树型结构。

组建一个网络需要有网络互连设备，包括网卡、交换机和路由器、调制解调器等。目前最主要的设备就是交换式路由器。

通信协议是指通信双方必须遵循的规则。局域网主要使用的网络协议是 IEEE 802 标准。不同的网络协议是为了适应不同的通信方式和通信要求。

目前的局域网主要采用的是以太网技术，包括 10/100 Mbps 以太网、千兆位以太网和万兆位以太网。10/100 Mbps 以太网主要用于桌面系统，后两者主要用于大型主干网。

在网络中，处于核心位置的通常是网络服务器，有文件服务器、打印服务器和应用服务器三种。网络操作系统有为用户提供网络服务的功能。网络服务需要网络应用程序的支持。

互联网连接了全世界各地的各种计算机和各种网络，是覆盖全球的最大的、唯一的广域网。互联网具有高度的可靠性。

互联网的基础协议是 TCP/IP，它是包含多种互联网应用通信协议的协议集。TCP/IP 也是分层结构，分为应用层、网络层、传输层和网络接口层。

使用 TCP/IP 协议构建的局域网叫做 Intranet，用户以相同的方法访问内外网。

进入互联网的计算机必须有一个 IP 地址作为唯一标识。

域名是使用符号表示 IP 地址的方法。使用域名访问互联网是最常用的方法。

接入互联网可以使用公网、专线、宽带和无线方式（Wi-Fi）。VPN 是虚拟专用网。

互联网的资源非常丰富，常用的资源有 Web、电子邮件、社交网络和即时通信等。移动互联网也是无线上网。

搜索服务是互联网最大的应用。常用的信息搜索方法有分类查询和关键字查询。

互联网支持网络支付和电子商务。

网络是最大的数据源。其中，Web 是文档数据，XML 是基于标记文档的标准。另一类网络数据是日志，还有网络数据库数据。

网络数据是海量的，数据类型最多、最复杂，也是促进云计算技术发展的动力。

云计算为用户提供硬件、软件、存储服务，按使用量计费。

信息安全主要就是网络安全。建立安全机制很重要。安全技术主要是密码学、认证等。最简单也可能是最有效的防范措施是设置口令。

习 题 7

一、思考题

1．网络数据是最大的数据源，如每天都有大量的日志数据产生。我们的个人计算机上也有大量的日志数据，在 Windows 系统的"控制面板"→"管理工具"→"计算机管理"中可以查看日志数据。试着在"事件查看器"中打开 Windows 的应用程序，在"操作"菜单下选择"将所有事件另存为…"命令，另存为 XML 格式。再打开保存的文件，你能分析其内容吗？

2．互联网协议的简约是它的特点，但也是不安全的因素。如数据包中加入了收发双方的 IP 地址，这就给企图攻击网络的黑客留下了机会。你认为，如何才能避免被攻击的发生？

3．如果你有智能手机，请登录你的手机生产商提供的"云"，是否能够发现这个"云"提供了哪些功能？是否与 7.5 节所说的"云"是一回事？

4．请尝试登录阿里云或腾讯云，或百度网盘，看看它们有哪些不同，服务价格又是如何计算的。

5．浏览器都有一个功能，可以查看当前页面的源代码。试着打开一个 Web 页面，然后查看代码，试着归纳标记格式的意义。如果修改了源代码中的几个字符，再回到浏览器显示界面，看看有什么变化。

6．大多数浏览器，如 IE、Chrome、Firefox，支持多种文本显示。例如在其"编码"列表中，中文有 GB2312、GB18030 和 GBK 三种标准，看看显示页面的变化情况。如果出现了变化，是为什么？

7．试着将你的计算机连接互联网，然后用命令行运行 ping www.gov.cn，看看这个网站的 IP 地址信息。试着查看你的机器的 MAC 地址，你的机器有几个 MAC 地址？为什么？

8．互联网是开放结构，那么肯定有网络是封闭结构。试举个封闭网络的例子。为什么要用封闭网络？

9．沉迷网络已经是危害学生学习的有害因素，这是一个世界性的难题。不妨就此探讨一下，究竟是什么原因导致了"网络成瘾"。

10．请搜索物联网的有关信息，谈谈你对物联网的期待。

11．在我国，智能手机用户已经超过 PC 了吗？其实，早在 10 多年前有人预言 PC 将消失，但至今仍然具有很大的市场。你认为 PC 会消失吗？为什么？

二、选择题

12．网络在空间上缩小了地域上的距离，它也缩小了_____的距离。

A．人类   B．数据   C．商务活动   D．时间

13. 网络的传输速率是指单位时间内传输的二进制位数，叫做_____。

A．BPS　　　　　　B．Bps　　　　　　C．bps　　　　　　D．MIS

14. 网络的另一个技术参数是_____（Bandwidth），是指线路的传输能力

A．线路　　　　　　B．通道　　　　　　C．带宽　　　　　　D．宽带

15. 网络使用介质在计算机之间连接，常见的介质分为_____两类。

A．有线和无线　　　B．通道和线路　　　C．带宽和宽带　　　D．电的和光的

16. 有线通信介质主要是双绞线、同轴电缆和_____。

A．电缆　　　　　　B．光缆　　　　　　C．铜缆　　　　　　D．电力线

17. 无线通信也是网络中常用的一种方式，常用的包括_____、通信卫星和红外线。

A．Wi-Fi　　　　　　B．可见光　　　　　C．无线电　　　　　D．激光

18. Modem 是一种网络设备，用来在_____之间进行转换。

A．数字信号和模拟信号　　　　　　　　　B．有线信号和无线信号

C．电话信号和网络信号　　　　　　　　　D．计算机信号和网络信号

19. 数字信号需要通过模拟信号传输。傅里叶变换指出，任何以时间 t 为变量的函数都是多个不同_____的正弦或余弦波函数之和。

A．系数和角度　　　B．幅值和频率　　　C．角度和频率　　　D．系数和幅值

20. 数字信号经公网的信道传输，那么主要考虑的是需要知道哪一种_____可以传输。

A．频率　　　　　　B．速率　　　　　　C．导线　　　　　　D．线路

21. 香农被誉为信息理论的奠基人，他给出了_____的最大传输速率的计算方法。

A．频率　　　　　　B．速率　　　　　　C．导线　　　　　　D．线路

22. 按传输方式，网络分为_____链接和点到点链接。

A．交互式　　　　　B．广播式　　　　　C．点播式　　　　　D．交换式

23. 广播方式在网络中以_____传输，也叫做分组。

A．包　　　　　　　B．帧　　　　　　　C．场　　　　　　　D．文件

24. 按照网络规模，可以将网络分为广域网和_____。

A．公共网　　　　　B．移动网　　　　　C．令牌网　　　　　D．局域网

25. 目前，局域网主要的结构形式是_____。

A．树型　　　　　　B．总线型　　　　　C．令牌网　　　　　D．ATM

26. 网卡实现网络的物理互连。网卡上有一个唯一的标识码叫做_____（MAC）地址，与网卡连接的介质有关。

A．存储访问控制　　　　　　　　　　　　B．介质访问控制

C．局域网访问控制　　　　　　　　　　　D．速度访问控制

27. 现在主要的网络互连设备是_____。

A．路由器　　　　　B．集线器　　　　　C．网桥　　　　　　D．网关

28. 通过路由器可以实现_____类型的网络的互连，构成更大型的网络。

A．相同　　　　　　B．相似　　　　　　C．不同　　　　　　D．相近

29. 网络协议是网络通信双方遵循的_____。

A．规则　　　　　　B．方法　　　　　　C．原则　　　　　　D．原理

30. Wi-Fi 访问互联网，此时需要的 IP 地址是_____分配的。

A．固定的　　　　　B．动态的　　　　　C．TCP　　　　　　D．IP

31. TCP/IP 是网络实际上的工业标准，它是_____层结构。

A. 4   B. 5   C. 6   D. 7

32. 按照 IEEE 的定义，在局域网中，服务器与其他计算机是_____关系。

A. 平等   B. 主从   C. 控制与被控制   D. 层次

33. 以太网是局域网的主要结构形式，所采用的数据交换技术为_____。

A. 包交换   B. 虚电路交换   C. 文件交换   D.无连接交换

34. LAN 的协议大部分由网卡完成。例如，_____上就标注有适用 IEEE 802.11 协议。

A. 有线网卡   B. 交换机   C. 路由器   D. 无线网卡

35. 网络服务器主要包括_____、打印服务器和应用服务器。

A. 操作系统服务器   B. 文件服务器

C. 工作流服务器   D. Web 服务器

36. 租借公共线路组网的技术叫做_____。

A. 动态主机   B. 虚拟主机   C. 虚拟电路   D. 虚拟专网

37. 网络中，节点可以是一台计算机、服务器或设备，它们统称为_____。

A. 终端   B. 主机   C. 服务器   D. 交换机

38. 互联网之所以具有极高的可靠性，是因为它的结构被设计成_____。

A. 枢纽控制   B. 中心控制   C. 分布控制   D. 没有控制

39. 互联网的基础是 TCP/IP，广义上它是_____。

A. 单一的协议   B. 两个协议   C. 三个协议   D. 一个协议集

40. 在互联网的通信中，TCP 负责_____。

A. 将数据传送到目的主机   B. 确定传输路径

C. 负责网络连接   D. 数据打包、解包

41. 在互联网的通信中，IP 负责_____。

A. 将数据传送到目的主机   B. 确定传输路径

C. 负责网络连接   D. 数据打包、解包

42. 使用互联网技术构建的内网叫做_____。

A. Ethernet   B. RingNet   C. BusNet   D. Intranet

43. Web 是互联网中最丰富的资源，它是一种_____。

A. 信息查询方法   B. 搜索引擎

C. 文本信息系统   D. 综合信息服务系统

44. Web 是一种支持_____的互联网服务。

A. 文本   B. 超文本   C. 文本和图形   D. 超媒体

45. 使用 IP 命令程序 Ping 可以侦查网络的_____状态。

A. 连接   B. 链接   C. 传输速率   D. 带宽

46. 使用_____命令可以查看机器的 TCP/IP 配置参数，包括网卡 MAC 地址。

A. Ping   B. IpConfig/all   C. IPconfig   D. Ping /all

47. 互联网即时通信是指可以在互联网上在线进行_____。

A. 语音通话   B. 视频对话   C. 文字交流   D. 以上都是

48. 搜索引擎是互联网服务的服务，搜索方法主要有分类查询和_____。

A. 模糊查询   B. 指定查询   C. 关键字查询   D. 栏目查询

49. 物联网是_____相连的互联网，它是互联网的未来。

A. 网网   B. 网物   C. 物物   D. 人与物

50. 网络数据（Network Data）是指在计算机网络中传输、存储和_____的数据。

A. 产生 B. 交互 C. 交换 D. 计算

51. Web 的数据是_____，通过标记，给浏览器提供信息显示的指示。

A. 文本 B. 文稿 C. 文件 D. 文档

52. 文档数据在不同系统之间传输，需要使用_____标准进行传输。

A. ASCII B. Unicode C. HTML D. XML

53. 网络聊天记录，在网络中被_____日志所记录下来。

A. 消息 B. 系统 C. 维护 D. 更新

54. 记录计算机运行的通常叫做系统日志，而_____日志记录的是网络访问数据。

A. 消息 B. 系统 C. 维护 D. 更新

55. 浏览器中的_____也保存浏览记录，包括用户名、密码的日志数据的文件。它是潜在的安全隐患。

A. Cookie B. Milk C. Cocky D. Cracker

56. 云计算为用户提供硬件、_____、存储服务的网络服务，按使用量计费。

A. 软件 B. 资源 C. 信息 D. 数据

57. 从技术层面看，_____安全就是信息安全。

A. 软件 B. 数据 C. 网络 D. 计算机

58. 病毒是一种计算机_____，计算机一旦中毒，数据会被破坏。

A. 程序 B. 数据 C. 工具 D. 攻击

59. 黑客是指通过网络进行窜改、_____数据、堵塞网络等攻击性行为。

A. 复制 B. 盗取 C. 修改 D. 攻击

60. 木马病毒，或者叫做黑客木马，主要目的是_____。

A. 破坏计算机数据 B. 盗取个人信息

C. 遥控他人计算机 D. 堵塞网络

61. 为了防止计算机数据被病毒侵害和黑客攻击，除了在计算机中尽量不保存重要的信息，还要_____。

A. 备份数据 B. 设置口令 C. 安装防范软件 D. 以上都是

第8章 大数据

大数据（Big Data）是这几年的热词之一。有人将大数据与互联网相提并论，认为大数据将是继互联网之后影响最大的计算机应用。大数据涉及许多数学知识，限于篇幅，我们不能展开讨论。本章从数据和计算的角度为读者提供关于大数据的基本概念和知识。

8.1 大数据概述

早在 2001 年就有研究机构发表报告，预测数据的海量增长（Volume）、类型多样（Variety）及数据迅速生成和快速处理（Velocity），被称为大数据的 3V 特性。其后，雅虎、IBM、谷歌等企业都开始关注和研究大数据。IDC（国际数据集团）于 2011 年发表报告，将 Value 加入其中，认为大数据价值高但密度低，需要挖掘其隐藏的价值。这是比较公认的大数据 4V 特点，如图 8-1 所示。因此，大数据被定义为：无法在一定时间内用传统方法进行处理的海量数据，需要新的工具和技术来存储、管理和分析其潜在的价值。

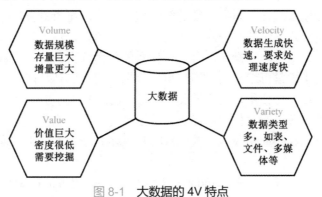

图 8-1　**大数据的 4V 特点**

今天，大数据的相关理论、技术、应用层出不穷，有大数据决策、大数据分析、大数据框架、大数据环境等。以大数据为特征的数据科学也出现了。各种数据分析报告，从网络销售形势分析到假日交通预测，从气候变化到政治选举结果，无不套上大数据的光环。也有了更新的提法，如"数据思维"。大数据的意义所在，正如著名咨询公司麦肯锡所认为的："大数据真正重要的是新用途和新见解，而非数据本身。"

确信无疑的是，在今天的社会，数据及其运用不仅改变了社会交流及生活方式，也改变了千百年来人们对计算的认识。统计学具有模糊特点，这在科学界是广为人知，但今天的大数据改变了统计学：海量的数据、超强的计算能力、新的计算方法，得到的分析结果更加准确，尽管结果未必是精确的。

统计学是社会科学研究最常用的分析方法，传统的是抽样数据。今天的大数据能够通过网络收集到超量的样本甚至是全样本数据。例如，电子商务公司本身就有海量的销售数据。

一个金融机构可以将沉睡多年的数据"唤醒"，用来分析市场趋势，为金融新产品做测试。显然，这些都是大数据带来的"新用途"，得到的也是"新见解"。

同样，从模糊到精确也是大数据的特点之一，如运用大数据进行机器学习。如果数据量足够大、训练足够多、计算速度足够快，就能够通过对已有的实例进行简单比对、查询并得到期望的、智能的计算结果。最典型的例子就是 AlphaGo 下围棋。

有大数据，就有小数据（Small Data）。如果说大数据的特征之一是数据量特别巨大但不那么精确的话，而小数据的数据量小且精确，用于特定个体的分析处理。进一步，市场整体性的趋势预测需要大数据，那么产品设计针对的是特殊的客户群，需要的是小数据。例如，大数据改变的是当代医学，如揭秘蛋白质、基因测序、药物研究，那么小数据关注的是个体健康，通过收集个人生活习惯、饮食规律等数据，为个人健康和医疗提供方案。

有观点认为，如果采用大数据方法去处理、计算、分析数据，即使数据量不是很大，也是属于大数据范畴的。有关大数据的观点已是众说纷纭，各有各自的视角去解释。但就数据与计算的角度，大数据有其特定的处理过程、方法和工具，已经有很多较为成熟的大数据相关的（工具）软件。例如，R 就是一种流行的数据分析工具。

8.2　R 简介

R 被称为语言，也被称为软件，它源于 S 语言。S 语言是美国 AT&T 贝尔实验室开发的一种用来进行数据探索、统计分析和作图的解释型语言。R 作为语言，有通用语言的赋值、条件、循环语句，有自定义函数和输入、输出功能。作为软件，R 具有有效数据存储和处理的能力，有强大的数组（矩阵）操作，有完整体系的数据分析工具，为数据分析和显示提供强大的图形功能。由于它是可编程的，用户可以根据需要扩展其功能。R 有最新的一些数据处理和统计的方法可以直接使用，因此它比商业统计软件 SPSS、SAS 等更受欢迎。Hadoop-R（见 8.6.1 节）可以处理海量的大数据。许多大学已经将 R 列为数学、管理、经济、金融、财务、统计、社会学等专业的重要课程。本章将用 R 展示几个数据分析方面的例子，这里先简单介绍 R 的特点。

R 通过命令操作完成任务。在 Windows 中运行 R 后，出现的控制台（Console）窗口如图 8-2 所示，可以从中输入 R 语句或命令，执行后立刻得到输出，也可以建立 R 脚本文件。

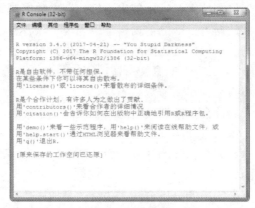

图 8-2　R 窗口

脚本是解释性语言程序的一种叫法，就是将程序以文本方式编辑保存，不需要编译就可以调用执行。使用控制台"窗口"中的"帮助"菜单，可以获取相关命令的使用信息。

在图 8-2 中，提示符">"所在的就是输入命令的位置，因为它是行输入，所以也将其称为命令行。Windows 之前的计算机系统使用的就是命令行。R 的命令行具有文本的编辑功能。R 使用图形、矩阵等操作需要导入相应的程序包。打开 R 控制台的"程序包"来"加载程序包"或"安装程序包"，可以选择从最近的镜像网站上下载。R 有很多镜像网站，我国国内也有。R 主网站位于奥地利。下面的演示用到的 ggplot2 就是一个作图的程序包。下载并安装ggplot2 后，再使用命令 library（ggplot2）加载到当前控制台环境中。

R 支持多种格式的数据文件，常用的文件格式是使用分隔符（逗号）的 CSV（Comma-Separated Values）文件。如存放了 50 个(x, y)的点数据文件 myDemo.csv 在 E 盘根目录下，导入该数据文件的命令为：

```
>data1 = read.csv("E:/myDemo.csv")
```

data1 是导入文件赋值的对象（变量），符号"="或"<-"为赋值操作运算符。命令在控制台中输入，执行成功，提示符换到下一行，否则显示错误或警告提示信息。

可以使用 head()函数检查数据导入是否成功，默认显示最前面的 6 行数据。使用x=data1\$X 和 y=data1\$Y 分别将两列数据赋值给变量 x、y 后，执行如下输出操作：

```
> plot(x, y, main="The Demo")
```

R 生成的散点图（Scatter Diagram）在新开辟的窗口中显示，如图 8-3 所示。

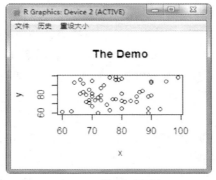

图 8-3　散点图示例

散点图在数据处理的回归分析中非常有用。散点图也可以直接使用输出命令：

```
> plot(data1$X, data1$Y, main= "The Demo")
```

与上一个 plot 命令执行结果唯一不同的是坐标轴上的标注。因此，准备好数据，使用 R函数或命令可以方便地得到数据处理结果。

R 用柱图（Histogram，也叫直方图）显示数据分布。myDamo 的柱图如图 8-4 所示，可以直观地看出，尽管 x 和 y 的规律性不明显，但 x+y 的柱图呈现数据按正态分布（两头小，中间大）。

实现上述柱图的函数为：

```
hist(variable, breaks=10)
```

其中，variable 是变量名，图 8-4 中从左到右分别为 x、y 和 x+y，breaks 是间隔，也叫柱宽度。柱图是数据分析中经常用到的一种图。

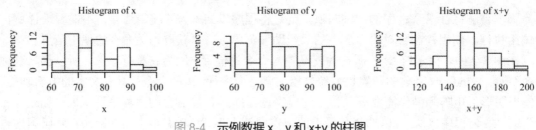

图 8-4　示例数据 x、y 和 x+y 的柱图

注意：退出 R 时，要保存当前工作空间，下次打开 R 会自动加载以前装载过的程序包。

限于篇幅，本章只使用 R 的几个命令和函数，来展示有关数据分析方法的实现。更多的内容，读者可参考 R 的帮助信息或访问 R 官方网站，本书不作更多介绍。

8.3　大数据预处理

大数据不是所有数据，而是某一类数据。数据源主要有网络数据、传感器数据、医疗数据、视频监控、人口及经济活动数据等。数据质量是大数据处理和分析的重要基础。因此，大数据的第一项工作就是评估数据源的数据质量，对数据源进行分析，通过审计、清洗、变换、继承、标注等处理，使数据形态符合某一算法的要求，以达到降低其复杂度和实现预期的计算效果。

数据质量主要是由于源数据中存在着数据不一致的问题，常见于半结构化、非结构化数据中。在结构化数据中没有建立严格的约束，也会有不一致的、错误的、虚假的、无效的数据。发现数据中的问题的主要方法是数据审计。数据审计解决缺失数据（如职工记录表中缺少身份证号）、异常数据（如错误的身份证号）、不一致性数据（如不同表中身份证号码不同）和非完整性数据（如身份证号还是第一代的 15 位编码）、重复数据等。"审计"（Data Audit）就是对数据的一种评价方法。现在有很多种审计方法，如通过可视化审计，将源数据以图形方式展示处理，以发现其中的问题。找到的有问题的数据被称为"脏数据"（Dirty Read）。

脏数据需要通过清洗方法加以处理。数据清洗（Data Cleaning）是在数据审计的基础上，将源数据中的脏数据清除出数据源。有些情况下，需要多次审计、清洗才能得到干净数据。

将数据源中需要分析的数据抽取后进行清洗，还需要经过变换，得到符合处理算法要求的数据。有很多方法用于变换，如通过平滑处理滤除数据中的噪声。噪声是指错误的、虚假的和异常的数据。通过特征构造，源数据中原有的属性用新的属性替换，也可以使用"聚集"处理，将源数据中某些数据进行"粗粒度计算"，如按日期的销售数据被计算为按旬或月的销售数据，粒度变换从精细到较粗。变换还包括规范化，将某些数据属性按比例放大或缩小，如某些大金融机构的数据可以使用千元、百万元等作为单位。再就是将数据进行分段处理的离散化，如按照青年、中年、老年将数据中的年龄数据进行标注。

尽管大数据是处理海量的数据，但是预处理需要尽可能减少数据规模。这可以通过数据规约（Data Reduction）进行。数据脱敏（Data Masking）也是一项重要的工作，如在处理销售数据时，需要将购物者的个人敏感信息进行替换、过滤或者删除。

有些预处理还需要对数据进行排序、合并、重新格式化等，使之符合计算要求。预处理数据需要对处理后的数据进行评价，确保数据是干净的。干净的数据主要体现在数据的正确性、完整性和一致性等方面，有些处理还需要评价其时效性、精确度等。

预处理后的数据通常以数据仓库的形式存储。数据仓库（Data WareHouse，DWH）是单一类型的数据存储，为进行数据分析和决策支持所建，是数据库技术中分析功能的基础。数据库中的许多技术也是大数据处理使用的技术。ETL（Extract-Transform-Load，抽取、转换、加载）是创建数据仓库的工具，现在被用在大数据预处理中。数据审计、清洗工具有很多，如 Openrefine（Google refine）、Data Wrange、Hadoop、Alpine Miner 都是数据准备阶段的常用软件，另外，在 Matlab、R、Python 语言中都有数据分析的相关功能（函数），可以进行数据预处理和后续分析，包括挖掘和可视化显示等。

8.4 数据分析方法

传统的数据分析是指用合适的统计方法对数据进行分析，寻找其规律。大数据也是对数据进行分析处理，因此，源于计算机和统计学的数据分析方法也被使用到大数据中。这里介绍几种在大数据中常用的数据分析方法。

8.4.1 聚类分析

聚类分析（Cluster Analysis）是根据数据属性寻找数据间的相似性，将某些属性一致的数据归为一类。例如，对我国市场按区域进行划分，可以按照东、南、西、北归类，也可以按照南、北分类，也可以按照东、西分类。实际上这些分类都在使用，但不存在一个最佳的市场划分。如果将这种分类与人口、收入等数据结合起来，就有助于回答有意义的问题。

聚类分析主要用于发现数据中隐含的特性，作为进一步深入分析的基础。聚类分析不进行预测，是一种没有训练数据的无监督式（No Supervised）学习，经常被用于市场营销分析、经济分析和自然学科中。聚类分析多作为进一步进行数据分析的基础性处理。

聚类分析有多种技术，如合并、分解、划分聚类、谱聚类等。K 均值（K-Means）是一种较常用的聚类分析方法。

对给定的数据集，使用 K 均值聚类的算法如下：

<1> 从数据集中任意选择 K 个对象，作为初始簇（cluster）中心点（质心）。

<2> 计算每个数据与所有质心的距离，根据每个数据与质心的最小距离划分新的簇，如增大或减小 K 值。

<3> 对新 K 值（有变化）簇，计算簇内数据间距离的算术平均值，得到新质心。

<4> 循环<2>到<3>，直到每个簇不再发生变化为止，即簇内误差（With Sum of Squares，WSS）变化较小。

要得到 K 均值，需要经过多次迭代，尝试各种 K 值的聚类结果。

下面以一个计算机课程的成绩为例介绍聚类分析，如图 8-5 所示。这是 1000 个学生的计算机课程成绩，有多列数据，包括学号、姓名、专业、性别及成绩。对这些成绩数据已经进行预处理，去除了缺考、缓考数据，得到的是一个数据子集，只包含学号和成绩，且仅对成绩数据进行聚类处理。设数据文件 computerGrades.csv 存放在 E 盘根目录下。

处理过程如下（其中，"#"后为注释文字，不是 R 的执行代码）：

```
> data = read.csv("E:/computerGrades.csv")          # 导入数据
> head(data)                          # 显示前 6 个数据，检查导入数据，第一列是序号
```

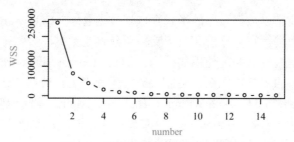

图 8-5　学生成绩数据的 WSS 图

```
    StudentID    CompGrade
1   3100001      66
2   3100002      75
3   3100003      91
4   3100004      79
5   3100005      64
6   3100006      68
>kmdata = data[,2]              # 只需要成绩数据，从源数据中挑出第 2 列数据
>wss =15                        # 存放每次 K 均值的变量，取值 15
# 取 k=1，2，…，15，对数据进行 K 均值聚类迭代，将每次计算得到的 k 均值存 wss
# 其中，kmeans()为 R 计算 k 均值聚类的函数
>for(k in 1:15) wss[k]<-sum(kmeans(kmdata,centers=k,nstart=25)$withinss)
# 画出 15 次迭代计算得到的 k 均值的图形，图形类型为 b，是曲线图
> plot(1:15,wss,type="b", xlab="number", ylab="wss")

> km=kmeans(kmdata,3,nstart=25)    # 聚类 3 个簇的 k 均值，迭代 25 次
> km                               # 输出 km 值
# 得到 3 个簇包含的数据数量 (Sizes)
K-means clustering with 3 clusters of sizes 378, 370, 252
Cluster means:                     # 输出簇均值
        [,1]
1   90.01587                       # 簇 1 质心
2   71.40811                       # 簇 2 质心
3   53.45238                       # 簇 3 质心
……                    # 此处列出了 1000 个数据分别是在哪个类中的向量值 1、2 或者 3，省略
                       # 余下为与 K 均值相关的数据
Within cluster sum of squares by cluster:
[1] 11265.90 10521.38 18642.43
# 组间的距离平方与整体距离平方和的比为 83.6%，即各聚类间的距离达到最大
(between_SS / total_SS =  83.6 %)
```

R 还列出了 K 均值聚类函数 Kmeans()用到的组件。

从图 8-5 中可以看出，当簇大于 3 时，WSS 的变化是接近线性的，其后增加簇的数量，如 K=4，5，6，…，WSS 的变化不大，因此可选择 K=3。从 WSS 曲线中识别 K 值，称为找 WSS 的"肘"。就本例而言，K=4 也是一种选择。我们把这个问题留给读者，请读者将 K=4 的相关 K 均值数据与上述 K=3 的结果数据进行比较。

注意，本例中用到了 R 的多个程序包，有 plyr、graphics、grid、gridExtra、lattice、cluster、ggplot2，在执行前需要导入这些程序包，并用 library()函数将它们分别加载到 R 中。

K 均值聚类是一种简单而直接的聚类方法。一旦簇（Cluster）的数量被确定，就可以进一步进行分析和运用。新的数据加入进来，可以根据其与质心的距离确定这个新数据属于哪个簇（与这个簇质心的距离最短）。这种处理方法克服了主观随意性。例如，一个银行新客户容易通过聚类方法确定他属于哪一类型的客户，归入相应的客户服务部门。再如，移动通信企业可以通过用户账单、电话次数和时长、短信数量、入网时间等数据进行聚类分析，根据分析结果，采取营销策略，从而增加销售，或减少用户流失。

一个数据对象可能具有的属性是多项的，如学生有很多门课程的成绩数据。聚类分析要尽可能使用较少的数据属性，这是因为多个属性可能导致某些属性的作用被夸大、某些属性的作用被低估。因此，聚类分析不是一个精确的方法。

有多种函数计算（确定）数据到距离最近的质心，如欧几里得函数、余弦相似度、曼哈顿距离函数等。欧几里得函数就是两点距离 d 为点坐标(x, y)的平方和之开方值：

$$d = \sqrt{(x_1 - x_2)^2 + (y_1 - y_2)^2}$$

余弦相似度函数是通过计算两个向量的夹角余弦值来评估它们的相似度的，常常被用来比较两个文档是基于每个单词在文档中的相似度（如红楼梦的前 80 回与后 40 回的比较）。

一个数据点具有多个属性，可使用曼哈顿函数。显然，不同的距离函数得到的 K 值可能是不同的，因此有更多的研究提出了不同的问题类型，使用更有针对性的距离函数。

K 均值聚类方法虽然不能处理分类数据，但可以根据数据属性差异的数量进行聚类计算。例如，一个数据集中有 4 个属性，其中一个数据有全部属性(a, b, c, d)，另一个数据的为(a, b, b, b)，则这两个数据的"距离"为 2（b 的差值为 2），那么这种聚类称为 K 模式（K-Mode）。R 提供了 K 模式函数 kmodes()，它在 R 的 klaR 程序包中。

R 还提供了 PAM 划分函数 pam()，在 R 的 cluster 程序包中。另一个函数 pamk()在 R 的 fpc 程序包中。pam()函数用于查找最优 K 值。PAM（Partitioning Around Medoids，围绕中心点的分割算法）围绕中心点进行簇划分，簇中位置最中心的对象就作为质心，中心点到簇内其他点的距离之和大致应该是最小的。

K 聚类还有两个方法——凝聚层次聚类和密集聚类，这里不再介绍，有兴趣的读者可参考有关聚类分析方法的资料。

8.4.2 关联分析

关联分析（Correlation Analysis）是一种简单而实用的数据分析方法，也是描述性而非预测性的方法，用于发现大量数据中隐藏的关联性或者相关性，因此也被称为相关分析。分析结果用于指导对行为的选择。例如，从购物数据中可以发现某些商品可能被一起购买，就可以将这些商品捆绑销售。再如，数学成绩好的学生可能编程课程成绩也好，也许可以选择与计算机相关的专业。

关联分析有很多算法，其中生成规则最基本的算法是 Apriori 算法，也是最早的关联规则算法。Apriori 采用由底向上迭代，先确定所有可能的关联项，再寻找关联频繁项。关联规则需要验证，也就是说，如果某些迭代参数导致生成的规则是没什么意义的，就需要改变这些参数。"频繁"由支持度决定。简单地说，支持度（support）是出现的概率。另一个参数是置信度（confidence），其意义是，如果 x、y 都是数据项，那么 x 和 y 同时出现的概率与 x 出现的概率的比值就是置信度。置信度是反应关联性的重要指标。

R 提供的一个食品店的交易数据集 Groceries，我们以其作为示例，简单介绍 Apriori 关联分析。R 代码如下：

```
> library(Matrix)                              # 装载 Matrix 程序包
> library(arules)                              # 装载 arules 程序包
> data(Groceries)                              # 使用 data()函数装载交易数据集
> Groceries                                    # 通过数据集名检查数据集
transactions in sparse format with
    9835 transactions (rows) and              # 数据集中的记录（交易）总数
    169 items (columns)                       # 有 169 列（属性，产品种类）

> summary(Groceries)                          # summary()函数给出数据集中一些数据的汇总
transactions as itemMatrix in sparse format with
    9835 rows (elements/itemsets/transactions) and
    169 columns (items) and a density of 0.02609146
```

这个交易的数据集是事务型（transaction），构成的数据矩阵（item matrix）为 9835×169。其中，交易密度（density）是 0.02609146，也就是说，有 9835×169×0.02609146=43367 件商品销售出去，因此可以用销售商品数/交易次数，得到每次交易有 4.409 件商品被购买。这些基本数据都是通过 summary()函数被计算出来的。还有多项统计数据，此处省略。

Groceries 商品有两个层次：level2、level1，其中 level2 是 level1 的子集。使用 Groceries@itemInfo 命令可以显示 169 种（item）产品的商品和层次信息。

```
> itemInfo(Groceries[,1:6])                   # 这里显示前 6 个商品(标签)和层次
  itemInfo[1:6,]                              # 输出信息
             labels    level2        level1
1       frankfurter    sausage    meat and sausage
2           sausage    sausage    meat and sausage
3         liver loaf    sausage    meat and sausage
4               ham    sausage    meat and sausage
5              meat    sausage    meat and sausage
6 finished products    sausage         meat and sausage
```

从以上输出信息可以看出，香肠（sausage）是第二层，肉类和香肠（meat and sausage）是第一层。使用 inspect()函数可以查看交易记录，下列语句查看前 5 次交易记录：

```
> inspect(Groceries[1:5])                     # 若不使用[]，则显示全部的交易记录
  items
[1] {citrus fruit,semi-finished bread,margarine,ready soups}
[2] {tropical fruit,yogurt,coffee}
[3] {whole milk}
[4] {pip fruit,yogurt,cream cheese ,meat spreads}
[5] {other vegetables,whole milk,condensed milk,long life bakery product}
```

在 R 中，由 apriori()函数计算频繁集，默认是执行全部迭代，其中最重要的两个参数 support 和 confidence 的默认值为 0.1 和 0.8。例如：

```
>apriori(Groceries)                           # 以下为执行 Apriori 关联分析的结果
Parameter specification:
```

```
  confidence    minval    smax      arem    aval   originalSupport   maxtime   support
       0.8         0.1       1      none    FALSE    TRUE                  5       0.1
     minlen    maxlen    target    ext
          1        10     rules    FALSE


Algorithmic control:
     filter      tree      heap    memopt    load      sort    verbose
        0.1      TRUE      TRUE     FALSE    TRUE         2       TRUE

Absolute minimum support count: 983

set item appearances ...[0 item(s)] done [0.00s].
set transactions ...[169 item(s), 9835 transaction(s)] done [0.00s].
sorting and recoding items ... [8 item(s)] done [0.00s].
creating transaction tree ... done [0.00s].
checking subsets of size 1 2 done [0.00s].
writing ... [0 rule(s)] done [0.00s].
creating S4 object  ... done [0.00s].
set of 0 rules
```

从上述结果可知，这个推理结果是无意义的，因为得到的是 0 关联（set of 0 rules）。其原因是算法控制（Algorithmic Control）要求商品必须至少销售 983 次（支持度 0.1），这是不太可能的事情。因此，使用 Apriori 算法进行推理需要不断调整支持度，直到满足分析要求。

这里重新设置 support=0.005，confidence=0.25，minlen=2。minlen 是关联商品数，取值为 2，是要求每次交易至少包含两种商品，符合上述条件的交易数据被认为是频繁项。

```
> rules1 <- apriori(data = Groceries,parameter = list(support = 0.005,
            confidence = 0.25,minlen = 2))
> rules1
set of 463 rules                          # 满足条件的有 463 个频繁关联项
```

读者可以试着通过改变支持度、置信度、最小和最大关联数（上例中最大关联数 maxlen 使用默认的 10），并分析这些参数对算法结果的影响。

进行 Apriori 分析之前，为了使计算结果不至偏离预期过大，可以先通过频率图的可视化了解支持度：

```
>itemFrequencyPlot(Groceries,support=0.1)   # support = 0.1
```

执行结果如图 8-6 所示。

由图 8-6 可知，只有 8 种商品满足支持度 0.1，销售最多的是全脂牛奶（whole milk），支持度是 0.25。考虑其他商品一起销售，因此整个交易记录中的支持度不可能很高，这就是为什么没有任何商品交易数据满足支持度 0.1。

itemInfo()函数和 inspect()函数分别显示属性（列）和商品交易（行）数据，itemFrequency()函数显示商品的交易频率。itemFrequencyPlot()函数可以用图形形式展示商品的交易频率，如

```
itemFrequencyPlot(Groceries,topN = 10)
```

就是显示排在前 10 的商品销售频率。

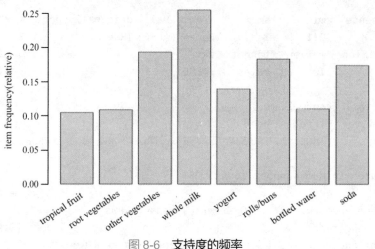

图 8-6　支持度的频率

Apriori 算法容易理解和实现。如果参数选择不是很合适，那么生成的规则可能没什么用处。因此除了支持度、置信度外，还有提升度和杠杆率等用来改进算法。进一步介绍超出了本书范围。

8.4.3　回归分析

在数据处理中，回归分析（Regression Analysis）是应用很广的方法。回归分析就是通过一组输入变量（Input/Independent Variable，也叫自变量）去解释另一组变量（Dependent Variable，因变量）。这种因变关系在数学中就是函数。

回归分析是一种解释问题的工具，可以识别对结果影响最大的因素（输入变量）。对其的理解与分析，有助于期望通过改变输入变量来改进结果。回归也是很复杂的工具，有多种回归方法。依据自变量和因变量的函数关系，回归有线性的和非线性的。依据自变量（数学中也叫做元）的数目，线性回归分为一元回归和多元回归。回归有很多算法，也涉及很多参数及分析。

回归的结果是得到一个回归计算的公式，并可以使用这个公式去进行预估。我们以 R 的回归算法示例作为有关回归分析的简单介绍。数学函数中的线性方程，可以用下列公式表示：

$$y = a_0 + a_1 x_1 + a_2 x_2 + \cdots + a_n x_n + \varepsilon$$

其中，y 是因变量，a_0、a_1、$\cdots$、a_n 是系数，x_1、x_2、$\cdots$、x_n 是自变量，ε 是残差项。

假设一个人的收入是其所受的教育程度、年龄和性别的线性函数（仅仅是假设），那么

$$\text{income} = a_0 + a_1 E + a_2 A + a_3 F + \varepsilon$$

其中，E 以上学的年数作为教育（education）程度，A 为年龄（age），系数 a 和 ε 未知，需要经过计算才能得到。

这里模拟了包括年龄、上学年数、性别和收入的一组数据，并存放在 pay.csv 文件中。我们对这组数据运用线性回归计算，对回归结果进行分析后修正回归模型，得到一个较为接近实际的线性公式，并用这个回归结果（公式）去预估一个人的收入。

```
> pay <- read.csv("E:/pay.csv")
    ID      income      education      age      gender
```

1	1	150000	18	60	1
2	2	91000	20	45	0
3	3	130000	21	56	1
4	4	80000	14	49	0
5	5	67000	10	24	1
6	6	95000	18	43	1
7	7	74000	15	44	0
8	8	76000	15	47	0
9	9	58000	15	35	1
10	10	55000	14	26	1

同样，使用 summary()函数可以获取基本统计信息。

散点图（Scatter）可以观察变量间的相互（定性）关系，因此用 R 语言的 aplom()函数画出 pay 数据的散点图矩阵，如图 8-7 所示。

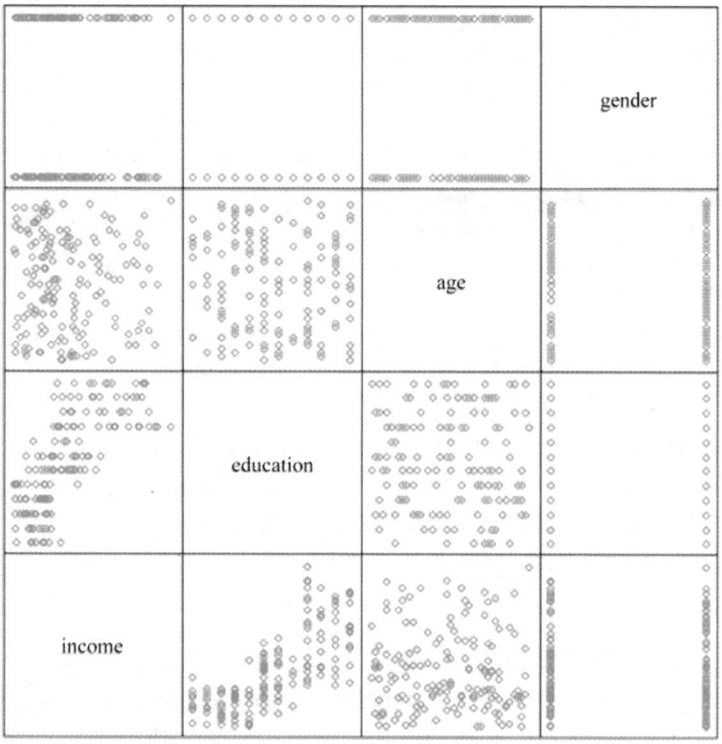

图 8-7　pay 的散点图矩阵

```
>library(lattice)                           # 装载 lattice 程序包
>splom(~pay[c(2:5)],group=NULL,data=pay,axis.line.tck=0,
 axis.text.alpha=0)                         # 画出散点矩阵
```

从图 8-7 中可以观察到，教育（education）与收入（income）之间有线性关系，性别、年龄则与收入没明显的关系。

在上述定性分析的基础上，我们需要做定量分析。以上述收入和年龄、上学年数、性别的公式作为回归模型的公式，直接用 R 的线性模型（linear model）函数 lm()进行相关分析。

```
> result <-lm(income~education+age+gender,pay)
> result                                    # 直接输入 result，查看计算结果。
Coefficients:
(Intercept)         education       age            gender
  -33614.9          6631.5          31.5           1357.4
```

result 给出了回归计算得到的变量系数（Coefficients），其截距（Intercept，公式中的 a_0）是-33614.9，其后为教育、年龄和性别的系数，从而得到收入与其他变量相关的线性公式。

用 summary()函数得到 result 的分析数据如下。

```
> summary(result)
Call:                                       # 给出调用的函数式
lm(formula = income ~ education + age + gender, data = pay)

Residuals:
    Min       1Q      Median      3Q        Max
  -44284    -13273    -1699       12978     61000

Coefficients:
             Estimate    Std.Error    t value    Pr(>|t|)
(Intercept)  -33614.9    9602.8       -3.501     0.000606  ***
education    6631.5      489.8        13.541     < 2e-16   ***
age          31.5        126.8        0.248      0.804122
gender       1357.4      3119.1       0.435      0.664016
---
Signif. codes:  0 '***' 0.001 '**' 0.01 '*' 0.05 '.' 0.1 ' ' 1

Residual standard error: 19700 on 156 degrees of freedom
Multiple R-squared:  0.5407,     Adjusted R-squared:  0.5318
F-statistic: 61.21 on 3 and 156 DF,  p-value: < 2.2e-16
```

summary()函数给出了更详细的数据，包括残差 Residuals（剩余误差，即公式中的 ε）、对各参数的系数需要进一步分析的解释，从而确定结果的置信度。

相关分析的结果是否准确取决于源数据的可靠性，或许存在误差。结果中的 Std.Error（标准误差）提供了每个系数相关的抽样误差。使用 T 值是 T 分布检验的结果（这里不再进一步介绍），而 p 值（Pr>|t|）用来检验系数的显著性水平，如果 p 值很小，则意味着变量之间存在明显的线性关系，从上述数据中可知，影响收入的主要就是教育。因此，可以将年龄、性别从原公式中去除。

新的线性回归计算如下：

```
> result <-lm(income~education,pay)
> summary(result)

Call:
lm(formula = income ~ education, data = pay)
```

```
Residuals:
    Min      1Q    Median      3Q      Max
  -43581   -13181   -1444     12415    62381

Coefficients:
             Estimate    Std.Error    t value    Pr(>|t|)
(Intercept)  -31467.0     7771.9      -4.049     8.04e-05  ***
education      6615.9      485.9      13.617     < 2e-16   ***
---
Signif. codes:  0 '***' 0.001 '**' 0.01 '*' 0.05 '.' 0.1 ' ' 1

Residual standard error: 19590 on 158 degrees of freedom
Multiple R-squared:  0.5399,     Adjusted R-squared:  0.537
F-statistic: 185.4 on 1 and 158 DF,  p-value: < 2.2e-16
```

比较两次回归计算的结果，证明了年龄和性别后对残差及教育变量系数的影响都很小。那么，我们可以得到结论：收入取决于受教育的程度。再次申明：这仅仅是根据假设数据得到的结论，没有任何实际意义。

对预期结果的置信分析，R 提供了 predict()函数获取预期结果的置信区间。假设一个年龄 35 岁、受过 16 年教育的人，他/她的预期收入可以使用下列 R 语句得到：

```
> age <-35
> education <-16
> gender <- 1
> newpay<-data.frame(education, age,gender)          # 新的职工数据
> newpay
        education     age         gender
   1    16            35          1
> maypay<-predict(result,newpay,level=0.9,interval="confidence")
> maypay
        fit           lwr         upr
   1    74387.64      71812.32    76962.96
```

预期值是 7.4 万多元，90%的置信区间是 lwr～upr。

线性回归模型中使用的是一个连续变量。回归模型还有非线性的，包括逻辑回归。非线性回归需要建立非线性函数，逻辑回归则需要创建逻辑函数的模型。

由于对回归分析及其结果验证等，需要更多的统计学、数学知识，我们不再进一步介绍。有兴趣的读者可参考相关书籍和资料，包括 R 回归分析方面的资料。

数据分析的方法有很多，如因子分析、A/B 桶分析等，不再一一介绍。实际上，上述方法多被认为是传统的数据分析方法，这些方法也被用在大数据技术中。而且，为了适应不要的应用分析，相应的改进方法被研究出来，因此某个方法可能适用于一种问题，对另一个问题的分析则需要使用另一种方法。这不仅是数据科学家们要研究考虑的，也需要数据用户对此有清晰的认识。

8.5 数据挖掘

如果说大数据是最热的词，伴随大数据的另一个热词就是数据挖掘（Data Mining）。20多年前，数据库发展迅速，企业、机构运用数据库构建信息系统，处理与生产、市场、管理等相关的事务处理，数据库的数据分析则相对不那么被重视。当时，有研究者认为，数据中含有大量有用的信息，需要通过挖掘的方法去发现这些有用的信息，并将其比喻为挖掘"数据矿藏中的软黄金"。十多年前，情况开始有了改变，大型数据库厂商如 Oracle、IBM、Microsoft等都在其数据库产品中增加了"商务智能"，即提供数据库的分析、处理，为决策提供数据分析支持。

简单地说，数据挖掘的本质是就是数据分析。在今天的大数据中，结构化的数据只是其中的一部分，而更多的是非结构化、半结构化数据，因此需要能够支持复杂数据的数据分析方法和工具。也有观点认为，数据挖掘是更深入的数据分析，是从大量不完整的、有噪声的、模糊的、随机的（大）数据中提取隐含其中、人们不知道的但有巨大的、潜在价值的信息和知识。因此，数据挖掘是高级（Advance）数据分析，能为用户从数据中提取有用的知识。

目前，数据挖掘已经初步建立了较为完整的分析理论和方法，也有了强大的工具。数据挖掘之所以被称为高级数据处理技术，就是它运用了人工智能的研究成果和方法，如决策树、贝叶斯法则、自相关、自回归、文本分析等。智能计算将在第 9 章介绍。本节简单介绍数据挖掘中的分类、时间序列和文本分析。

8.5.1 分类

分类是数据挖掘中的一种基础方法。聚类是无监督的，即不对数据贴标签。与聚类不同，分类（Classification）是有监督的，通过对一组已经贴上标签的数据开始，这些数据被用于训练的数据集。通过分类算法构建的分类器，经过这些训练数据集的学习，再去观测未分类的新数据，并给新数据贴上标签。

分类广泛用于预测，在统计学、生物学、社会科学研究中都有很好的应用。例如，可以根据某种疾病的数据分类来诊断患者是否有这种疾病，根据电子邮件的内容判断是否是垃圾邮件，根据历史气象数据预测天气趋势等。分类法也有多种实现方法，如决策树（Decision Tree）和朴素贝叶斯（Naive Bayes）。这里简单介绍决策树。

决策树也叫预测树（Prediction Tree），用树型结构描述结果。树型结构也是计算机中重要的构造数据类型。图 8-8 所示的是一个人的（部分）信息树。

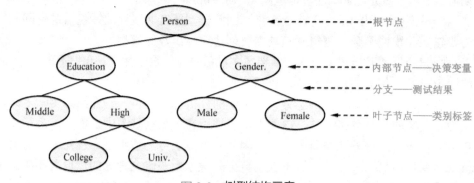

图 8-8　树型结构示意

通常，一个树可能有很多内部节点，根节点到内部节点的最长距离称为深度。树的遍历有沿着深度进行的，叫深度搜索。访问所有的节点称为遍历（Traverse）。如果在用一个级别的内部节点，叫做广度。有两个很有名的搜索树算法：深度优先和广度优先。

如果一个树的分支只有两个及以下的下一节分支，这种结构的树叫做二叉树。如果有两个以上的分支，则叫做多分支树。

树型结构常用于决策，这种树叫做决策树。我们不对树的构成和树的算法做更多介绍，通过模拟数据创建一个训练数据集 TrainingData 为示例，介绍 R 语言中的决策树算法。

在 R 语言中，rpart 程序包用来对决策树建模、绘制树。

```
> library(rpart)
> library(rpart.plot)              # 从奥地利主网站上下载程序包 rpart.plot
> tree1 = read.csv("TrainingData.csv")        # 导入训练数据集文件
> tree1                                        # 训练集数据集
      Training      Outlook      Temp.    Humidity     Wind
1     yes           rainy        cool     normal       FALSE
2     no            rainy        cool     normal       TRUE
3     yes           overcast     hot      high         FALSE
4     no            sunny        mild     high         FALSE
5     yes           rainy        cool     normal       FALSE
6     yes           sunny        cool     normal       FALSE
7     yes           rainy        cool     normal       FALSE
8     yes           sunny        hot      normal       FALSE
9     yes           overcast     mild     high         TRUE
10    no            sunny        mild     high         TRUE
```

这是一个模拟某个运动队是否进行户外训练的例子。在这组数据中，Training（是否训练）是因变量，Outlook（户外状态）、Temp.（温度）、Humidity（湿度）和 Wind（风）是输入变量，其中，Wind 为逻辑型数据。注意，这只是简单示例，因为训练数据集样本太少，不具有实际意义。

使用 summary()函数对 TriningData 数据进行概览，结果如下：

```
Training        Outlook         Temp.        Humidity        Wind
no :3           overcast:2      cool:5       high  :4        Mode :logical
yes:7           rainy   :4      hot :2       normal:6        FALSE:7
                sunny   :4      mild:3                       TRUE :3
```

rpart()函数为分类创建了一个递归分区和回归树模型，对 tre1 的代码如下：

```
>t2 <- rpart(Play ~ Outlook + Temp. + Humidity + Wind, method="class",
data=tree1,control=rpart.control(minsplit=1),parms=list(split='information'))
```

第 1 个参数将 Outlook、Temp.、Humidity、Wind 作为 Play 的训练参数，第 2 个参数 method（方法）是 class（类），第 3 个参数是数据源，第 4 个参数是可选的，用来控制树的成长。minsplit=1 对小数据有意义。可选参数 parms 指定了 split（分裂）功能。

同样，通过 summary()函数概览 rpart 的计算结果。

```
> summary(t2)
Node number 2: 3 observations,    complexity param=0.3333333
```

```
predicted class=no   expected loss=0.3333333  P(node) =0.3
class counts:     2         1
probabilities:   0.667    0.333
left son=4 (2 obs) right son=5 (1 obs)
Primary splits:
     Outlook splits as  R-L,    improve=1.9095430, (0 missing)
     Wind     < 0.5 to the left,  improve=0.5232481, (0 missing)
```

输出中包括了每个节点的概览，难以阅读和理解，这里就不再一一解释。可以通过 rpart.plot 函数将计算结果绘制出一颗决策树。绘图命令如下：

```
> rpart.plot(t2,type=4,extra=1)
```

对照图 8-8，不难解读图 8-9 树中节点和连线的意义。读者可以通过在 R 控制台中输入"?rpart.plot"获取相关帮助，得到完整的 rpart.plot 的使用方法。

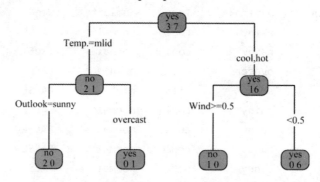

图 8-9　**基于 TranningData 创建的决策树**

决策树可以预测新数据的结果，如在获取了新的环境数据后，可以决定是否到户外去训练。例如，一条新的数据如下：

```
> newData = data.frame(Outlook="rainy",Temp.="mild",
                                      Humidity="high",Wind=FALSE)
> predict(t2,newdata=newData,type="prob")
    no  yes
  1  1   0
```

预测结果为概率（prob）和类（class）本身。上述类型是 prob。如果使用 class，则预测语句及输出为：

```
> predict(t2,newdata=newData,type="class")
 1
no
Levels: no yes
```

无论从概率还是分类预测，结果是这组数据所示的户外天气不适合训练。

我们介绍的分类模型是 R 自带的，用户可以根据需要自建模型，如袋装（Bagging）分类、提升（Boosting）分类、随机森林（Random Forest）、向量机等都是常用的方法。限于篇幅，本书不能一一介绍。

8.5.2 时间序列分析

时间序列分析通过模型化的一段时间内观察到的数据的底层结构，一个时间序列（$y=a+bx$）是在时间上具有相同间隔的有限序列。这种例子很多，如车站、机场、商场的月客流量，或者不同的假日高速车流量等。

时间序列分析的目标是：识别时间序列的结构并建模，预测时间序列中未来的值。因此，时间序列分析在金融、经济、生物、工程、商业和客流、物流、制造业等领域都有很多应用。

时间序列分析也有很多方法，如 Box-Jenkins、ARIMA（Autoregressive Integrated Moving Average，自回归求和移动平均模式）模型。各模型也有不同的实现方法，如 ARIMA 有自相关函数 ACF（Auto-Correlation Function）和 PACF（Partial ACF，偏自相关）函数。

还是通过 R 的一个示例，对某火车站 2016 年国庆长假的客流数据（如图 8-10 所示）进行分析。这组数据并不是准确数据，且样本数据太少，不足以进行有意义的预测。我们仅借此介绍在 R 中进行时间序列分析的过程。

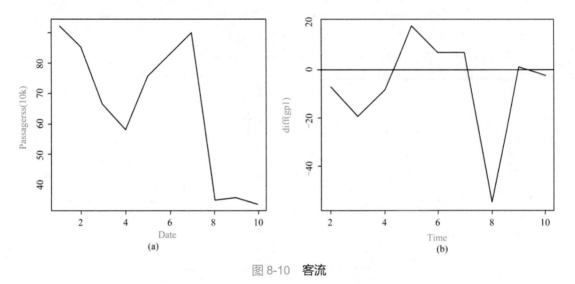

图 8-10 **客流**

首先，安装 forecast 程序包，并将其装载到 R 控制台。注意，安装这个程序包，R 会将其关联的多个程序包一起安装，安装后加载 forecast。

```
> library(forecast)
> g1 = read.csv("passagers.csv")
  g1[1:7,]
    Date    P_num
1   Oct1    92
2   Oct2    85
3   Oct3    66
4   Oct4    58
5   Oct5    76
6   Oct6    83
7   Oct7    90
```

```
8    Oct8     35
9    Oct9     36
10   Oct10    34
```

使用 plot 画出数据图，使用 ts()函数建立时间序列对象。

```
> gp1 <- ts(g1[,2])
> plot(gp1,xlab="Date",ylab="Passagess(10k)")
```

应用 ARMA 模型的数据集是需要一个平稳的时间序列，因此需要进行差分运算。差分函数为 diff(SampleData)，参数 SampleData 为待处理的数据集。图 8-10(b)所示的是经过差分运算后绘制的图形。R 语句为：

```
> plot(diff(gp1))
> abline(a=0,b=0)                    # 在差值为 0 的轴线上画线
```

在图 8-10(b)中，Y 轴为 diff（差值）。可以使用 acf()函数和 pacf()函数得到差分后的 ACF、PACF 图。R 中有 arima()函数来估计模型系数，输出为模型中的对数近似值（logL）。

```
> acf(diff(gp1),xaxp=c(1,6,8),lag.max=10,main="")
```

结果如图 8-11(a)所示。PACF 函数的结果如图 8-11(b)所示。

```
> pacf(diff(gp1),xaxp=c(1,6,8),lag.max=10,main="")
```

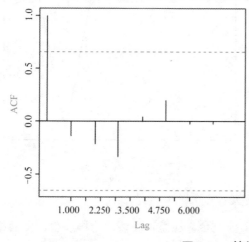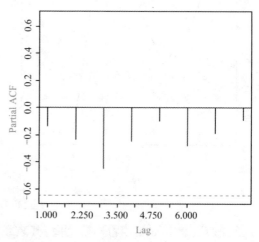

图 8-11　差分后的客流时间序列

对 ACF 和 PACF 进行对比分析可以得到 Lag1～Lag3 的重复值较小，其后的差分值较大。因此需要使用 arima()函数进行区间拟合。

arima()函数使用最大使然估计建立模型系数，其输出提供了几个相关的度量值，包括信息准则、校正后的信息规则等。如果创建的 ARIAM 模型符合相关预期，则可以通过拟合整个事件跨度（示例中是 10 天）预测 2017 年的客流量。predict()函数可以容易得到预测值。要说明的是，因为样本数据少，拟合意义不大，因为缺少周期性特征。

解读时间序列分析结果需要较多的知识，限于篇幅，我们不再赘述。

8.5.3　文本分析

上述数据分析基本上是基于结构化数据的，另一类庞大的数据源是文本。文本分析就是

对文本数据进行表示、处理和建模，并获取其内在的有用信息。它的另一个重要内容就是文本挖掘（Text Mining）：在大量的文本数据集中发现内在关系和模式，即获取知识。

文本分析的一个难度是高维度。如果一本书中有 100 个不同的单词，那么这个文本的维度就是 100。无论中文、英文还是其他语言的文本，其维度都是很高的。据说英文单词超过10 万个，而汉字常用的是几千个，扩展的汉字编码中超过 7 万个。自然语言（Natural Language Processing，NLP）研究中使用的谷歌语料库，其单词数量超过 1 亿个。

我们知道，文本（自然语言）具有多义性，而且不是结构化的。目前常用的文本格式有TXT、HTTP、DOC、EML、LOG、XML，还有不常用的其他很多格式。数值分析有很多传统的方法可以进行扩展，自然语言研究获得的进展不足以使得文本分析能够像数值处理那样更具准确性。文本的这些特点给文本分析和文本挖掘带来了更大的挑战，也正是这些难度使得文本处理成为研究的热点。近年来，在语言处理、翻译和基于文本的搜索、文本到语音、语音到文本等领域都取得了令人瞩目的成就。

1. 文本分析的步骤

文本分析一般有三个步骤：句法分析、搜索和检索、文本挖掘。句法分析主要目的是将非结构化的文本处理为具有一定的结构，为后续的处理进行准备。句法分析根据文本的类型进行解构，使用更结构化的方式表达它们。搜索和检索是在一个语料库中识别某些对象的文档，这些对象可能是断句、单词、主题或者机构名称、人物姓名、职务等。这里使用的技术搜索引擎使用的关键字技术类似。

句法分析、搜索与检索是文本挖掘的准备工作。文本检索使用检索到的索引去发现文本中与感兴趣的领域或者问题相关领域的新的知识。事实上，只要有合适的文本表示，第 7 章介绍的聚类、分类等技术都能够被很好地运用于文本挖掘。例如，K 均值聚类中，K 均值可以被用来将文本文件分组，一组就代表一种主题的文档，文档的质心距离使用文档与分组主题之间有多少个联系。许多研究领域的方法被成功地运用在文本分析处理中，如统计分析、信息检索技术、数据分析技术、自然语言处理等。

实际进行文本分析，任务不同，可以采取不同于上述三个步骤的过程。例如，为一个语料库创建一个目录服务，使用的技术是词性标注，或者是实体识别，或者是词干提取等文本预处理等技术。目前有很多个语料库，涉及法律的、新闻通讯的。IBM 研发人工智能律师助手 ROSS 收集了大量的法律文本和案例，可以"通读法律"、收集证据、做出推论。于是，有人预言：律师这个职业将会被 ROSS 这类系统冲击。

2. 数据准备

ROSS 系统需要大量的法律文本数据，这也是文本分析的基础。和软件一样，数据也有其生命周期。它的第一阶段就是发现数据、获取数据。例如，可以对网站上生成的用户数据进行监控，也可以对网络访问的日志数据进行收集整理。有新闻出版的文本数据，也有社交网站上的帖子、评论，视需要而定。需要说明的是，有很多网站向第三方开放了相关数据，申请者需要提出申请并做出承诺，网站就会筛选出研究方需要的数据。

3. 表示文本

表示文本是要求在数据准备阶段，使用文本规范化技术对原始数据进行转化，使之成为更结构化的表示，为后续处理所用，主要通过将原始文本进行断句、分词、大小写转换等。

例如，可以用空格、Tab 或者其他符号，将文本中的一个句子拆成一个个单词（字）。分词的难度在于任何一个语言都有特殊之处，如英文中有 it's 就没法拆字，中文中有些成语，拆开后的意思就很难完整理解。在科学文献中，这种事情就更多，如 Wi-Fi、数学公式等，都是很难进行分词处理的。有时候需要针对不同的文本性质指定文本的规范，甚至不得不专门制定一个分词的方法。

英文大写小转换也存在一些困难。例如，有些国际组织名称使用的英文首字母大写，如 UN、WHO 等。汉字中也存在简繁转换问题。

对文本的结构化表示简单却被广泛使用的是词袋法（Bag of words）：忽略顺序、上下文、推论等，将文本表示成一组项，甚至假设每项都是独立的文本。文档就是项的向量集。

尽管词袋法很简单，但是多年的研究表明，"从文本自身提取出的可用单词进行更复杂的组合或合并，使用单个词作为标识符的方法是可取的。"

4. 词频－逆文档频率

文本表示的另一种方法是词频－逆文档频率（Term Frequency-Inverse Document Frequency, TFIDF）：对已经获得的所有文档，根据文档中出现的每个词的重要性进行标记。它是一种用于信息检索与数据挖掘的常用加权技术。

可以通过文档主题对文件进行分类，建立主题模型。有些分析需要文本中进行情感分析（Sentiment Analysis），这是指使用统计方法和自然语言处理挖掘文本，从中识别出主观信息。

文本挖掘有单个文档的，也有包含多个文档的文档集。已经有多种文本挖掘的工具，如 IBM 的 DB2 intelligent Miner、SAS 的 text miner、SPSS 中的 Text Mining 和 DMC TextFilter。R 中也有多个程序包是和文本处理相关的。

在大数据处理中，大型系统使用较多的是 Hadoop 和 MapReduce。

8.6　大数据处理工具

第 6 章中介绍了结构化数据和非结构化数据，第 7 章中介绍了半结构化数据。数据准备与处理既取决于数据量，也取决于数据类型，还取决于需要解决的问题的目的。还有一种也被认为是非结构化的数据，像超链接，它的格式并不完全一致（取决于网站提供的链接信息），也不同于 XML 文档，被定义为"准结构化"。那么，总结起来有了 4 种类型：结构化、半结构化、准结构化和非结构化。显然，它们在数据准备阶段都需要被处理成为带有结构信息的数据。

2011 年，IBM 的 Watson（以其创始人命名）系统在电视知识对抗赛中击败了该节目的两个冠军，IBM 对 Watson 的定义是"采用认知系统的商业人工智能"。同样，IBM 的 ROSS 也是基于认知系统的。为了"教育"Watson，IBM 通过 Hadoop 处理各种资源：百科全书、各种字典、新闻报刊、杂志和文献、各类书籍、电影电视、、地理历史、文学、维基百科上的全部内容，甚至包括各种游戏的每条线索，Watson 能够在 3 秒钟内回答任何问题。

世界上最著名的职业介绍网站 LinkedIn 采用的也是 Hadoop，它的注册用户超过 3 亿。Hadoop 的始创者也是最早的用户是雅虎，这个曾经的互联网巨头最近刚刚被收购。2009 年，雅虎的集群部署了 42000 个节点，有 350 PB 的原始存储数据，用来对它的网页进行维护和分析、优化、过滤和即时分析。在部署之前，雅虎 3 年的日志数据需要 26 天的处理时间，而 Hadoop 集群系统只需要 20 分钟就完成了。

现在，Hadoop 被世界上大多数大型企业采用为数据处理的架构，包括百度、腾讯、阿里、各大移动公司和银行等大企业。

8.6.1　Hadoop

Hadoop 是一个由 Apache 基金会开发的分布式系统基础架构，准确地说，"Hadoop 是在计算机集群上使用简单的编程模型对大数据进行分布式处理的框架"。解释这个定义中的名词是件费力的事情，我们试着举例说明。

想象一下有很多产品的仓库，如何存放这些产品以及对这些产品进行操作（基本的是进、出）是很麻烦的事情。这里的产品就是数据，对数据的操作肯定要比出入库要复杂得多。产品仓库如果全是在一个很大的平面层，可能进出需要大型的运输机械，显然效率不会高，那么一个解决方案是多层，相应地需要解决货物存放在哪里、怎么进出的问题。现在的数据存储系统是大型（立体）的存储系统互连而成的，这些计算机采用网络互连技术。不同于网络的是，这些机器有 CPU，但它需要与其他节点的机器协调运行，并不独立工作。一个计算任务被分解给不同的节点（Node），再将各节点的计算结果汇总起来，得到这个任务的结果。因此，有两个基本问题：数据如何存储，任务如何分解。只有解决这两个问题才能编写相应的程序。

Apache Hadoop 就是负责解决这两个问题，我们可以认为它是一个框架（Framework）：它负责数据的存储管理以及任务分解，用户只需要按照要求编写处理程序就可以了。就像一个仓库系统已经有完善的存储体系和货物进出的规则，用户只需要把货物交给这个系统就完成任务了。

1. Hadoop 分布式文件系统

数据，即使是数据库的数据，都是按文件存取的，因此大型数据系统首先考虑的是采用何种文件系统。Hadoop 是基于谷歌文件系统 GFS（Google File System）的 HDFS（Hadoop Distributed FS，Hadoop 分布式文件系统），可以简单地理解为数据文件分布在集群内的不同的节点上。存储在 HDFS 中的文件按照 64 KB 的大小被分成块，然后被复制到多个计算机（DataNode）中。HDFS 的 NameNode 节点控制所有文件操作，包括创建、删除、移动或重命名文件。HDFS 内部的所有通信基于 TCP/IP 协议。Hadoop 尽可能将文件切块并分别存放到不同的计算机中，默认为每个块创建 3 个副本。

2. NameNode

NameNode 是一个通常在 HDFS 实例中的单独机器上运行的软件，负责管理文件系统名称空间和控制外部客户机的访问，也就是说，它确定并跟踪数据文件的存储位置。如果用户需要访问文件，用户程序可以通过 NameNode 得到文件的存放地址，然后用户程序与文件存放地址对应的 DataNode 通信实现对文件的操作。

3. DataNode

DataNode 也是在 HDFS 单独机器上运行的软件。Hadoop 集群包含一个 NameNode 和大量 DataNode。DataNode 通常以机架的形式组织，机架通过交换机将所有系统连接起来。

Hadoop 的一个假设是：机架内部节点之间的传输速度快于机架间节点的传输速度。

Hadoop 有很多专门针对它的专有的、开源的工具，使得 Hadoop 的易用性得到很大的提升，如高级数据流编程语言 Pig、类 SQL 数据访问语言 Hive、分析工具 Mahout、Hadoop 数据库 HBase。本章介绍的 R 语言就有 Hadoop-R，支持海量数据的分析、处理。限于篇幅，我们不再一一介绍。

8.6.2 MapRuduce

MapReduce 用于大数据的并行运算的编程，其思想体现在其名字中：Map（映射）和 Reduce（归约），它的思想来源于函数式编程语言。其优点在于：编程人员并不需要了解分布式并行编程就可以将自己的程序部署并运行在 Hadoop 上。

MapReduce 是 Hadoop 平台提供的一个简单编程模型。本节不涉及编程代码，仅仅介绍其特点，使读者对 MapReduce 有一个基本的了解。

简单地说，Map 就是程序的一个映射函数，其作用是对每块数据采用一个计算（函数）并得到结果，这个结果是这块数据计算的中间结果。Reduce 的任务就是将各 Map 的中间结果合并，得到最终的结果。

词频统计是经常被用来解释 MapReduce 的例子。如果在收集了大量计算机文章的数据中寻找这几年使用最多的几个词（词频最高），最简单也是最费时的方法是编写一个统计程序，将数据中的每个词汇的出现次数都记录下来，最后排序得到最高纪录数的那几个词。问题是，不但源数据量大，程序处理过程中产生的数据量也是惊人的，可能需要花费很多的时间才能得到预期的结果，典型的例子就是 8.6.1 节提到的 Yahoo!处理三年日志数据的时间开销。

运用 MapReduce 就很容易解决这个问题。数据文件交由 Hadoop 管理，分布式系统处理的速度不但特别快，而且编写用户程也很简单。因为如何拆分数据文件，如何在不同的节点上部署程序，如何整合计算结果，这些都是 Hadoop 定义好的，用户程序只需定义好这个任务，其他都由 MapReduce 完成。

MapReduce 的概念早就在函数型编程语言 Lisp 中存在了。直到 2004 年，Google 首先发表报告，介绍了 Google 抓取网页和构建 Google 搜索引擎的方法，采用了 MapReduce 技术，因此引起了极大的关注。Apache 软件基金会项目 Hadoop 也采用了这个技术，使其成为大数据处理系统的最重要的编程工具。

MapReduce 的推出给大数据带来了巨大的推进作用，它已经成为事实上的大数据处理的"程序标准"。人们公认 MapReduce 是迄今为止最成功、最广为接受、最易于使用的大数据编程技术。大型数据分析、处理、挖掘几乎都是采用 Hadoop+MapReduce 技术。

进一步介绍 MapReduce 不在本书的范围内。

大数据及大数据技术还在不断的发展之中。本章所述的有关数据处理方法，既可以用于大数据，也使用于规模较小的数据集。最近，有学者将大数据列为在实证、理论和计算后的最新、最重要的科学研究的方法，即通过工具采集数据，使用模拟器生成数据，使用软件处理数据，使用计算机处理和分析数据。也许是这样的，也许情况还在不断变化。有一点大概能够确定：将会有包括智能计算在内的更多、更先进的数据处理技术运用到数据处理和大数据中。

本章小结

大数据具有海量数据、类型多样、处理速度快和挖掘价值的 4V 特性。其定义是：无法在一定时间内用传统方法进行处理的海量数据，需要新的工具和技术进行存储、管理和分析其潜在的价值。

大数据真正重要的是新用途和新见解，而非数据本身。

小数据的数据量小且精确，用于特定个体的分析处理。

R 被称为语言，也被称为软件，是一种用来进行数据探索、统计分析和作图的解释型语言。

数据质量是大数据处理和分析的重要基础，大数据的第一项工作就是评估数据源数据质量，对数据源进行分析和预处理，使数据形态符合某一算法的要求，降低复杂度。

数据预处理方法主要有审计、清洗、变换和标注。

传统的数据分析方法也被运用到大数据中。常用的有聚类分析、关联分析和回归分析。

聚类分析是根据数据属性寻找其相似性，将某些属性的数据划归为一类。K 均值聚类是较为常用的一种聚类方法。

关联分析方法用于发现大量数据中隐藏的关联性或者相关性，因此也被称为相关分析。

回归分析方法是通过一组数据去解释另一组数据，有一定的预测作用。

数据挖掘的本质是数据分析。在大数据中，数据挖掘能够提取更有用的知识，运用了智能计算的研究成果和方法，是高级数据分析方法。

分类是数据挖掘中的一种基础方法，广泛用于预测。通过分类算法构建的分类器，经过这些训练数据集的学习，再去观测未分类的新数据，并给新数据贴上标签。

决策树是一种分类方法。决策树方法将数据构造成树型结构，通过决策树算法得到决策树并对新数据预测结果。

时间序列分析通过模型化识别时间序列的结构、建模并预测时间序列中未来的值。ARIMA（自回归求和移动平均模式）模型是一种常用的时间序列分析方法。

文本分析就是对文本数据进行表示、处理和建模，并获取其内在的有用信息。文本挖掘是在大量的文本数据集中发现内在关系和模式，即获取知识。

数据处理有许多工具。大数据基本上都是 Hadoop 框架，支持计算机集群上使用简单的编程模型对大数据进行分布式处理。而 MapReduce 用于大数据的并行运算的编程。

Map 是一个映射函数，负责对每块数据采用一个函数并得到计算的结果，Reduce 将各 Map 的中间结果合并，得到最终的结果。

数据文件交由 Hadoop 管理，数据处理使用 MapReduce 方法，大型数据分析、处理、挖掘几乎都是采用 Hadoop+MapReduce 技术。

习题 8

1. 大数据被的 Value 其含义是价值密度低，但潜在的价值高，需要通过数据分析、数据挖掘去发现其价值。试举例解释上述观点。

2. 什么是脏数据？什么是数据噪声？什么是 ETLT？检查你的邮箱或者手机中的通讯录，看看有没有数据项是脏数据。

3．解释数据脱敏的意义。

4．通过网络搜索，了解 Openrefine 的主要功能和处理流程。

5．在 R 中，x1、x2、x3 可以被称为变量，也可以称为矢量，执行以下操作：

```
> x1<-1
> x2<-2
> x3<-3
> x=c(x1,x2, x3)
> x
[1] 1 2 3
```

试解释上述代码的意义。

6．用 Excel 建一个 Demo 数据文件，第一列为 X，为 1，2，…，10，第二列为 Y，每列自取 10 个以内的正整数，保存为 Demo.csv 文件。

```
>data1 = read.csv(数据文件)                    # Demo.csv 文件的存放地址
>data1
```

（1）参照 8.2 节中所述的 R 散点图绘制步骤，绘制 Demo 数据的散点图。

（2）绘制柱图的函数为 hist(变量名, breaks=值)。分别对 data1 中的 X 和 Y 绘制柱图，breaks 取值分别为 1，2，…，10。

（3）执行 R 的如下操作：

```
>library(ggplot2)
>ggplot(date1,aes(X,Y)) + geom_line()
>ggplot(date1,aes(x,y,group=1))+geom_line(linetype="dotted")
>ggplot(date1,aes(X,Y,group=1))+geom_line(linetype="solid")
>ggplot(date1,aes(X,Y,group=1))+geom_line(linetype="dashed")
>ggplot(data1,aes(X,Y))+geom_line()+geom_point(size=4,shape=20)
```

查看执行结果，观察其不同之处，再解释这些命令的意义。

7．请创建一个 Grades.csv 文件，其中的数据为：

```
85 86 90 84 81 59 51 75 58 59 55 64 61 64 56 50 58
79 95 89 99 90 62 85 86 90 53 65 64 81 73 50 73 68
63 88 94 51 67 98 85 83 58 84 66 63 58 72 60 97
```

参照 8.4.1 节中的 R 聚类分析操作，对上述数据进行聚类分析。

8．如 8.4.2 节中介绍的，对 Groceries 数据集进行关联分析，试对 Groceries 分别采用 support=0.05、confidence=0.4 和 support=0.005、confidence=0.4，利用 R 的 Apriori 函数进行分析，minlen=2 不变。比较分析结果。

9．对 8.4.3 节中示例的数据集中的 income 按序修改为

```
104300 85400 60800 91800 101418 1434508 100600 56400 70200 56000
```

重新进行回归分析，并对一位年龄 25 岁、受教育 18 年的女性进行收入预测。

10．对 8.5.1 节中的训练数据集中，增加两个记录：

Training	Outlook	Temp.	Humidity	Wind
no	overcast	cool	high	TRUE
yes	rainy	mild	normal	FALSE

重建训练数据集，运用决策树对其分析；并用概率（prob）和类（class）对没风、正常湿度、温度合适、下雨天进行预测，并决定是否进行户外训练。

11．什么是语料库？试试网上检索，看看中国汉语语料库有哪些，有什么特点？

12．什么是 Hadoop 框架？归纳 MapReduce 的特点。

第9章　先进计算

计算机自诞生以来，业界就特别关注其计算能力，包括计算机的性能和解决实际问题的算法。近十多年来，计算能力大幅度提升：一是构建高性能计算机的技术发展迅速，其中以基于网络互连的集群为主要技术路线，二是大数据计算需求的推动。更重要的是，智能计算发展取得了很多成就，使计算技术发展到了挑战传统产业和人的能力。本章简要地介绍先进计算的相关知识。

9.1　高性能计算

高性能计算（High Performance Computing，HPC）一直就是计算机科学中最富挑战性的研究方向。高性能计算旨在研究复杂体系结构、算法和开发相关软件，致力于开发高性能计算机。其中，超级计算机一直被视为高性能计算的标志。根据 2017 年 6 月 Top500 最新发布的排名，我国的神威太湖之光（Sunway TaihuLight，参见本书第 1 章）和中国人民解放军国防科技大学研制的天河 2 号（Tianhe-2）分列世界第一和第二。Top500 评价"太湖之光无疑是地球上最强大的数值计算研究机器"，其运行速度达到惊人的 93 PetaFLOPS（Peta=10^{15}；FLOPS= FLoating-point Operations Per Second，每秒浮点运算次数），天河 2 号的运行速度为 33.9 PetaFLOPS，而排名第三、位于瑞士的 Piz Daint 的为 19.6 PetaFLOPS。

1. 并行计算

并行计算（Parallel Computing）传统意义上是指一台配有多处理机的计算机，构成具有超级计算能力的计算机系统。例如，太湖之光采用的神威处理器（Cores）10 649 600 个。多处理器是获得高性能计算的重要手段，而并行计算几乎就是 HPC 的代名词。

由于并行计算系统具有超级计算能力，它们被用于天文学、环境模拟、凝聚态物理、蛋白质折叠、量子色动力学、湍流研究等复杂领域。计算性能的提高为进行复杂的计算提供了可能。

并行计算的研究除了硬件系统，还需要研究软件和算法。在并行系统上的软件不可能与机器完全无关。理论上，一个软件可以在不同系统结构平台之间进行移植，这种移植通常困难，也降低了软件的性能。

编写并行系统上运行的软件比单处理器软件要难，需要指明程序如何在多个处理器上执行，还需要在不同的处理器执行的结果之间进行同步和数据交换。并行计算研究的一个重要内容就是并行计算机的系统软件。

因为并行计算要解决的问题的复杂性导致可能需要多种语言编写程序，还要考虑不同语言程序之间的集成和交互。

事实上，作为高性能计算中的一种体系结构，并行计算的很多相关技术如分布存储、共享存储、编程模型等都是研究的重要方面。由于网络技术的发展，高性能计算开始从超级计算机转向分布式和网络环境的计算。

2. 分布式计算

数据库、网络和大数据都与分布式系统相关。许多计算机科学文献都把互联网、企业网和移动网作为它的实例。所以，严格意义上，分布式系统的研究目的不只是为了高性能计算，而是研究其组件的异构性、开发性、安全性和可伸缩性、并发性、透明性及其故障处理能力。

分布式计算的主题是多种多样的，包括分布式硬件结构和分布式软件设计。对一些用户来说，分布式系统是为解决单个问题而紧密结合在一起工作的多处理机的集合。对另一些用户来说，分布式系统可能意味着一个由地理上分散的、各自独立的计算机组成的网络，这些计算机连接在一起，以实现对不同资源的共享。

分布式系统词义方面的混乱源于对物理分布和逻辑分布的区分，还因为分布式技术和网络技术之间的相互渗透和交融。较多的观点认为，分布式系统是逻辑或物理分布的部件或机器，以网络连接的形式组成的一个（计算机）系统。

分布式计算用于未来科学的研究，也用于应用系统大量数据的计算。例如，一个跨国企业的数据库覆盖全球的分支机构（子数据库），通过分布式系统能够得到快速、有效的处理。因此，分布式系统是一个具有协调、控制功能的计算环境，数据及其处理数据的软件也是分布式的。

与集中环境相比，分布式系统提供了更好的性能价格比，能有效地支持不同位置的用户对信息和资源（硬件和软件）的共享。分布式系统可以增量扩展，并能方便地修改或扩展系统，以适应变化的环境而不需要中断其运行。而且，由于依靠存储单元和处理单元的多重性，分布式系统具有在系统出现故障的情况下继续运行的能力，系统的可靠性得到增强。

负载分配是分布式系统的资源管理部分，在处理机之间公平、透明地重新分配系统的负载。分布式设计在操作系统、文件系统、共享存储系统、数据库系统中都有相应的研究内容。

3. 集群计算

集群计算（Cluster Computing）也是基于并行系统和网络的。作为并行计算和网络技术在高性能计算机体系结构中最为成功的集成和运用，集群计算也是目前性价比最好的系统。在 Top500 中，集群系统占到了 70%以上。

集群系统以高速网络（如光缆局域网）连接起来的高性能工作站或微机组成。集群系统在运行中像一个统一的整合资源，所有节点使用单一的界面。本质上说，集群是一种并行或者分布式系统。集群技术能够替代昂贵的并行计算机平台，这是一个现实的趋势。

集群系统的硬件除了构建一个网络外，还需要有"集群中间件"，如内存道道、分布式共享存储（DSM）、对称多处理器处理（SMP）等。集群的各节点像单独的一台计算机那样工作，集群中间件为集群中独立而互连的计算机对外提供统一的系统映像和系统的可用性。

使用广域网上的计算机组成集群，甚至可以把因特网看成一个集群，这种巨大的伸缩性也是集群的优势。数个到数百个节点的"组级"集群常被构建于一组机架内，成为一个计算机（中心）系统。基于不同的应用目的，集群有高性能（HP）和高可用性（HA）之分。

目前，集群技术成功地成为高性能计算、大规模数据处理领域应用最广泛的技术，如云计算（7.5 节）就是典型的应用。

4．量子计算机

计算科学中，受限于计算能力，某些复杂问题成为不可解问题（见 9.5.3 节）。有些问题的确是无解的，如计算 π，因为它是一个无限不循环小数。但有些问题需要花费很多的时间，甚至数十年、百年，因此被认为是不可计算的。如果有一种机器能够比现在的超级计算快上数万倍，也许那些不可计算的问题就是可计算的了。

现在的计算机是基于电子运动的二进制模式的。运用并行计算、分布式、集群以及数以百万的处理器构成的超级计算机的速度已经很惊人了，而新型计算机如仿生的、光学的、量子的，其理论上的计算速度是电子计算机的数倍到数亿倍。目前，研究进展较快的是量子计算机。

1982 年，著名的物理学家费曼提出量子计算机（Quantum Computer）的概念。其后的几十年里，科学家们一直在尝试制造量子计算机。量子计算机是基于量子力学原理的，而量子力学研究的是物质的基本粒子的结构、性质等，它与相对论并称为现代物理学的支柱。电子计算机以半导体材料中的电子运动状态表示位（bit），量子计算机则希望使用原子或小分子状态表示信息，而且能够表示超过 0 和 1 的多状态信息。如果把电子信息当做单兵作战，那么量子计算就是大部队行动。

目前，量子计算机的研究有了进展，科学家们探索多种物质的量子的原理机，主要在光量子计算机方面有较多的研究。例如，2012 年，IBM 宣布超导集成电路在量子计算方面的进展，接着有了运用金刚石的两个量子的计算机。

我国在量子计算方面已经成为领先者，中国科技大学的研究人员于 2013 年首先实现了用量子计算机求解线性方程组的实验。2016 年中国发射了世界上第一颗量子通信卫星，并在 2017 年首次实现了千公里级的量子纠缠。量子纠缠是量子运动中一直极为特殊的现象：无论相隔多远的两对量子，一个状态变化，另一个也会随之变化，这就实现了量子通信。我国知名企业阿里巴巴和中科院、浙江大学、中国科大等机构于 2013 年开始合作研制的量子计算机，最近宣布成功实现了 10 个超导量子比特的光量子计算机。

科学家们坚信，量子计算将彻底改变整个计算业态，不仅是计算机的设计、生产，也包括许多过去被认为不可计算的问题将能够被量子计算机解决。当然，这个理想可能需要较长的一段时间才能被证实。

9.2　人工智能

人工智能（Artificial Intelligence，AI）也叫智能计算，是这几年最热的词之一，也是目前最热的投资方向。计算机诞生以来，科学家们就一直在研究，期望机器能模仿人类的智能、行为及其规律。近年来，人工智能取得了令人吃惊进展，最为轰动的是在机器博弈（象棋、围棋）中战胜了世界冠军。新的智能计算技术迅速发展，也许今天的设想明天就会成为现实。

9.2.1　图灵测试

好莱坞电影在几十年前就把智能机器人当做主角，但即使今天，计算机科学家对智能计算（机器）未来的发展还无法进行预测。与计算机应用的其他领域，如数据库、网络相比，人工智能研究起步早，但进展仍然缓慢，而且前景不那么明朗。这种情况与社会学家对智能计算的看法不同，根本的问题就是"计算机能够像人一样思考吗？"

图灵曾预言，"到本世纪末（指 20 世纪），某人说起机器会思考将不会有人反对"。时至今日，尽管有 IBM 的 Watson 和 ROSS，也有 AlphaGo，科学家们还一直在质疑机器的思考能力。

思考能力被认为是人类和其他动物的主要差异，因为人类的思考产生了智能。我们知道，人具有思考能力，但我们不能通过进入大脑的方法得到这个结论。相反，我们判断思考能力是通过逻辑进行的。假如机器会思考，那么如何判断呢？这就是图灵测试回答的问题。

1950 年，图灵在他的论文 *Computing Machinery and Intelligence* 中首次提出了有关机器智能的观点，并给出了非常著名的图灵测试。图灵测试有点儿像在测试者和被测试者之间用一块幕布隔开，发问者不知道对面回答问题的是谁，发问者只能根据对方的回答来确定回答者是人还是机器，这就是著名的图灵测试。图灵认为，只要发问的人不能根据对方的回答分辨出是人还是机器，那么这台机器就具有了人的智能。从这个意义上讲，IBM 的 Watson 就有了图灵所述的"智能"。

质疑者认为，即使能够通过图灵测试，也不一定表明具有是智能的机器。著名语言学家约翰·R·塞尔（John R. Searle）于 1980 年就提出了一个著名的例子来反驳图灵测试，这个例子叫中国屋思考试验（Chinese-Room Thought Experiment）。

按照塞尔的试验，假如一个人被锁屋里，他只会英语，但不会中文。门外的人给了他一批写有中国字的纸，然后给他一些用英文写的纸，上面有一些简单规则告诉他如何使用中国字。接下来给他一些也是用中文写的问题的纸。他借助于英文语法的规则，对这些问题进行了回答。被回答的问题可能是正确的，但是这个人并不理解中文。因此塞尔认为，即使计算机通过了图灵测试，它仍然不理解与人类进行的交流，因为它们仅仅是处理符号，尽管看起来它们正确回答了问题。

塞尔认为，机器不能思考，它只是一个工具，符号识别不能够满足语义，只有大脑引起思考。塞尔的观点引起的"中国屋争论"（Chinese-Room Argument）也一直就没有停止过。问题就在于，塞尔的思考试验是否能够有效地反驳计算机能够思考的可能性：如果在屋子里的人只是按照规则来使用中国字，那么他就不是"思考"，反之，如果他是智能地使用符号，那么他就是思考的。也许计算机需要智能才能够通过图灵测试。

关于机器思考的争论还在持续之中，但计算机科学家并没有停止或者放弃对 AI 的研究，相反，这种争论促进了 AI 的研究进展。

人工智能领域里有许多分支。我们接着介绍其研究的难点和其中的一些分支的研究进展和应用。

9.2.2 推理：知识表达

图灵测试一直被认为是人工智能经典的定义。已有研究人员试图用较为宽松的定义，如"人工智能就是让计算机完成看似智能的事情"，或者"人工智能如何使计算机更好地完成目前人类可以做的事情"。这种定义被称为"弱人工智能"（Week AI），是指通过编程使计算机展现出类似于智能行为的推测能力。从这个角度，AlphaGo 和 IBM 的 ROSS 就是具有弱智能的机器。注意，它们是在围棋和法律这个较为狭窄的专业范围内表现出达到或者超越了人类的能力的。

强人工智能（Strong AI）是指机器通过程序获得智力，即具有意识的推理能力。有关 AI 的争论也集中在强 AI 方面。因此，在计算机科学家，对 AI 的定义是："人工智能是对计算机科学的研究，可以使计算机具有感知、推理和行为的能力"。与图灵定义相比，新定义避开了"思考"这个争论。这里的智能和目前有些设备或者产品被冠以"智能"的概念完全不同，如手机是智能的，那是语言翻译问题，它的英文原词是 Smart。

多年来，人工智能一直在研究计算机的推理能力。对于特定的问题，需要特定的信息才能通过推理得到正确的结论。如果单从这个角度，Watson 和 AlphaGo 都是具有推理能力。然而，进一步的研究认为，人类的智能基于行为的进化而不是复杂程序的执行，这能够解释为什么人思考问题的快速和简单，即使最复杂的计算机也不能与之比拟。因此，人们期望有一种复杂体系结构的计算机将会解决这个问题。

解决问题需要有效信息，有效信息还需要有效表达。知识的表达有许多方法，如人类交流使用的自然语言，而计算机使用符号语言。科学家们试图在人类的自然语言和机器的符号处理之间找到一种关系，使得机器能够具有人类的推理能力。

语义网络是一种知识表达法。一个环境的状态可以使用状态图表示，状态之间存在某种关系，某个语言网络是为了表示特定对象与外部世界关系而定义的。语义网络中各种状态的变化（或者叫做规则）和状态的移动是建立在各种关系之上的，从一个状态转移到另一个状态的依据是关系或者前提。例如，描述学生的语义网络中有作为学生的各种状态和学校环境的状态，语义网络能够回答学生的姓名、宿舍以及他的学号等问题，但要回答有"多少人"这样的问题就比较困难了，因为这些并没有包含在所定义的语义网络中。

尽管语义网络非常有效，但定义它却非常困难，因为语义网络中的状态及其状态间的关系不但需要完整表达，而且需要精确的数据表示它们。

搜索树也是一种知识表达结构，如二叉树。在游戏或者博弈中，树结构用于表示各种可能的选择，树的节点可以看成一个状态。无论是游戏或者象棋博弈，预先估计每一步可能的结果，就可以设计出对每种可能所采取的行动，而且能够保证结果是可以预料的。

知识表达需要庞大的数据和计算能力，棋类博弈就是一个例子，需要机器的计算能力也是惊人的，AlphaGo 的计算能力是惊人的，它是大型的计算机系统。但要表达一个人的全部推理能力，是计算机致力于达到的目标。

9.2.3 神经网络

计算机采用电子元件的组合来完成人脑的某些记忆、计算和判断功能的物理系统。现代计算机中电子元件的计算速度为纳秒（ns）级，人脑中每个神经细胞的反应时间只有毫秒（ms）级，计算机的运算能力为人脑的数百万倍，但迄今为止，计算机在解决信息初级加工，如视觉、听觉这类简单的感觉识别时，却还十分迟钝。人类在识别文字、图像、声音等方面的能力大大超过计算机，原因何在呢？

计算机善于处理大量的线性的、逻辑的过程，计算机被设计成按照控制流程处理信息。人类的大脑包含了数以亿计的神经元，它们在一个庞大的、分布式的结构中与其他神经元发生联系，在大多数感性的、创造性的活动中，这种结构赋予人脑独一无二的优势，这就是人类的神经系统，是计算机所不具备的能力。

随着对生物神经系统机理的深入研究，人工神经网络的研究开始兴起，产生了神经网络及神经工程学，是在人们不断加深理解神经系统的基础上，对神经网络的原理、模型和应用进行研究的一门边缘学科。作为对人类智能研究的重要组成部分，神经网络已成为神经科学、脑科学、心理学、认知科学、模式识别、自动控制、计算机科学、微电子学、非线性科学及数理科学等共同关心的"焦点"。

神经网络的目的在于将不同领域的科学家组织起来，共同探索一种利用学科的交叉优势来研究脑信息处理机理的新方法，开创一条研制新型计算机——神经网络计算机的新途径。

神经网络及神经工程学是建立在对生物神经网络研究成果的基础上的，是一种应用类似于大脑神经突触联结的结构进行信息处理的数学模型。神经元的主要部分包括细胞体、树突和轴突以及细胞间相互连接的突触。图 9-1 是一种典型的神经元结构原理图，信息流从左到右是单向传送的，即从树突输入，通过细胞体到轴突输出。

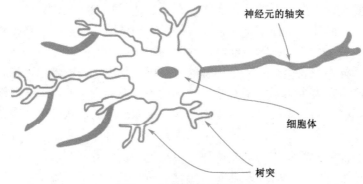

图 9-1　神经元的结构原理

根据生物控制论的观点，神经元作为控制和信息处理的基本单元，具有时空整合功能、兴奋与抑制状态、脉冲与电位转换、突触延时和不应期以及学习、遗忘和疲劳等特性。

人脑中大约有 100 亿个神经元，这些神经细胞被分成大约 1000 个主要模块，每个模块有上百个神经网络，而每个网络约有数十万个神经细胞。信息的传递是从一个神经细胞传到另一个神经细胞，从一种类型的神经细胞传到另一种类型的神经细胞，从一个网络传到另一个网络，有时也从一个模块传到另一个模块。由如此巨量神经元组成的生物神经网络是一个极为庞大且复杂的系统，这也是计算机在某些方面无法与人脑相比的原因。

人工神经网络是由大量处理单元（神经元、处理元件、电子元件、光电元件等）广泛互连的网络，是一个高度非线性的超大规模的连续时间动力系统，具有大规模并行分布处理及学习能力，同时又具有非线性动力系统的共性，即不可预测性、吸引性、耗散性、不可逆性、高维性、广泛连接性和自适应性等特点。

人工神经元是神经网络的基本处理单元，一般是一个多输入/单输出的非线性器件，其结构模型如图 9-2 所示。

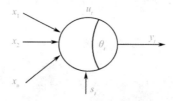

图 9-2　人工神经元模型

176

图中，u_i 表示神经元的内部状态，i 为阈值；x_i 为输入信号，s_i 为外部输入信号，可对神经元 u_i 进行控制。

研究表明，神经网络不是依据规则回答或者处理问题的，它像人脑一样通过试验和错误学习各种模型。当模型经常出现，神经网络就养成一种习惯。因为它不是基于规则的，所以当神经网络给出一个结论时，你没有办法知道它回答的依据是什么。

9.2.4　机器人

人类一直期望能有一种像人一样的机器，以便将人类从繁重的劳动中解脱出来，早在两千年前就开始出现了自动木人和一些简单的机械偶人。到了近代，机器人（Robot）一词的出现和 20 世纪 50 年代世界上第一台工业机器人在美国问世之后，不同功能的机器人也相继出现，从天上到地下，从工业到农业，现在机器人的种类有很多。中国已经是世界上最大的机器人生产和应用的国家，直接的原因是企业采用机器人，来减少人工成本的高增长。

机器人并不是在简单意义上代替人工的劳动，而是综合了人和机器特长的一种拟人化的电子机械装置，它既有人对环境状态的快速反应和分析判断能力，又有机器可长时间持续工作、精确度高、抗恶劣环境的能力。从某种意义上说，机器人是机器进化过程的产物，是工业以及非产业界的重要生产和服务性设备，也是先进制造技术领域不可缺少的自动化设备。

工业机器人很少有与好莱坞电影里的机器人相同的外形，而是被设计成执行特殊任务所需要的形状。如机器人的手臂可以旋转 360 度，这是人的手臂不能做到的。尽管机器人看起来很奇特，但它与一个普通计算机采用的技术类似，以嵌入式处理器充当了"大脑"。

机器人装有需要的传感器。机器人视觉传感器为机器人移动进行导航，提供机器人所在环境的外部信息，使机器人能安全到达目的地。当然，机器人的视觉系统还远不能与人的视觉系统相提并论。

还有就是接近觉系统，是指机器人用以探测自身与周围物体之间相对位置和距离的传感器。人是依靠自己各种感觉器官的综合感觉能力来感觉自己与周围物体之间的相对位置和距离的，因此目前还无法仿照人的功能来使机器人具有接近觉，而是利用光电、超声波和涡流等一些特定的物理现象研制专门的接近觉传感器。

机器人要通过"语言"实现与人的联系。计算机科学家设计了机器人语言，包括语言本身、语言处理系统和环境模型三部分。

使用机器代替人进行某种特定的工作，是机器人应用研究的现状。人工智能的快速发展也将推进智能机器人的开放和应用。

9.2.5　自然语言处理

第 3 章中介绍了语音数据，也提及了相关处理技术。使用自然语言和计算机对话是人工智能研究的一个分支：自然语言处理，研究运用计算机处理自然语言。自然语言处理包括语音识别、自然语言理解和语音合成。语音识别和合成已经有很大的进展，微机和手机中都有多款语音产品，都是依据规则进行处理，有些带有语言的理解，但还是初步的，因为语言处理最难的是语言理解。

因为自然语言中的模糊表达、多义性和上下文关联，使得计算机编程语言采用了一种完全不同于自然语言的形式化、格式化、无歧义的表达。例如，在计算机语言中，一种结构就是一种表达，只有一种意思。在不同的语境下，自然语言的意思可能截然不同。想象一下"外交辞令"就知道自然语言的复杂性，而且不同的语言，如汉语、英语，表达方式也有很大差异。因此，这种深层的差异还需要进一步研究。

识别单词和理解单词是完全不同的。一个完整的自然语言处理需要建立在理解语义的基础上。自然语言特有的多义性使得自然语言的计算机处理难度变得很大，也就是说，无论是英文还是中文，或其他语言，一个单词可能有多个意思，理解单词的意义需要根据上下文，也需要理解它所在的语句中的位置。因此，科学家们希望能够建立包罗万象的语料库，收集尽可能多的词汇，通过大数据处理技术实现自然语言的理解。

机器翻译的进展是很缓慢的。很早就有人尝试机器翻译，如果能够成功的话将是一个伟大的进步：人类的交流就不再存在语言障碍了。"自动翻译"的原理就是一个分析程序辨别句子结构和句子中每个单词是主语还是谓语或者其他成分，然后用其他语言相近的词替代。一个典型的翻译系统正确翻译率只有 80%。现在一些软件，如谷歌翻译、网易有道、百度翻译、讯飞等软件，在一些常用语句和词汇翻译方面已经很成功，但远没有达到智能的程度。

人机对话的进展走过了很长的路，接着要走的路还是漫长的。早在 1991 年，IBM 花费了 3 年时间编写了一个 PC 程序，10 位评委使用字符终端（还不是语音）与程序对话，最后有一半的评委认为与之对话的那个程序是人。2011 年 2 月，IBM 的 Watson 系统在知识竞赛电视节目中战胜了前冠军的两位人类选手，这也许代表着计算机对自然语言的理解有了突破性的进展。Watson 是 IBM 历时 4 年的研究成果，在此基础上，IBM 联手美国大学计划开发医疗辅助系统，为医生诊断疾病提供网络咨询。

不过，科学家们仍然相信，只要理解了语义，机器才能具备真正的智能。

9.3　机器学习和深度学习

人具有不断获取新知识的学习能力。那么，机器是否能够具有类似人的学习能力呢？因此，机器学习是属于人工智能领域中的一个研究方向。有意思的是，在 AI 领域，各种技术被交叉使用。例如，引起巨大轰动的 AlphaGo 被描述为是"运用深度学习"的研究成果，但其中涉及的技术几乎包括了 9.2 节中介绍的全部技术，进而就有人以为人工智能、机器学习、深度学习在概念上是等同的，而实际上并非如此。本节介绍机器学习、深度学习，也解释它们与人工智能的关系。

9.3.1　机器学习

"如果一个程序可以在任务 T 上，随着经验 E 的增加，效果 P 也随之增加，则称这个程序可以从经验值学习"。这个机器学习的定义是卡耐基梅隆大学的 Tom M. Mtichell 教授在 1997 年出版的《机器学习》（Machine Learning）一书中给出的，也是较为公认的定义。

我们都收到过令人厌恶的垃圾邮件，而目前对垃圾邮件的鉴别就是源于机器学习。通过对垃圾邮件分类（注意，这是本书 8.5.1 节中介绍的分类算法），任务 T 是指识别垃圾邮件，而 E 是已经被确定的垃圾邮件作为识别新垃圾邮件的训练集，这是监督式分类，也是监督式学习问题，P 就是经过训练后程序（算法）识别垃圾邮件的正确率。

显然，当训练数量达到一定的数量级后，分类越细，越精准，那么，识别垃圾邮件的正确率就会得到提高。逻辑回归算法也是依据训练集的学习，同样依据数据中的特征提取。例如，仅仅依据发件人作为判断依据，垃圾邮件通过改变发件人和邮箱就可以轻易地避开垃圾邮件的监控。因此，机器学习中，特征提取是重要的环节。传统的机器学习的流程可以用图9-3来表示。

图 9-3　机器学习流程

有些问题可以使用机器学习（算法），有些机器学习问题的算法实现则很复杂。在一些较为复杂的问题上，单一的特征不具有学习的意义，因此需要组合多个特征，而这种组合大多数需要人工完成。例如，在我国，车牌是国家统一的标准，因此其识别特征明显，而期望对汽车的型号进行识别就极其困难，无论有关汽车类型的训练集有多大，即使组合多个特征也很难判断前面这辆车究竟是哪个厂家的车型，因为种种不确定因素使得特征很难被提取。

既然问题的特性很难被提取和组合，是否可以使用自动处理的方式从实体（问题）中提取和组合其复杂的特性呢？这就是深度学习所要做的事情。

9.3.2　深度学习

1997 年，IBM 的深蓝（Deep Blue）战胜了国际象棋世界冠军。深蓝是当时的超级计算机，每秒能够计算 2 亿步棋。深蓝采用的就是搜索树算法，也被认为是 AI 技术。国际象棋的复杂度（关于复杂度，请参见 9.5 节）为 10^{46}，而围棋的复杂度是 10^{172}，显然通过暴力搜索（brute-force）不能解决围棋问题。如果说，深蓝是依赖于计算资源（机器的计算能力），那么 AlphaGo 除了需要计算资源外，还需要算法优势，即深度学习（Deep Learning）。

AlphaGo 依赖的是估值网络（Value Network）和策略（走棋）网络（Policy Network）。这也是 AlphaGo 的组件。通过收集的大量的人类高级围棋手棋谱的训练数据，策略网络获得正确率超过 57% 的预测，即对手下一步在哪里落子。估值网络则通过当前棋棋盘的分析，估计黑棋赢棋的概率。估值网络的训练数据是 AlphaGo 自我博弈的棋谱。AlphaGo 通过蒙特卡罗搜索树（Monte Carlo Tree Search）将这两个网络结合起来，最终赢得了胜利，而且是绝对胜利。蒙特卡罗搜索树是一种最优决策算法。

深度学习最早用于图像识别，现在已经被成功地应用到很多领域，包括图形图像处理、语言识别、自然语言处理、生物信息处理、自然科学、查询和搜索等。AlphaGo 更是将深度学习推到了顶峰的位置。深度学习是机器学习的一个分支，也是受到神经科学的启发。现在科学家们相信，运用深度学习可以胜任很多智能性的工作，而且这方面的研究和开发进展都很快。

从算法的角度，深度学习是在机器学习流程上增加了特征提取的自动实现方式，如图9-4所示。与机器学习传统的流程相比，它在特征提取环节需要做更多的事情。深度学习算法与大脑的原理相似，深度学习基于神经网络且已超越神经网络的框架，试图从算法层面解释大脑的工作机制，这种深入的研究被称为"计算神经学"（Computational Neuroscience）。

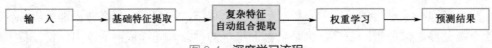

图 9-4　深度学习流程

深度学习关注的是构建智能的计算机系统，解决人工智能中的问题。计算神经学更加注重如何建立更准确的模拟大脑工作的模型。

最近十余年，计算机性能的提升以及云计算和图形处理器等的发展，复杂计算的计算需求已经可以满足。随着互联网的发展，获取数据尤其是海量数据不再是困难的事情。因此，阻碍神经网络发展的几大障碍不再存在，研究人员开始把研究的重点放到算法上，使得神经网络获得了很好的发展。事实上，深度学习就是深层神经网络的另一个代名词。2013 年，MIT 将深度学习评为年度十大科技突破，2016 年，深度学习就成为了谷歌的热门搜索词。

因此，我们可以归纳一下：深度学习是机器学习的一个分支，而机器学习又是人工智能的一个研究方向。就目前的发展趋势而言，深度学习在很大程度上突破了传统的机器学习方法带来的局限，使得人工智能从实验室走向了实际应用，尤其是与大数据的结合，使人工智能的前景变得更加明朗。

深度学习算法是复杂的，要将其用于解决实际问题就需要有工具，即提供集成的深度学习应用开发的工具，其中包含深度学习的算法的具体实现，用户只需将问题分解并通过这些工具编写其应用程序。现在深度学习的工具有很多，其中影响力较大的是开源的TensorFlow，一种深度学习应用开发的计算框架，它原为 2011 年谷歌开发为内部使用的深度学习工具，并在谷歌内部应用获得很大成功。在此基础上，谷歌于 2015 年正式发布了基于 Apache 开源协议的深度学习计算框架，并命名为 TensorFlow。与 BSD 类似，Apache 是一个开源软件基金会，开源协议主要是鼓励代码共享和尊重原作者的著作权，允许用户代码修改，再作为开源或商业软件发布。

目前，工业界开始较多地采用 TensorFlow 开发产品，如 Uber、推特、京东等。百度也有深度学习工具 PaddlePaddle，微软公司、伯克利大学都有类似的工具系统。

9.4　虚拟现实

凡是能够与智能搭上边的都会成为被关注的焦点。虚拟现实（Virtual Reality，VR）或称为虚拟环境（Virtual Environment，VE）也是很吸引人注意力的一个研究和应用。现在有些被称为 VR 的产品，如智能手环、智能眼镜等，实际上只是有那么一点 VR 的影子，但距离科学家们期望的 VR 差距还很大。

VR 是指由计算机生成的、使人具有身临其境感觉的计算机模拟环境，是一种全新的人机交互系统。虚拟环境能让介入者产生各种感官刺激，如视觉、听觉、触觉、嗅觉等，同时能以自然方式与虚拟环境进行交互操作。VR 强调作为介入者的人的亲身体验，要求虚拟环境是可信的，即虚拟环境与人对其理解相一致。

虚拟现实强调的人与虚拟环境之间的交互操作，或两者之间的相互作用，反映在虚拟环境提供的各种感官刺激信号以及人对虚拟环境做出的各种反应动作。虚拟现实的概念模型可以看成"显示/检测"模型。显示是指虚拟环境系统向用户提供各种感官刺激信号，包括光、声、力、嗅、味等刺激信号。检测是指虚拟环境系统监视用户的各种动作，检测并辨识用户的视点变化，头、手、肢体和身躯的动作。

虚拟环境的概念最早源于 1965 年 Sutherland 发表的一篇论文 "The Ultimate Display"。1968 年，Sutherland 研制出头盔式显示器（HMD）、头部及手跟踪器，它们是虚拟环境技术的最早产品。飞行模拟器是 VE 技术的先驱者，鉴于 VE 在军事和航天等方面有着重大的应用价值，美国一些公司和国家高技术部门从 20 世纪 50 年代末就对 VR/VE 开始研究，NASA（美国航天局）在 80 年代中期研制成功第一套基于 HMD 及数据手套的 VR 系统，并应用于空间技术、科学数据可视化和远程操作等领域。随着计算机图形软/硬件技术、数字信号处理技术、传感技术和跟踪定位技术与数据手套等三维交互设备的不断完善，期待相关设备价格下降，VR/VE 技术的普及成为可能。

VR/VE 必须满足很多相互矛盾的要求，如高质量的图形绘制与实时刷新的矛盾，计算速度与计算精度的矛盾，大容量数据存储与高速数据存取的矛盾，全彩色和高分辨率显示与绘制速度的矛盾等。另外，VR/VE 各部件集成起来以便能协调工作也需要很好地被解决。

虚拟环境技术结合了人工智能、多媒体、计算机动画等技术，它的应用领域包括模拟训练、军事演习、航天仿真、娱乐、设计与规划、教育与培训、商业等，发展潜力不可估量。因此有预言认为，虚拟现实技术是继人工智能之后计算机技术的又一次革命。

虚拟环境技术要得以实现，目前还存在着一些重大障碍，除了计算机本身的问题外，还需要在人类大脑和人类行为研究有所突破。

9.5 可计算理论

前述几个主题都是有关计算机的能力问题。事实上，计算机能够做什么和不能做什么，一直是计算机科学家们致力于研究的问题。本节介绍的内容都是围绕计算能力展开的。这些问题不但复杂，也需要更多的专业背景知识，这里仅简单介绍。

9.5.1 可计算函数

计算是与算法关联的，因此可计算（Computable）理论也叫做算法理论。算法是一个古老的概念，但到了 20 世纪的 30 年代，科学家们开始提出有关算法的疑问：算法的实质究竟是什么？

有关算法实质的研究就是对算法概念的精确化研究，因此有了许多不同的解释。但是，算法研究关注的重点之一就是哪些是可计算的，哪些是不可计算的。可计算函数是该可计算研究的一项内容。

本书中多次解释并解释过函数的概念，大数据工具 MapReduce 就是基于函数的。函数可以有多种表示方式，简单地说，可计算函数（Computable Function）是指能够在抽象计算机中计算其值的函数。这里的抽象可以理解为计算机的模型化表示，而不是特定的计算机。

研究的结论是：只有问题能够被表示为函数，那么问题才能够得到解决。因此，计算理论的一个基础就是为问题寻找一种技术，用于求解问题的函数。对一般数学问题，只要存在抽象计算机程序求解，就称为可解问题。函数值的计算和问题的求解是能够被相互转化的。举一个例子说明。例如，有一个函数用于判断给定的数 n 是否为素数：

$$f(n) = \begin{cases} 1 & n\text{是素数} \\ 0 & n\text{不是素数} \end{cases}$$

再如，我们可以用表格形式列出摄氏温度值转换为华氏温度值，这在数学中是最常用的一种方法，如超越函数（三角函数、指数函数、对数函数等）表。但是我们不能穷尽所有的温度值的转换（只能取一定限制的有效数位），使用函数就可以随时计算得到任何一个温度转换值：

$$C = (H - 32) \times 5 \div 9$$

公式中的 H 为华氏温度值，C 为摄氏温度值。

1936 年，几位数理逻辑学家从不同的角度给出了可计算函数的精确描述，并且证明这些可计算函数类相同。但是有些问题并不是都可以使用函数表达的，而且，函数越复杂，是否就需要功能更强的机器去实现呢？遗憾的是，这个问题的答案是否定的。因为的确有些函数无法按照其函数定义，通过输入得到期望的输出值，因此这些函数就是不可计算的。当然，如果函数能够通过算法得到其函数值，那么函数就是可计算的（Computable）。

在计算机科学中，确定函数的可计算性非常重要，因为需要让计算机完成计算任务，所以对可计算函数的研究就是对计算能力的研究。今天的可计算能力的研究出现了变化，如在介绍深度学习时提及的：现在计算资源尤其是机器性能的提升，使得过去认为不可计算的问题变得可计算了。

9.5.2 哥德尔数

哥德尔（Kurt Gödel）被认为是继牛顿之后最伟大的数学家和逻辑学家，其最重要的贡献是"哥德尔不完备定理"。在可计算函数中，经常被引用的一个函数的是哥德尔数：程序设计语言的符号能够被分配一个对应的无符号数，这个数就是哥德尔数。哥德尔数蕴涵了形式系统的每个推论规则都可以表达为自然数的函数。计算机程序是一种形式语言，因此通过哥德尔数的分配，首先使得程序能够作为单一的数据传输给其他程序，其次程序可以通过自然数系统被引用，再次是能够证明某些不可解的计算机问题。

为了介绍哥德尔数，我们先说明如下：

计算机语言尽管是复杂的，但已经被证明只要简单的 3 条语句就可以描述所有的程序，这 3 条语句就是：incr（increment，加 1 运算）、decr（decrement，减 1 运算）和 while（循环）。表 9-1 是一个简单程序设计语言分配哥德尔数的例子，使用 x 加上数字符号组合为变量，如 x1、x2 等。

表 9-1　简单程序语言的编码例子

符　　号	十六进制数	符　　号	十六进制数	符　　号	十六进制数	符　　号	十六进制数
0	0	4	4	8	8	while	C
1	1	5	5	9	9	{	D
2	2	6	6	incr	A	}	E
3	3	7	7	decr	B	x	F

1．程序转换为哥德尔数

给定的程序代码，将其每个符号使用表中对应的十六进制数表示，然后将组合得到的十六进制数转换为无符号十进制数。例如 x2←x1（将 x1 的值赋给 x2）的程序如下：

```
while x1 {        // 如果 x1 不等于 0，则执行下面的循环
    decr  x1
    incr  x2
}
```

将上述程序与表 9-1 相对应，十六进制数 CF1DBAF2E 转换为十进制数是 55597313838，所以这个 11 位的数与上述程序是等价的。

2. 哥德尔数转换为程序

设哥德尔数为 13622270，转换为十六进制数为 CFDBFE，用表 9-1 中的符号替换，得到：

```
while x{
    decr   x
}
```

这是一个将变量 x 置 0 的程序。

从这个转换可知，变量 x 置 0 的操作可以用哥德尔数表示，也就是程序和它的输入组合。哥德尔数的原定义是：任何正自然数序列 $x_1x_2x_3\cdots x_n$ 能以唯一的素数分解到素因子，即

$$\text{enc}(x_1x_2x_3\cdots x_n) = 2^{x_1}\times 3^{x_2}\times 5^{x_3}\times\cdots\times p^{x_n}$$

显然，按照这个表达，有许多不同的序列有相同的哥德尔数，因此需要对其进行变形处理。进一步描述不在本书的范围，不再赘述。

9.5.3　图灵机

图灵（Alan Turing）是计算机理论的奠基人。20 世纪 30 年代，图灵提出了一个自动机模型，解释机器的计算能力和其局限性。图灵机是算法研究的重要工具。

图灵机（Turing Machine）由磁带、读写磁头和控制器组成，如图 9-5 所示。在图灵机中，其内存被认为是无限的，磁带保存一系列顺序字符，这些字符是能够被图灵机接收的字符。

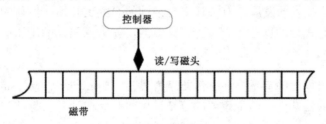

图 9-5　图灵机

图灵机是一个 7 元组，包括状态集合、字母表、输入字母表、转移函数、起始状态、停机状态、拒绝状态等。在计算过程中，图灵机始终处于一个特定的状态。图灵机的控制器在理论上的作用如同计算机的 CPU，它是一个有限状态自动机，它能够预置有限个机器状态（程序存储），并能够使机器从一个状态转移到另一个状态，就像 CPU 执行指令一样：执行一条指令，从内存中取出下一条指令执行。

图 9-6 是由 Minsky 在 1976 年绘制的模型图。执行的指令 q1 对着磁头，磁带空白位置使用 0 表示，带有阴影的空格（包括 0、1）和 B 构成了机器的状态（见 9.5.4 节）。

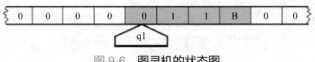

图 9-6　图灵机的状态图

在图 9-6 中，磁头读入磁带上的一个数据，如 q1 位置的 0，转移到下一个状态。如果给每个状态赋予一个操作，那么控制器可以决定磁头的移动方向，一直运行到停机状态为止。

转移函数有当前状态、读入字符、写入字符、磁头的下一个位置和新状态，这与计算机语言编写的程序是类似的。

图灵提出这个模型是在现代计算机出现之前。当时图灵设想的是纸笔计算，他的目的是研究计算过程的局限性。此前，哥德尔已经提出这个问题，但是哥德尔主要研究如何理解这些局限性。同在图灵提出他的模型机的 1936 年，Amil Post 提出了另一种模型，现在被称为波斯特产生式系统或波斯特模型，其原理与图灵机是等价的，因此后来人们将这两人的研究合并成为图灵-波斯特模型。

丘奇（Alonzo Church，美国数学家）于 1936 年发表了有关可计算函数的第一个精确定义，这是算法理论的巨大贡献。用他和图灵的名字命名的丘奇-图灵命题的基本观点就是：所有的可计算的（算法）都是图灵机可以执行的。换句话说，任何计算机语言编写的程序都可以被翻译为一台图灵机，反之亦然。因此，任何程序语言都可以有效地表达各种算法。这个命题通常被认为是真，被视为公理。

9.5.3　计算复杂性

图灵机没有限制状态的数量和程序执行的时间。但是程序员总是希望程序能够尽快得到结果。对一个应用系统而言，用户也希望它能够迅速解决问题，因此现实社会对计算的时空限制是显而易见的。今天的计算机，无论其类型大小，对输入规模有一个合理的容限。因此，从 20 世纪 60 年代开始，时空受限的图灵机理论开始发展起来，形成了计算理论中的计算复杂性理论分支。

如今，由于 AI 技术的发展，有关计算复杂性的研究也开始产生新的变化：过去被认为不可计算的，现在有成功的算法使之成为可计算的，如大家熟知的围棋博弈。

1．复杂性的度量

一个算法的复杂程度的定量描述称为复杂性度量（Complexity Measure），虽然有多种标准来衡量一个算法的复杂性，但最重要的复杂性度量是完成计算（算法）需要的时间和存储器资源。例如排序算法（如第 5 章中所述），我们关心的是有多少个数需要排序，执行的排序算法需要多少次运算。前者是关于存储的，后者是关于运行时间的。

算法复杂度有不同的定义和解释，通常认为，如果一个问题的求解过程需要大量的时间，它的复杂性定义为时间复杂性（Time Complexity）。在算法实践中，算法 C 有 n 个输入，科学家们更关心的是当 n 趋于 ∞ 时的渐进态，它们的系数或常数就成为一个次要的因素，其运算时间的增长取决于高阶项。例如，一个算法的复杂性为

$$f(n, C) = n^2 + 2n$$

当 n 足够大（其实只要超过 20）时，那么 $2n$ 就可以被忽略不计了。今天的计算机速度很快，使得在考虑算法的时间复杂度时主要考虑数量级而不是精确值。

这种思路用来表示算法的时间复杂度叫做大 O 表示法。我们不研究其定义和计算，只介绍其思想。在该表示法中，$O(n)$ 表示有 n 个输入，执行 n 次运算，而 $O(n^2)$ 表示 n 个输入的算法有 n^2 次运算。

在选择法排序中，n 个排序的次数为 $n(n-1)/2$，即 $0.5n^2 - 0.5n$，则其复杂度为 $O(n^2)$。而快速排序法已经被证明其复杂度为 $O(n\log n)$。

可以看出，这两个算法复杂程度的差异之大。

2. P 问题和 NP 问题

在计算机科学领域，一般可以将问题分为可解问题和不可解问题。不可解问题也可以分为两类：一类停机问题，的确无解，另一类虽然有解，但时间复杂度很高。例如，一个算法需要数天乃至几年，那肯定不能被认为是有效的算法。

可解问题也分为多项式问题（Polynomial Problem，P 问题）和非确定性多项式问题（Nondeterministic Polynomial Problem，NP 问题）。

（1）P 问题

如果一个问题的求解过程的复杂度是输入数量 n 的多项式，如前述 $O(n^2)$、$O(n\log n)$ 等，那么这个问题可以在多项式表达的有限时间内解决，或者说，这个问题有多项式的时间解。

求一个数是否为素数，曾经被认为是无解的。2002 年，它也被证明是 P 问题。P 问题包含了大量的已知的自然问题，如计算最大公约数、计算 PI 值和 e 值、排序问题、二维匹配问题等。

确定一个问题是否是多项式问题，在计算机科学中非常重要。已经证明，多项式问题是可解问题，因为除了 P 问题之外的问题，其时间复杂度都很高，即求解需要花费很多时间。例如求解一个 $O(n^2)$ 问题，计算 n 值比较小，如 n 为 50，使用运算速度为每秒 100 万次的计算机，大约需要 36 年，而 n 为 60，需要 366 个世纪的时间。

理论上有解但其时间复杂性巨大的问题，科学家们将其称为难解型（Intractable）问题，对计算机来说，这类问题本质上是不可解的。因此，P 问题成了区别问题是否可以被计算机求解的一个重要标志，对 P 问题的理解是计算机领域中的重要研究内容。

（2）NP 问题

NP 问题是指算法的时间复杂度不能使用确定的多项式来表示，通常它们的时间复杂度都是指数变量的，如 $O(10^n)$、$O(n!)$ 等。最短路径问题也是类似，这类问题的时间复杂度就是上述 $O(n^2)$ 问题，n 是旅行商旅行要途经城市的数量。

通常，NP 问题都和最短路径问题类似，是一个明显的大 O 指数问题。P 问题已经被公认为是可解的，那么 NP 问题是否有多项式时间算法？这就是 NP 理论中的核心问题。

计算机科学家、数学家一直致力于寻找这个问题的答案：因为 P 类问题在的任何一个问题都是 NP 类中的问题，那么 NP 中的任何一个问题是否属于 P 类问题呢？这就是著名的NP=?P，是至今尚未得到解决的计算机难题之一。这表明了 NP 问题寻找多项式时间表示的算法很困难，或许最后的结论是 NP 根本就不是 P 问题。但现实生活中有大量的诸如最短路径问题这样的 NP 问题，必须找到有效的算法。解决 NP 问题的一种思路是减少指数的值，可以节省大量时间，如 5.7 节所述的动态规划法。

当然，另一种思路是降低对 NP 问题的最优化解，使用它的近似解，以期得到一个可接受的、明显是多项式时间的算法。那么，这方面的研究不但包括如何得到近似解，而且包括解的近似度和局限性都是 NP 问题的重要研究内容。

9.5.4　停机问题

以上讨论的是有关计算理论中的可计算问题。的确有大量的算法解决了大量的问题，现实世界中有许多问题是计算机无法解决的，这里有一个著名的例子，即停机问题就是不可计算的。

如果图灵机执行一个程序，当它读取 a 开头的字符上（见图 9-6），它处于初始状态 q1，执行结果可能有两种情况，要么执行到一个停机状态，输出结果 b，要么它一直运行而没有输出，也就是机器永不停机。这就是著名的停机问题（Halting problem）。换一种表述方法：预测一个程序在某种条件下执行后是否会终止。

如下是一个伪代码程序：

```
while x{
    incr x;
}
```

程序在 x 为 0 时停止。执行这个程序需要设定初始条件，如果变量 x 为 0，这个程序会被终止，如果 x 的初值为一个负数，它也会终止。但是如果 x 的初值是大于 0 的数，那么这个程序将永远不会停下来。

事实上，没有一个程序能够测试用哥德尔数表示的程序是否会终止，也就是说，预测程序是否被终止是不可能的。注意，这里给出的是"不可能"的结论。

任何程序都可能有重复运行的代码，要么是循环，要么是递归。程序是否能够被终止需要某个特殊的观察能力，因此要考虑的问题是：是否能找到一种通用的、适合各种情况的方法代替这种观察力？事实上，没有一种机器或者程序能够解决可能出现的任何停机问题。已经有证明，如果存在一个停机函数（Halting Function），那么这个函数是不可计算的。

停机问题也是目前逻辑数学中的焦点问题。

本章小结

计算能力包括计算机的性能和解决实际问题的算法。

高性能计算是研究计算机的体系结构、算法和相关软件，以获得高性能计算机。典型的高性能计算设备是超级计算机，它是多处理器系统。

今天的高性能计算系统基本上都是基于网络技术的，如并行计算、分布式系统、集群系统和云计算等。

人工智能也叫"智能计算"，是指解释和模仿人类的智能、行为及其规律。尽管计算机尚不能具备人脑的思考能力，但模仿人的部分行为已经取得进展。人工智能作为计算机应用研究的重要领域，已经成为计算机科学和技术发展的一个目标。

图灵测试是判断计算机是否具有思考能力的一种方法。

在人工智能领域，知识表达、专家系统、神经网络、机器人、自然语言处理都是其研究方向。

机器学习是通过学习数据集的训练，使程序获取数据特征并对新数据进行判断。机器学习是人工智能的一个研究方向。

深度学习是基于神经网络，试图通过算法层面解释人脑的工作机制，是机器学习的分支。

虚拟现实（或称虚拟环境）是指由计算机生成的、使人具有身临其境感觉的计算机模拟环境。虚拟环境能对介入者——人产生各种感官刺激，同时人能以自然方式与虚拟环境进行交互操作。

可计算理论也叫算法理论。有关算法实质的研究就是对算法概念的精确化研究，可计算函数（Computable Function）是指能够在抽象计算机上计算其值的函数，只要问题能够被表示为函数，那么问题才能够得到解决。

哥德尔数是程序设计语言的符号能够被分配一个对应的无符号数，能够证明某些不可解的计算机问题。

计算复杂度主要考虑的是时间复杂度，使用大 O 表示法。根据时间复杂度可将问题分为可解问题和不可解问题。P 问题也叫可解问题，即可以在多项式表达的时间内解决的问题。NP 问题是非确定多项式问题，也许是可计算的，也许是不可计算的。停机问题是不可解问题。

习 题 9

一、问答题

1. 请访问 Top500 网站 www.top500.org，看看 2017 年 6 月公布的世界排名前 10 的超级计算机主要性能指标的差异。

2. 关于量子计算机，也有许多不同的观点。你认为量子计算是否会成功地取代现代的计算技术？

3. 人工智能有很多方面的研究，你认为目前的人工智能，包括 AlphaGo、IBM Watson、IBM ROSS 这几个最成功的 AI 应用，是否可以证明机器具有了智能？为什么？

4. 比较 Google Translate 和网易的有道、百度翻译等几种语言翻译程序的翻译功能。一种方法是用一段英文或中文让不同的翻译系统进行翻译，另一种是选择不同类型的文本，让它们各自翻译，比较其速度、翻译准确性和易用性等。

5. 有关 AlphaGo 的评论很多。大致可以分为两类，一种是媒体评论，一种是专业评论。根据本书中有关 AlphaGo 的介绍，你觉得这两类评论有哪些不同的观点？哪一个更有说服力？

6. 通过关键字"IBM Watson"搜索并登录其网站，获取有关介绍，包括有一个 1 分钟的视频。你认为，类似的智能系统将给哪些行业、产业带来哪些改变？

7. 百度的深度学习工具 PaddlePaddle（http://www.paddlepaddle.org/index.cn.html）也有很强大的功能，它为多种产品提供深度学习算法。其中有很多内容是本书介绍过的，阅读并尽可能理解它们，也可以为你设定的一个问题运用 PaddlePaddle 建立处理模型或者过程。

8. 假设有两个算法解决同一个问题，一个算法的时间复杂度为 n^2，另一个为 $100n$，那么输入数据的规模为多大时，前者比后者更有效？

9. 背包问题、皇后问题都是属于 NP 问题，解释这是为什么。

10. 如果一个整数 n 在 $2\sim\sqrt{n}$ 之间没有整数因子，那么 n 是一个什么性质的数？这是一个 P 问题还是 NP 问题？

11. 简要说明 P 问题和 NP 问题的区别是什么。为什么？

12. 为什么停机问题是不可解问题？举例说明另一个不可解问题。

13. 根据表 9-1，给出 3→X1 的哥德尔数。

14. 根据表 9-1，给出 decr　X 的哥德尔数。

15. 如何描述程序的执行效率？

16. 计算理论研究什么？为什么需要计算理论？

17. 是不是不可计算问题都不能运用计算机？举例说明。

二、选择题

18. 性能计算机的指标主要是指计算机的_____。

A. 体积　　　　　　B. 规模　　　　　　C. 运算速度　　　　D. 价格

19. 集群计算机是运用_____，将一组高性能工作站或 PC 连接起来的大型计算机系统。

A. 高速通道　　　　B. 宽带以太网　　　C. 光缆局域网　　　D. 高速电缆

20. 目前，一般认为，人工智能是使计算机具有感知、_____和行为的能力。

A. 推理　　　　　　B. 分析　　　　　　C. 处理　　　　　　D. 思考

21. 根据测试者对问题的回答以确定测试对象是否是人，也叫做_____。

A. 塞尔测试　　　　B. 丘奇测试　　　　C. 中国屋测试　　　D. 图灵测试

22. 神经网络研究的目的是研制能够像人类大脑那样工作的_____。

A. 软件　　　　　　B. 硬件　　　　　　C. 系统　　　　　　D. 网络

23. 自然语言处理包括语言识别、语音合成和_____。

A. 语言翻译　　　　B. 语言理解　　　　C. 语言交流　　　　D. 语言训练

24. 人工智能和机器学习是_____关系。

A. 平等　　　　　　B. 交叉　　　　　　C. 层次　　　　　　D. 分支

25. 机器学习与深度学习是_____关系。

A. 平等　　　　　　B. 交叉　　　　　　C. 层次　　　　　　D. 分支

26. 深度学习是基于_____的。

A. 互联网　　　　　B. 数据库　　　　　C. 神经网络　　　　D. 知识库

27. 严格意义上，深度学习需要计算资源，是在强大的计算能力基础上的一种具有智能特征的_____。

A. 数据训练　　　　B. 预测　　　　　　C. 算法　　　　　　D. 网络

28. 机器学习，包括深度学习，需要的计算资源包括计算机性能和获取_____。

A. 数据分类　　　　B. 海量数据　　　　C. 复杂数据　　　　D. 精确数据

29. 机器博弈的算法，除了 AiphaGo 的深度学习，还有 IBM 深蓝用于国际象棋的_____。

A. 关联分析　　　　B. 回归分析　　　　C. 搜索树　　　　　D. 聚类分析

30. 虚拟环境能对介入者产生各种感官刺激，如视觉、听觉、触觉、_____等，人能以自然方式与其进行交互。

A. 嗅觉　　　　　　B. 知觉　　　　　　C. 感觉　　　　　　D. 第六感

31. 英制长度值转换为公制值的查表算法是一个_____。

A. 不可计算问题　　　　　　　　　　B. 可计算问题

C. 可计算函数　　　　　　　　　　　D. 不可计算函数

32. 形式系统的每个推论规则都可以表达为自然数，这个数叫做_____。

A. 图灵数　　　　　B. 哥德尔数　　　　C. Euclid 数　　　　D. Fibonacci 数

33. 按照计算理论对算法问题的分类，停机问题属于_____。

A. 不可计算问题　　　　　　　　　　B. 可计算问题

C. 可计算函数　　　　　　　　　　　D. 不可计算函数

34. 算法的复杂度主要是指_____。

A. 存储复杂度　　　　　　　　　　　B. 过程复杂度

C. 空间复杂度　　　　　　　　　　　D. 时间复杂度

35．如果一个算法的是复杂度为 $O(n^5)$，那么这个算法是_____。

A．P 问题　　　　　B．NP 问题　　　　　C．P 和 NP 问题　　　　　D．以上都不是

36．排序问题属于_____。

A．P 问题　　　　　B．NP 问题　　　　　C．P 和 NP 问题　　　　　D．以上都不是

37．最短路径问题是_____。

A．P 问题　　　　　B．NP 问题　　　　　C．P 和 NP 问题　　　　　D．以上都不是

38．翻译问题是一个_____。

A．不可计算问题　　B．可计算问题　　C．可计算函数　　　　D．不可计算函数

附录 A ASCII 表

1. 控制字符

二进制数	十进制数	十六进制数	缩写	名称/意义
0000 0000	0	00	NUL	空字符（Null）
0000 0001	1	01	SOH	标题开始
0000 0010	2	02	STX	本文开始
0000 0011	3	03	ETX	本文结束
0000 0100	4	04	EOT	传输结束
0000 0101	5	05	ENQ	请求
0000 0110	6	06	ACK	确认回应
0000 0111	7	07	BEL	响铃
0000 1000	8	08	BS	退格
0000 1001	9	09	HT	水平定位符号
0000 1010	10	0A	LF	换行键
0000 1011	11	0B	VT	垂直定位符号
0000 1100	12	0C	FF	换页键
0000 1101	13	0D	CR	Enter 键
0000 1110	14	0E	SO	取消变换（Shift Out）
0000 1111	15	0F	SI	启用变换（Shift In）
0001 0000	16	10	DLE	跳出数据通信
0001 0001	17	11	DC1	设备控制一（XON 激活软件速度控制）
0001 0010	18	12	DC2	设备控制二
0001 0011	19	13	DC3	设备控制三（XOFF 停用软件速度控制）
0001 0100	20	14	DC4	设备控制四
0001 0101	21	15	NAK	确认失败回应
0001 0110	22	16	SYN	同步用暂停
0001 0111	23	17	ETB	区块传输结束
0001 1000	24	18	CAN	取消
0001 1001	25	19	EM	连接介质中断
0001 1010	26	1A	SUB	替换
0001 1011	27	1B	ESC	退出键
0001 1100	28	1C	FS	文件分区符
0001 1101	29	1D	GS	组群分隔符
0001 1110	30	1E	RS	记录分隔符
0001 1111	31	1F	US	单元分隔符
0111 1111	127	7F	DEL	删除

2. 可显示字符

二进制数	十进制数	十六进制数	显 示	二进制数	十进制数	十六进制数	显 示
0010 0000	32	20	（空格）	0100 1001	73	49	I
0010 0001	33	21	!	0100 1010	74	4A	J
0010 0010	34	22	"	0100 1011	75	4B	K
0010 0011	35	23	#	0100 1100	76	4C	L
0010 0100	36	24	$	0100 1101	77	4D	M
0010 0101	37	25	%	0100 1110	78	4E	N
0010 0110	38	26	&	0100 1111	79	4F	O
0010 0111	39	27	'	0101 0000	80	50	P
0010 1000	40	28	(	0101 0001	81	51	Q
0010 1001	41	29	)	0101 0010	82	52	R
0010 1010	42	2A	*	0101 0011	83	53	S
0010 1011	43	2B	+	0101 0100	84	54	T
0010 1100	44	2C	,	0101 0101	85	55	U
0010 1101	45	2D	-	0101 0110	86	56	V
0010 1110	46	2E	.	0101 0111	87	57	W
0010 1111	47	2F	/	0101 1000	88	58	X
0011 0000	48	30	0	0101 1001	89	59	Y
0011 0001	49	31	1	0101 1010	90	5A	Z
0011 0010	50	32	2	0101 1011	91	5B	[
0011 0011	51	33	3	0101 1100	92	5C	\
0011 0100	52	34	4	0101 1101	93	5D	]
0011 0101	53	35	5	0101 1110	94	5E	^
0011 0110	54	36	6	0101 1111	95	5F	_
0011 0111	55	37	7	0110 0000	96	60	`
0011 1000	56	38	8	0110 0001	97	61	a
0011 1001	57	39	9	0110 0010	98	62	b
0011 1010	58	3A	:	0110 0011	99	63	c
0011 1011	59	3B	;	0110 0100	100	64	d
0011 1100	60	3C	<	0110 0101	101	65	e
0011 1101	61	3D	=	0110 0110	102	66	f
0011 1110	62	3E	>	0110 0111	103	67	g
0011 1111	63	3F	?	0110 1000	104	68	h
0100 0000	64	40	@	0110 1001	105	69	i
0100 0001	65	41	A	0110 1010	106	6A	j
0100 0010	66	42	B	0110 1011	107	6B	k
0100 0011	67	43	C	0110 1100	108	6C	l
0100 0100	68	44	D	0110 1101	109	6D	m
0100 0101	69	45	E	0110 1110	110	6E	n
0100 0110	70	46	F	0110 1111	111	6F	o
0100 0111	71	47	G	0111 0000	112	70	p
0100 1000	72	48	H	0111 0001	113	71	q

二进制数	十进制数	十六进制数	显 示	二进制数	十进制数	十六进制数	显 示
0111 0010	114	72	r	0111 1001	121	79	y
0111 0011	115	73	s	0111 1010	122	7A	z
0111 0100	116	74	t	0111 1011	123	7B	{
0111 0101	117	75	u	0111 1100	124	7C	|
0111 0110	118	76	v	0111 1101	125	7D	}
0111 0111	119	77	w	0111 1110	126	7E	~
0111 1000	120	78	x	—	—	—	—

反侵权盗版声明

　　电子工业出版社依法对本作品享有专有出版权。任何未经权利人书面许可，复制、销售或通过信息网络传播本作品的行为；歪曲、篡改、剽窃本作品的行为，均违反《中华人民共和国著作权法》，其行为人应承担相应的民事责任和行政责任，构成犯罪的，将被依法追究刑事责任。

　　为了维护市场秩序，保护权利人的合法权益，我社将依法查处和打击侵权盗版的单位和个人。欢迎社会各界人士积极举报侵权盗版行为，本社将奖励举报有功人员，并保证举报人的信息不被泄露。

举报电话：（010）88254396；（010）88258888

传　　真：（010）88254397

E-mail：　dbqq@phei.com.cn

通信地址：北京市万寿路 173 信箱
　　　　　电子工业出版社总编办公室

邮　　编：100036